超高层建筑施工关键技术

冯大阔　卢海陆　叶雨山　编著

中国建筑工业出版社

图书在版编目（CIP）数据

超高层建筑施工关键技术/冯大阔，卢海陆，叶雨山编著. —北京：中国建筑工业出版社，2024.3

ISBN 978-7-112-29595-1

Ⅰ. ①超… Ⅱ. ①冯… ②卢… ③叶… Ⅲ. ①超高层建筑—建筑施工 Ⅳ. ①TU974

中国国家版本馆CIP数据核字（2024）第019174号

责任编辑：高　悦　张　磊
文字编辑：张建文
责任校对：赵　力

超高层建筑施工关键技术
冯大阔　卢海陆　叶雨山　编著
*
中国建筑工业出版社出版、发行（北京海淀三里河路9号）
各地新华书店、建筑书店经销
北京点击世代文化传媒有限公司制版
建工社（河北）印刷有限公司印刷
*
开本：787毫米×1092毫米　1/16　印张：14¼　字数：290千字
2024年4月第一版　2024年4月第一次印刷
定价：**68.00**元
ISBN 978-7-112-29595-1
（42662）

本书编委会

EDITORIAL BOARD

序

PREFACE

超高层建筑是世界各国在经济飞速发展、技术进步、城市土地日益稀缺等多重背景下进行城市开发时的选择。超高层建筑虽起步于西方，但改革开放后，在我国快速蓬勃发展。据有关统计，我国超高层建筑的数量稳居世界第一，超高层建筑建造技术处于世界领先水平。

超高层建筑的规模越来越大，超高层建筑的施工技术水平得到了快速的发展。由于超高层建筑具有地上结构超高、地下结构超深、结构体系种类多、体系复杂的特点，所以其施工难度非常大，特别是300m以上的超高层建筑的施工难度更大，加上我国地缘广阔、地区间施工条件相差较大，因此超高层建筑的施工方法形成百花齐放、丰富多彩的局面，但是每一种施工技术都有各自的特点和最优的使用条件。

中国建筑第七工程局有限公司作为世界500强、国务院国有资产监督管理委员会直管上市大型央企，中国建筑股份有限公司的骨干企业，坚持秉承科技进步引领高质量发展的理念，多年来在超高层建筑建造领域精耕细作，积累了大量工程建造经验，并取得了令世人瞩目的傲人成绩。

本书在总结超高层建筑建造特色技术和行业先进技术的基础上，全面梳理总结了当前超高层建筑关键建造技术，着重从基础工程、主体结构工程、机电工程、幕墙工程几个方面，重点选取超高层建筑施工过程中技术要求高、施工难度大、质量控制难、施工要素投入多的关键技术，分别对技术概述、工艺流程、技术要点等进行了详细的阐述。最后，以典型工程案例的形式介绍和总结了超高层建筑的建造技术，并分析了相关技术应用的效果。本书采用图文并茂的表达方式，增强对施工现场工程技术人员和操作人员的指导性，能够使工程技术人员根据超高层建筑不同地质条件、结构体系形式、施工要素情况等因素采用相适应的施工技术，充分发挥各项技术的优势，提高了超高层建筑建造的经济效益和社会效益。

本书内容丰富、技术实用、案例生动。本书的出版相信能为广大的工程建设技术人员在超高层建筑建造技术方面提供借鉴和参考，在超高层建筑建造技术水平进步方面起到促进作用。

前　言

FOREWORD

我国已成为世界上建筑业最活跃与最繁荣的国家，超高层建筑总量占全球半数以上，稳居世界第一。超高层建筑高度的不断攀升，不仅仅是高度的突破，同时还带动了施工技术、材料技术、设备制造技术等多行业的共同发展，是促进国民经济发展的重要纽带。超高层建筑的建造不仅体现了建筑行业的前沿水平，同时也体现了施工企业的综合实力。

本书以中国建筑第七工程局有限公司近年来超高层建筑工程领域的科技成果与工程案例为基础，全面梳理总结了超高层建筑关键建造技术，同时借鉴了行业内超高层建筑相关的先进建造技术，旨在指导超高层建筑施工，提升超高层建筑建造技术能力和工程质量。

本书分为6章，按照绪论、基础工程、主体结构工程、机电工程、幕墙工程和工程案例进行编排，各章节既彼此独立，又相互关联，对超高层建筑建造技术的要点进行了重点介绍，并辅以工程案例进行说明。“第1章 绪论”介绍了超高层建筑发展概况、超高层建筑建造技术发展概况和超高层建筑建造技术发展方向；“第2章 基础工程施工关键技术”主要介绍了软土地区超大长径比灌注桩施工、大体积混凝土超长溜槽浇筑施工、大体积混凝土无线自动测温与预警施工等关键技术；“第3章 主体结构工程施工关键技术”结合企业和行业内实施项目的经验，介绍了钢管混凝土巨型柱、多腔体巨型钢柱、伸臂桁架+环带桁架层劲性混凝土大巨柱等8项施工关键技术；“第4章 机电工程施工关键技术”系统编写了竖井管线安装及施工、减振降噪施工、机电系统工厂化预制及安装、永临结合施工等关键技术；“第5章 幕墙工程施工关键技术”包含了构件式玻璃幕墙分段施工、大体量金属幕墙施工等关键技术；“第6章 典型工程案例”选取了中国建筑第七工程局有限公司近年来承建施工的成都壹捌捌大厦、西安荣民金融中心和广州金融城项目，介绍了项目中采用的超高层建筑相关施工技术。

本书编写过程中，参考了国内外许多专家学者的著作和文献，在此对相关专家、研究人员表示衷心感谢。本书内容虽经多遍审校，但由于时间仓促及限于学术水平，疏漏和错误之处，敬请广大读者理解并批评指正。

目　录

CONTENTS

第1章　绪论

1.1 超高层建筑发展概况

超高层建筑是世界各国在经济发展、技术进步、城市土地稀缺等多重背景下进行城市开发时的一种选择，是顺应“精明增长”“紧凑城市”等城市发展理念的产物，也是许多国家和企业彰显其技术和地位的一种有效方式。从世界范围来看，超高层建筑的发展可大致分为三个阶段：

1. 发展起步阶段（1894—1935 年）

这一时期的超高层建筑受到设计理论和建筑材料的限制，结构材料用量较多、自重较大，结构形式单一（主要为框架结构），且均建于非抗震区。代表建筑为美国纽约 1894 年建成的曼哈顿人寿保险大厦（高 106m）。

2. 突破性发展阶段（1950—1975 年）

随着建筑技术的进步，建筑结构理论日趋成熟，特别是钢筋混凝土结构的应用取得突破性进展，简洁实用、不受传统建筑形式约束的现代主义超高层建筑成为发展主流。1950 年建成的纽约联合国秘书处大厦（39 层，高 166m）是现代主义超高层建筑的早期代表作。1976 年建成的波士顿汉考克大厦（60 层，高 240.7m）建筑体形为简洁的长方体，是现代主义超高层建筑的晚期代表作。此后世界超高层建筑设计思潮开始转变。

3. 多样化爆发式发展阶段（1980 年至今）

超高层建筑在建筑设计中追求造型及功能多样化的同时，也在工程建设中应用了大量新技术、新材料。不少具有民族和地方特色的超高层建筑在世界各地兴建，超高层建筑的建设呈爆发式增长。2010 年建成的高 828m 的哈利法塔以惊人的高度实现了超高层建筑发展的飞跃，成为世界第一高楼。

1.2 超高层建筑建造技术发展概况

1.2.1 国外超高层建筑建造技术的发展

建筑业活动以技术为基础，其历史发展以技术进步为前提，主要体现在对材料、结构体系、垂直运输等方面的大胆创新、尝试和使用。

1. 建筑结构材料

超高层建筑对建筑钢材和混凝土的要求更高。钢材应满足高强度、低强屈比、窄屈服幅等抗震性能，具备可焊性、高精度尺寸等加工工艺，同时要求高张力钢、低屈服点钢、热处理钢等具有较好的耐久性能。1988—1992 年间，日本开发研制了屈服点为 590MPa 的高张力钢，广泛用于超高层建筑中。近些年来，又开发研制了屈服点为 780MPa 的高张力钢，已开始应用于超高层建筑中，另一方面，低屈服点钢（如屈服点为 100MPa 的钢材，为普通钢材屈服点的一半左右）被应用于结构梁柱等特殊部位作为吸收地震能量的材料。钢筋混凝土结构中的钢筋和混凝土强度也在迅速提高。1988 年以来，进行了强度为 58.8 ~ 117.6MPa 混凝土及强度为 686 ~ 1176.7MPa 钢筋的开发及应用。近年来，更是开展了强度为 130MPa 及以上混凝土研究和应用。

2. 建筑结构体系

传统建筑主要采用砖石作为承重材料，但因其强度较低限制了建筑进一步向高空发展。19 世纪后半叶钢铁制造技术取得突破，美国威廉・詹尼发明了一种全新的建筑结构体系——钢框架（骨架）结构体系，该结构体系创新采用钢铁作为承重材料，承重结构与围护（分隔）结构分离。1894—1935 年的超高层建筑主要采用钢结构体系。1929—1933 年期间纽约的帝国大厦采用了钢框架支撑结构，具有建筑之王的美称。1950—1975 年的钢结构涌现出多种新结构体系：剪力墙结构、框架—剪力墙结构、框架—筒体结构、筒中筒结构、带转换层结构等体系，混凝土和钢材强度等级不断提高，既满足了建筑形式和功能的需求，更满足了不断增长的高度需求。1980 年以后的超高层建筑结构中，钢结构的数量和高度的发展速度明显减缓，钢筋混凝土结构和混合结构的发展速度超过钢结构。在超高层建筑混合结构中采用了巨型型钢混凝土柱、钢管混凝土柱、巨型伸臂桁架、带钢支撑的巨型外筒、型钢或带斜撑混凝土内筒、钢板混凝土剪力墙等的有效组合。

3. 垂直运输技术

发展高层建筑需要解决的一个技术难题是垂直运输。1890 年，奥迪斯发明了现代电力电梯，由于乘客电梯的出现，建筑突破 5 层的高度限制（徒步可行的登高距离）。20 世纪后高速电梯的陆续问世，解决了超高层建筑垂直运输难题。起重机行业完成了从百吨级到千吨级的跨越，大吨位塔式起重机的问世解决了超高层建筑吊装的难题，大功率、超长臂混凝土泵解决了超高泵送的难题，高承载力模架系统的研究应用解决了超高层建筑施工的模架难题，互联网及通信技术保证了高效管理及远程控制的便捷和时效。目前超高层建筑建造技术基本完备，超高层建筑的技术发展进入了新的阶段。

1.2.2　国内超高层建筑建造技术的发展

西方发达国家建造的百米以上高楼已有数十至百余年历史，在超高层建筑的施工技术方面有很好的创新和积累。我国对超高层建筑技术的研究起步较晚，改革开放以来超高层建筑的建设和技术研究才有了突破性的进展。我国超高层建筑的数量为世界之最，这些超高层建筑在给城市增添亮点的同时，也极大推动了我国高层建筑施工技术和水平的提升。

1. 建筑材料

随着时代发展，国内建筑设计理念不断突破，建筑物造型越来越新颖，设计理念朝“高、大、新、奇”的方向发展，这一发展趋势在给设计带来巨大挑战的同时，对建筑材料的要求也越来越高，其中最主要的就是钢材和混凝土。

我国在1998年把钢结构技术列为重点推广的新技术之后，超高层建筑中的大跨结构得到迅速发展，因此对钢材性能的要求也越来越高。我国逐渐开发出了适用于超高层建筑的、具有高强度、高韧性、窄屈服点、低强屈比、高抗层状撕裂能力、焊接性及耐火性强的钢材。同时，为了减少在焊接过程中产生的焊接应力，保证焊接质量，采用减少焊接节点数量的方法来减少节点焊接量，因此在工程复杂部位经常采用铸钢节点来解决相应问题。高强度钢的使用，使构件截面小而薄，从而导致局部屈曲和刚度降低的问题，解决这个问题的途径之一就是采用钢管混凝土（CFT）柱。钢管混凝土柱将混凝土填充在钢管中，在受压和受弯共同作用下，混凝土横向扩散受到钢管的横向约束，提高了混凝土的强度和变形能力。同时，由于混凝土的填充，钢管的局部屈曲得到了有效抑制，使高张力钢的强度得到充分利用。

超高层建筑的混凝土强度高、黏度大，随着泵送高度的增加，泵送施工越来越困难。中国建筑集团对高性能混凝土及其泵送技术进行了大量研究，通过掺入适量粉煤灰、矿粉等优质矿物掺合料，使混凝土在不增加浆体黏性的前提下，提高玻璃珠颗粒含量，减小流动阻力，改善混凝土的可泵性，并提高混凝土的耐久性。利用高效保塑减水剂，使浆体“稀化”，削弱离子间的联系力，降低浆体的黏聚性，使混凝土处于饱和状态，提高混凝土的可泵性。随着高强度混凝土材料的研制和不断发展，混凝土的强度等级和韧性也不断得到改善，C80和C100强度等级的混凝土已经在超高层建筑中得到广泛使用。

2. 建筑结构体系

目前建筑设计愈发重视建筑个性化，以实现建筑在功能、艺术、造型等方面的创新及应用。因此出现了众多造型结构复杂和内部空间多变的高层、超高层建筑，使我国超高层建筑的复杂程度处于世界前列。

根据超高层建筑的功能要求，我国先后发展了框架结构、剪力墙结构、框架－剪力墙结构、框架－筒体结构、筒中筒结构、巨型框架结构等结构体系。钢管混凝土、高强度混凝土也在超高层建筑中逐步推广。近几年，各种新的复杂体型及复杂结构体系大量出现，如体型复杂的连体结构、楼板开大洞形成的长短柱、楼板与外框结构仅通过若干节点连接、悬挑悬挂、大跨度连体的滑动连接等。

国外超高层建筑以钢结构为主，而我国以钢－混凝土的混合结构居多。据不完全统计，我国已建成的300m以上的超高层建筑中混合、组合结构约占66.7%，其中上海环球金融中心及金茂大厦均为钢筋混凝土核心筒、型钢混凝土柱及钢柱外框结构形式；上海中心大厦、深圳平安金融中心、天津 117 大厦等全部采用混合结构。钢－混凝土混合结构之所以取得了较大发展，一方面，因为其可有效地将钢、混凝土以及钢－混凝土组合构件进行组合，既具有钢结构的技术优势又具有混凝土造价相对低廉的特点；另一方面，我国现场施工的人力成本比国外低，采用混合结构比采用纯钢结构在经济方面更有优势。因此，混合结构是符合我国国情的超高层建筑结构体系，将得到较大发展。

随着超高层建筑的发展，近期也涌现出了一些新型结构体系：钢－混凝土框架－核心筒结构，内筒采用型钢、钢板混凝土巨型组合柱及型钢混凝土支撑的结构体系；钢管混凝土柱框架 + 核心钢板剪力墙体系 + 外伸刚臂抗侧力体系，具有较高的抗侧刚度和延性。广州西塔采用了外部交叉网格结构体系，该体系具有较强的抗侧刚度及抗扭刚度，能较好地抵御风荷载和地震作用。巨型结构在超高层建筑中被广泛采用，利用外框的带状桁架和巨型柱形成巨型框架，并辅以必要的外立面的斜撑组成。随着超高层建筑及其结构的发展，会有更多新颖合理的结构体系出现。

3. 施工技术

伴随着超高层建筑向高度更高、结构形式更复杂、施工进度要求更快等方向的发展，超高层建筑施工技术逐渐发展为以超大超深基础工程施工、模架施工、混凝土超高泵送、钢结构制作安装为主的现代施工技术。

我国超高层建筑基础不断向超深超大发展，对基础工程的施工也提出了更高的要求。桩基施工技术的不断成熟，成桩材料趋向于多元化发展，成桩工艺趋向于难度更高、技术含量更大，成桩方式也趋向于异型化、组合化。基坑围护结构常用钢筋混凝土桩、地下连续墙、钢板桩以及通过地基处理方法采用水泥土挡墙、土钉墙等。逆作法从 20 世纪 80 年代起快速发展，形成了上下同步施工的“全逆作法”和仅进行地下结构逆作施工的“半逆作法”；其中全逆作法在南京青奥项目成功应用，负 3 层的大底板封底时，上部塔楼结构已施工至第 17 层，比常规超高层建筑整体工期缩短了 1/3，我国在该领域的技术达到了全球领先水平。

20 世纪 80 年代后，我国已完全具备了高层钢结构建筑物的设计、制造及安装施工能力。钢结构因具有强度高、生产制作工业化程度高、施工速度快的特点，在超高层建筑中应用广泛。采用钢结构的超高层建筑，对钢结构的吊装、测控、焊接及吊装机械的安装和拆除等技术均要求甚高。随着大型塔式起重机的国产化、焊接机器人的应用，超高层建筑的安装效率大大提高。经过数十年的发展积淀，我国在超高层建筑钢结构安装技术、大跨度滑移技术、复杂空间结构成套施工技术、大悬臂安装技术、整体提升技术和超长超大超厚钢板焊接等方面均有突破性进展，达到了领先水平。

在超高层建筑施工领域，钢筋混凝土核心筒结构施工是影响整个结构施工的关键环节，模架体系的科学性、先进性成了制约整个混凝土结构施工的重要因素。从传统的搭设脚手架施工到滑模、爬模、提模施工，再到顶模、集成平台，竖向混凝土结构施工机械化、标准化程度不断提高，施工速度不断加快，施工的安全性也越有保证。超高层建筑施工中采用整体滑模法，有利于主体结构的整体性，减少高空交叉作业，扩大施工作业面，加快施工速度。我国从苏联引进该技术，最早于1986年在房建领域中（深圳国贸大厦）大面积应用，该技术得到了较快的发展。超高层建筑的筒体结构常用整体爬模法施工，爬模法布置灵活、机械化程度高，对于复杂多变的超高层建筑核心筒施工体现出较好的适应性，目前应用较为广泛。20世纪80年代后期我国开始在超高层建筑中使用爬模技术，并在近些年有了长足进步与发展，上海环球金融中心、深圳平安中心等世界知名的超高层建筑的施工中均采用了爬模技术。整体提模施工技术是近期发展起来的针对超高层建筑混凝土核心筒结构施工的新技术，它综合了大钢模和爬模的共同优点，相较于爬模施工和滑模施工，其具有灵活方便、结构形式适应性强、过程控制简洁、工期快等优点，尤其对于竖向结构变化复杂的结构体系，提模系统具有更强的适用性，该技术成功应用于上海中心大厦（建筑高度632m）。

中国建筑集团有限公司（简称:中建集团）近年来先后研发了低位顶升钢平台模架、模块化低位顶升钢平台模架和微凸支点智能顶升模架，模架的承载力高，稳定性和安全性大幅度提升。在微凸支点智能顶升模架的基础上，又研发了智能化超高层建筑结构施工装备集成平台系统，创新发明了塔式起重机与平台集成技术，通过平台结构设计优化使小型塔式起重机直接固定在平台上；研发了成套智能化附着装置及工艺使大型塔式起重机与平台结合，随平台同步上升，并能将其他施工设备、设施集成在平台上，为模板工程、钢筋工程、钢结构安装、施工测量、消防、照明等提供全方位服务，实现超高层建筑“工厂化”建造。该技术消除了塔式起重机与施工平台冲突及其自爬升面临的复杂工艺及风险，使塔式起重机使用效率提升20%以上，节省300～600万元/台的塔式起重机使用费用；利用多层作业面优势实现墙体、楼板多工序高效流水施工，提升工效20%以上，节约工期2～3d/层；平台承载力可达上千吨，能抵御14级大风作用，较传统施工平台承载力及刚度提高3倍以上。该技术经鉴定达到国际领先水平，并已在武汉绿地中心（建筑高度636m）、北京中国尊等地标建筑中应用。

继集成平台之后，中国建筑集团又添超高层建筑造楼神器——回转式多吊机集成运行平台（简称“回转平台”）。平台上固定的吊机，依托平台回转驱动系统可进行360°圆周移位，实现塔式起重机吊装范围对超高层建筑的360°全覆盖，并可通过吊装需求选择大小级配的塔式起重机进行合理配置，充分利用每台塔式起重机的工作性能，因此仅需配置一台大型动臂式塔式起重机就能满足超高层建筑重型构件的吊装需求。该技术优化了吊机的配置，并实现了多吊机的同步提升，通过吊机回转，合理配置塔式起重机，可节省费用30%～35%，简化了塔式起重机爬升等施工工艺，每层节省工期约20%。

4. 机械设备国产化

随着建筑规模的扩大，国产设备也更加大型化、专业化以及高速化。此外，为了取代整机设计，机械设备也朝产品模块化、组合化和标准化发展。目前，我国塔式起重机生产技术发展迅速，建筑施工单位已能生产各种可适应超高层建筑施工需要的自升式塔式起重机，超高层建筑领域机械设备已基本实现国产化，并已逐步走在世界前列。在混凝土超高泵送设备领域，我国建筑施工企业已达到世界领先水平，国产大空间、大吨位、高速施工电梯也已经实现了500m级超高层建筑的成功应用。

近年来，国内设备厂家陆续推出了一批标志性产品，逐步完成了超大型塔式起重机进口品牌替代。以中联重科为例，从推出D1100超大型塔式起重机后，陆续开发了多款超大型塔式起重机，打破了超大型塔式起重机领域被进口产品垄断的局面，尤其全球最大上回转塔式起重机D5200及创造吉尼斯世界纪录的全球最长臂塔式起重机D1250（该机型具有110.68m的有效作业半径）的开发，彻底打破了我国工程用超大吨位塔式起重机长期依赖进口的局面。我国塔式起重机行业从由国外引进技术，到不断创新研究，经过多年的发展，除满足我国国民经济建设飞速发展的需要外，还大量出口到非洲、中东，甚至欧美国家。

国产高速施工电梯在上海环球金融中心成功应用，运行速度达到90m/min，解决了国产化施工电梯在高速运行条件下超长电缆电压降、电缆收集及自身强度等多项超常规技术指标难题。此后，一大批超高层建筑不再采用进口施工电梯，国产施工电梯速度也提高到了96m/min以上，最大额定载重量也逐步向3t以上迈进。

从2013年起，国内开始研究单塔多笼循环运行电梯，即在单根垂直导轨架两侧轨道上运行多部梯笼。在其顶部、底部及其他需要部位设置旋转节，当梯笼运行至旋转节位置时，通过旋转节进行轨道的变换，将梯笼从导轨架一侧上行的轨道变换到另一侧下行的轨道上运行，形成周而复始的循环运行。梯笼通过旋转换轨机构平面旋转180°变换轨道，可以实现全区间或分区间的循环运行，降低常规施工电梯投入及其空间占位影响。设置综合监控系统，对突发情况进行预警及采用自动紧急制动等保护措施，有效保证多部梯笼的安全运行，实现循环运行，大大提高了运输效率，国产施工电梯得到进一步发展。

在超高泵送方面，国内目前的研究主要集中在混凝土材料、混凝土泵送设备、泵送工艺等方面。在混凝土研制方面，已研发出满足现有超高层建筑结构需求的各种强度的混凝土；在设备工艺方面，国内一些设备公司通过提高设备的可靠性和泵送能力，中建集团通过混凝土可泵性评价、管路润滑装置、新型耐磨泵管、泵管水汽联洗、千米盘管试验等研究解决目前超高层建筑混凝土泵送存在的问题，取得了大量有价值的研究成果，并在实际工程中应用。从20世纪末开始，采用一泵到顶的方法将混凝土泵送到高空浇筑地点，并且混凝土泵送高度一次又一次刷新。在混凝土超高泵送设备领域，我国不但实现了自主研发，打破了国外企业的垄断，而且达到了世界领先水平。

1.3 超高层建筑建造技术发展方向

近年来，随着我国超高层建筑的迅速发展，出现了大量新的结构形式。为了适应这种变化，建筑施工领域也在不断发展和进步，出现了不少新材料、新技术、新设备、新工艺。同时，工程施工项目管理水平不断提高，实现了科学化、规范化、信息化的长足发展。

1. 高性能建筑材料

高强、轻质、耐候、耐火、耐久的高性能材料是超高层建筑材料发展的方向。此外，为了降低超高层建筑对资源的消耗，减少排放与污染，采用生态材料、智能材料将是大势所趋。

生态建材是采用清洁生产技术，使用工业或城市固态废物为原料生产的有利于环境保护和人体健康的建筑材料，如生态水泥、生态混凝土、生态玻璃等，例如，自修复混凝土可模仿动物的骨组织结构受创伤后的再生、恢复机理，通过修复胶粘剂和混凝土材料相复合的方法，实现材料损伤破坏的自修复和再生；智能材料具有自我诊断、调节与修复功能，可主动调节建筑室内的环境参数，减少能源消耗与排放，例如，自动调湿材料可以根据环境湿度自动吸收或放出水分，进而保持环境湿度平衡；自动调光玻璃，可以根据外部光线强弱调节进光量，满足室内采光与节能需求。

2. 机械化施工

机械化施工是指在建筑施工中以机械化手段替代人工进行特定工艺工序的操作，以达到施工动作标准化、降低劳动强度、缩短工期等目的；这是建筑业生产技术进步的一个重要标志，也是建筑工业化的重要内容之一。超高层建筑是现代建筑科技的结晶，发展迅速，但其施工设备的发展明显滞后，在劳动力市场进一步萎缩、市场竞争压力不断加剧的情况下，装备革新将成为占领这一市场的必然选择。

针对国家新型建筑工业化发展需求，以机械化施工取代人工作业已成为超高层建筑发展趋势。针对基础工程施工、主体结构工程施工（钢筋绑扎、模板支设、混凝土浇筑、钢结构安装等）、机电工程施工和幕墙工程施工等关键分部分项工程开发适宜、高效的施工机械及其集成应用，减少人工劳动，改善作业环境，保障施工安全，提升施工质量，为新型建筑工业化、智能建造以及两者的深入融合奠定物质基础。

3. 信息化施工

超高层建筑施工涉及海量建筑信息，需要快速分享与反馈。信息化施工是在施工过程中通过广泛应用传感器、互联网、移动通信、云平台等信息载体与平台，对工期、人力、材料、机械、资金、进度等信息进行收集、存储、处理和按需共享，并加以科学地综合利用，为施工管理及时、准确地提供决策依据，未来将成为提高超高层建筑施工工效的重要基石。

近年来快速发展的建筑信息模型（BIM）技术已成为超高层建筑施工的“标配”，通过数字建模方法使建筑信息参数化、数字化、可视化，并以此为信息载体实现行业内相关政府管理部门、企业、团体等主体在信息化平台上的信息共享，显著提高建筑信息的使用效率。

4. 智能化施工

超高层建筑施工作业量大、工序繁杂、立体交叉作业多，需要多方主体间的大量作业与管理人员、机械设备、材料物资的共同参与。因此需要借助机械化施工手段和信息化监管技术，进行现场的安全管控、资源调度、技术协同等智能化施工，从而大幅提升施工质量与效率，及时消除施工风险，有效减少用工需求，打造少人化、无人化建造场景。这是建筑产业转型升级的重要抓手，也是新型建筑工业化发展的重点内容。

目前，智能化施工主要分为智能化装备与智能化监控系统两类。面向现浇及装配式结构多场景的自升降智能造楼机（含配套机器人）和智能管理平台，能提升施工机械自主作业能力与水平，实现适用于高层建筑的人—机器—环境高度融合与协同的智能建造模式。工程数字孪生管控平台系统，需集成自升降智能造楼机、智能感知、智能决策预警等功能，满足工程现场传感、分析、决策、控制需要，实现实时、安全、高效的现场管控。如智能化装备中智能混凝土布料机可根据核心筒混凝土墙体位置自动规划布料杆运行轨迹，当运行中遇到障碍物时可以主动绕行；泵管智能监控系统通过监测泵压判断混凝土堵管的趋势与位置并预警，以便及时排除隐患。

5. 模块化施工

模块化施工可有效减少现场作业，降低资源消耗和对周边环境的影响，是建筑工业化发展的重要方向。目前，以组合立管、整体式机房为主的机电系统模块化施工已经在超高层建筑施工中得到广泛应用，并取得了良好的效果。

未来发展将聚焦提高机电、幕墙、装修、钢结构等专业的模块化组件占比，提升设计、制作、安装的协同深化技术，利用测量机器人、实景扫描技术提升安装精度，研发系列的模块化安装机具等。此外，还需大力推广新型装配式桁架组合楼板、整体式钢筋笼等模块化组件的应用，提升混凝土结构施工工效，减少现场劳动力投入，提高模块化作业水平。

6. 绿色施工

绿色施工是新发展理念在建筑领域的具体体现，是工程施工中实现资源节约和节能减排的关键环节。绿色施工应着重推行绿色建造和绿色施工技术及装备，提升绿色建造占比和利用效率，提高工程降水、太阳能利用率，增加建筑垃圾、废弃物的回收利用；注重建筑及其围护结构的隔热保温技术、绿色材料、绿色施工机具的研究应用，并建立绿色技术产学研用一体化机制，以最少的资源投入完成工程建设。

第 2 章　基础工程施工关键技术

超高层建筑需要坚实的基础支撑，因此超高层建筑基础工程施工至关重要。复杂地质条件下超长桩施工、大体积混凝土施工等是超高层建筑施工中经常遇到的难题。本章主要介绍超高层建筑施工中经常遇到的软土地区超大长径比灌注桩施工、大体积混凝土超长溜槽浇筑施工、大体积混凝土无线自动测温与预警施工和狭小空间临地铁逆作法施工四项关键技术，以期为类似工程施工提供参考和借鉴。

2.1 软土地区超大长径比灌注桩施工技术

2.1.1 技术概述

软土地区的超高层建筑，常需要设置超长桩提高基础的承载力，成孔质量是超大长径比桩身质量的关键因素之一，而护壁泥浆、垂直度控制分别是成孔质量的先决条件和关键控制要素。灌注桩在成孔以后需要放置钢筋笼，超大长径比桩的钢筋笼细长、质量大，吊装及拼接困难大，且钢筋笼的制作精度和变形控制要求高，在制作、转运和吊装过程中的变形难以控制，因此钢筋笼的施工是超大长径比灌注桩施工过程中的又一难点。

对于普通抗压桩只需进行桩底后注浆即可使单桩承载力得到很大提高，而超高层建筑对单桩承载力要求高，除桩底后注浆外还需进行桩侧后注浆，以进一步提高桩的承载力，因此注浆设计与施工也是超长灌注桩施工的重点。此外，对于水下浇筑混凝土，由于混凝土的输送距离长且桩身细长，需要较长的浇筑时间，施工现场操作机器较多，为保证混凝土良好的施工性能和浇筑的连续性，混凝土需要有良好的和易性和保塑性，同时还要满足结构的耐久性要求。

该技术适用于软土地区超大直径、超长桩的泥浆护壁混凝土灌注桩的施工。

2.1.2 工艺流程

软土地区超大长径比灌注桩施工工艺流程包括：设置护筒→安装钻机→制作泥浆→钻进→第一次清空移走钻机→测定孔壁→吊放钢筋笼和注浆导管→插入导管→第二次清孔→水下混凝土灌注→拔出导管→注浆→拔出护筒，成桩。

2.1.3 技术要点

2.1.3.1 超长灌注桩护壁泥浆制备技术

灌注桩在施工过程中容易发生缩颈、塌孔等现象，因此要采取泥浆护壁措施。泥浆主要是由黏土或膨润土与水拌和而成，并根据需要掺入少量的纯碱或梭甲基纤维素等物质以改善泥浆的品质。

聚丙烯酰胺不分散低固相泥浆，简称 PHP 泥浆，是通过在膨润土为原料的基浆

中加入 PHP 胶体制成的。该泥浆具有以下特点：

（1）对钻屑和劣质土具有不水化分解的特点。由于不水化分解的特点，使得泥浆失水量少，孔壁不会因水化膨胀而坍塌，同时使钻孔时携渣泥浆易于在循环系统中净化。

（2）具有低固相的特点。表现为密度较小，低固相有利于提高钻进效率，防止糊钻及砂侵。

（3）护壁能力强。在小密度的前提下，加入絮凝剂可提高黏度，相应的胶体率大，使泥浆有较强的渗透性能。泥浆胶体在粉细砂土体中形成一层化学膜，封闭孔壁，有效防止在不良地层钻进时极易发生的漏浆和塌孔现象，保持孔壁稳定，同时提高泥浆的携渣能力。

（4）触变性好。配制成功的 PHP 泥浆黏度适中，在静止状态时呈凝胶状；其由流动到静止的过程是一个黏度恢复的过程。黏度恢复后悬浮作用大，能阻止钻屑下沉，而当钻头旋转泥浆流动时，泥浆的絮凝结构被改变，黏度减小，流动性增加，减小钻头阻力。PHP 泥浆的这种触变性能使其能同时满足钻进时阻力小、静止时稳定性好两项要求。

（5）成孔后泥皮薄。这是 PHP 泥浆的一个重要特点。一般而言，泥皮厚度与泥浆过滤失水率成正比，该泥浆的低失水率使其具有泥皮薄的特点，其孔壁泥皮厚度小于 1mm，这也是普通泥浆难以达到的。

（6）可循环施工，经济性好。PHP 泥浆以造浆率高的膨润土作为原料，其造浆率比普通黏土高出 4 ~ 5 倍；采用高效泥浆循环系统后，其使用回收率可达 60%，从而可做到循环施工。因此，在大型工程中采用该泥浆系统较为经济。

（7）污染程度低。PHP 泥浆废料 pH = 8，无毒、无害，可将对环境的污染程度降到最低，利于环保。

1. PHP 泥浆制备技术（聚丙烯酰胺不分散低固相泥浆）

PHP 泥浆由优质膨润土、纯碱（Na_2CO_3）和聚丙烯酰胺（PAM）等原料制成。

先将一定量的水加入制浆池中，再按泥浆中膨润土的含量为 6% ~ 8% 加入膨润土；使用 3PNL 泥浆泵产生的高速水流在池内搅拌 30min，使膨润土颗粒充分分散后，再按膨润土含量的 3% ~ 4% 加入纯碱，以调整泥浆密度、黏度及酸碱度（pH）。原浆需在储浆池中静置 24h，使膨润土颗粒充分膨化。在基浆中加入一定量的 PHP 胶体，即为新浆，新浆性能指标见表 2.1-1。加入 PHP 的量应根据黏度及失水率的需要调配。一般情况下，每立方米基浆中加入 PHP 胶体 0.4 ~ 0.6kg。

新浆性能指标　　表 2.1-1

密度（g/cm^3）	黏度（s）	含砂率（%）	pH	胶体率（%）	每 30min 的失水量（mL）	泥皮厚度（mm）
1.02-1.06	20 ~ 25	≤ 1	8 ~ 10	≥ 96	≤ 15	≤ 1

2. PHP 泥浆循环控制技术

泥浆循环控制对成孔工艺的成败起着至关重要的作用，试桩泥浆循环方式可采用气举反循环工艺。PHP 泥浆循环系统由新泥浆池、钻渣沉淀池、泥浆循环池、废浆池及泥浆净化机等部分组成，其具有泥浆浓度、黏度、pH、含砂率可调节，泥浆可重复利用等优越性能。

PHP 泥浆循环控制技术的总体思路是：使用过的含粗颗粒较多的泥浆通过净化、循环等过程后，其中大颗粒沉淀，然后往泥浆里加入 PHP 含量高的新浆，增加其黏度，减小其失水率，调整其性能指标，从而使之重新成为满足钻进和护壁要求的泥浆。PHP 泥浆循环系统中通过气举反循环泥浆管将钻进过程中形成的带钻屑泥浆送入泥浆净化机，泥浆泵的作用是将造浆池中的新鲜泥浆泵入钻孔内供成孔使用。

泥浆净化包含粗滤、静力沉淀和旋流除砂三个过程。粗滤是将气举反循环泥浆管中的泥浆通过 20 目的振动筛网，一般可以过滤粒径 1mm 以上的颗粒，将泥浆含砂量控制在 15% 以内；静力沉淀是将泥浆颗粒流入泥浆循环池中沉淀，一般 0.075mm 以上的颗粒在泥浆循环池中沉淀，经静力沉淀的泥浆含砂量可降至 8%；旋流除砂是泥浆通过旋流除砂器将 0.075mm 以下的颗粒沉淀，将泥浆含砂量降至 2.5% 以内。

对流入泥浆沉淀池后的泥浆，须经常检测其密度、含砂量、黏度、失水率等性能指标是否满足钻进需要，必要时对泥浆参数进行调整，将新浆补充泵入桩孔，以保证泥浆性能指标满足钻进需要。

3. PHP 泥浆参数控制与技术调整

在材料进场时，应加强验收和检验力度，对不合格的材料坚决拒收。PHP 泥浆配制时，需要认真做好配比试验，制定不同的配比方案，不同的地层采用不同的方案。泥浆配制开始和过程中对泥浆性能参数进行测试，其过程控制为每配制 100m^3 泥浆即测试一次。在不同的钻进过程中，需要对泥浆指标进行适当的调整和控制。

钻进过程中，每 4h 做一次进浆口泥浆常规参数测试，以检测泥浆的变化情况来指导钻进；同时，根据钻进深度和不同的地层地质情况，调整泥浆的性能指标。当钻进至设计标高时，将钻具提离孔底 5cm 继续转动钻具，维持泥浆循环，并对泥浆性能进行调整，使终孔泥浆性能参数达到表 2.1-2 的要求。

终孔泥浆性能参数　　表 2.1-2

黏度（s）	密度（g/cm^3）	含砂率（%）	pH	胶体率（%）	失水量（mL/30min）	泥皮厚度（mm）
18～21	1.05～1.10	<2.5	8～10	>97	≤15	≤2

因试桩吊放钢筋笼及下放导管所需时间较长，在此期间桩孔内的泥浆各项技术指标可能发生变化，且孔底沉渣也较大，因此需利用导管及反循环泵进行再次清孔，使

泥浆性能指标达到表 2.1-3 的要求。

混凝土浇筑前泥浆性能指标　　表 2.1-3

黏度（s）	密度（g/cm³）	含砂率（%）	pH	胶体率（%）	失水量（mL/30min）	泥皮厚度（mm）
18 ~ 20	1. 05 ~ 1. 08	<2	8 ~ 10	>98	≤ 15	≤ 2

2.1.3.2　超长超重钢筋笼关键施工技术

1. 钢筋笼制作安装技术

为减少接头和废料，宜选用 12m 长钢筋原材，同时考虑到吊装的方便可行，可根据钢筋笼的长度选择合适的长度分节加工。为方便加工，保证精度，可专门设置加工胎架。胎架可由间隔 2m 的砖砌墩台上固定 ⊏20 的槽钢组成；安放槽钢时用砂浆坐浆并用水准仪找平，高差控制在 5mm 以内。钢筋笼依据钢筋料表加工，整个钢筋笼全长一次性加工成形，分节处用分体式直螺纹套筒连接，其他接头用普通直螺纹套筒连接。

100m 长的锚桩桩顶钢筋可通过预留 60mm 孔径的厚锚板与检测设备连接，所以钢筋平面定位偏差不得大于 5mm；为此，需专门制作钢筋定位模具。直径 50mm 钢筋线密度大，且每根定尺长度为 12m，工人实际加工定位起来比较困难，因此，可制作专用的 F 形钢筋笼主筋定位钳进行加工定位。

2. 钢筋笼主筋的连接

单节钢筋笼内主筋连接采用普通直螺纹套筒连接，钢筋连接接头经检测需满足现行行业标准《钢筋机械连接技术规程》JGJ 107 规定的 I 级接头的要求。在满足主筋连接质量的前提下，钢筋笼在孔内的连接速度快，缩短空孔静置时间，节与节之间采用分体式直螺纹的连接方式。

分体式直螺纹接头是在钢筋等强度剥肋滚压直螺纹连接技术的基础上衍生出来的一种新型接头方式。接头形式的连接套筒为分体式，装配时不需要转动钢筋，只需用两个配套的半圆形套筒将等连接钢筋扣装，而后用锁母锁紧即可。

3. 超长超重钢筋转运与吊装技术

根据施工的需要，提供各项起重数据，设计吊索、吊具，并委托专业公司加工制作。钢筋笼从制作胎架转运至桩孔附近，采用 100t 履带起重机进行。为尽量减少转运时产生的变形，每节钢筋笼采用 4 个吊点转运、5 个吊点吊装，吊点需经过专项设计和加工。

钢筋笼分节吊装，现场用 100t 履带起重机作为主吊，25t 汽车起重机作为辅吊，两台吊车配合施工。钢筋笼吊装时，现场安排专人指挥，吊装时利用主次吊车 5 点起吊钢筋笼。待钢筋笼离地面一定高度后，辅吊停止起吊，利用主吊继续起吊，直至把钢筋笼吊直，对准孔位轻放，慢慢入孔，徐徐下放，不得左右旋转。

当每节钢筋笼入孔下放至最上一道加强箍位置处时，穿入扁担把钢筋笼固定在孔口。吊下一节钢筋笼至孔位上方，连接上、下两节钢筋笼的主筋、注浆管、声测管、抽芯管，保证上、下轴线一致，各种管线、钢筋接头应连接牢固可靠。为加快现场钢筋连接速度，钢筋笼主筋利用分体式直螺纹连接，连接接头互相错开，保证同一截面内接头数目不超过钢筋总数的50%，相邻接头的间距不小于35*d*。主筋和各种管线在孔内连接完毕后，按搭接顺序逐段连接缓缓下放；同时，补足接头部位的螺旋筋，再继续下笼。根据钢筋笼设计标高及护筒顶标高确定悬挂筋长度，并将悬挂筋与主筋牢固焊接。待钢筋笼吊放至设计位置后，将悬挂筋固定在孔口扁担上，防止钢筋笼在灌注混凝土过程中上浮或下沉。

2.1.3.3 超大长径比灌注桩垂直度控制技术

影响垂直度的主要控制点包括：(1) 机械设备应有一定的质量（总质量一般不小于25t)，确保钻机的稳定性，避免钻进时钻机跳动而出现台阶孔；(2) 施工地面应是硬地面；(3) 避免钻头和钻杆的甩扩作用，导致孔径和垂直度偏大；(4) 钻杆及接头应有较强的强度和刚度；(5) 在钻头上应增加配重，使钻具重心尽量下移至钻头部位；(6) 不同地层采用不同的钻进速度，并采用减压钻进的工艺；(7) 定期复核钻进操作平台的水平度；(8) 成孔过程中及终孔时应对成孔质量及时进行检测。

1. 钻机钻具的选择与控制技术

根据工程实际情况可选用气举反循环ZSD2000型钻机，主机总质量不小于25t。自身选用强度、刚度大的245mm×20mm（外径 × 壁厚）的钻杆；接头采用法兰连接，配置双腰带钻头和导正器，在钻头上方增加配重。

2. 作业环境的控制技术

为保证钻机就位时底座牢实、平稳，对表层含有大混凝土块和砖渣的杂填土用素土换填，在其上设置300mm厚C30的钢筋混凝土硬化平台，并预设桩孔及泥浆沟。在正式钻孔之前先在桩孔中心位置进行超前钻，提取各个深度的土样并留存，以便准确了解和掌握各个桩孔位置的竖向土层分布状况。

3. 成孔工艺控制技术

为了检验按既定的成孔方案施工能否保证成孔质量，对成孔过程中的泥浆性能、钻进参数、成孔垂直度、混凝土质量等各种参数进行验证和调整，并对现场出现的问题分析原因并采取措施，以便形成正式的施工工艺；在正式成孔前，在场外进行2次试成孔。

通过2次试成孔，对预先确定的泥浆型号、钻进参数、成孔垂直度、混凝土质量等进行检测和调整，并记录相关的数据资料；对出现的问题进行分析和改进，以便形成正式的施工方法。根据超前钻探所揭示的地层情况和试成孔的参数，确定钻进参数。

开钻时慢速钻进，待导向部分或主动钻杆全部进入底层后，方可加速。每钻进一根钻杆要注意扫孔，每加一节钻杆对机台进行水平检查，定期或在关键深度进行钻杆垂直检查。在正常施工中，为保证钻孔的垂直度，采用减压钻进，遇到软硬地层交界处，轻压慢钻，防止偏斜。

2.1.3.4　超长灌注桩水下高强、高性能混凝土施工技术

当前混凝土结构的耐久性问题已经引起了行业内的高度重视，国家和行业也颁布了有关混凝土耐久性设计与施工的技术规范，在盐碱腐蚀较强情况下满足耐久性 100 年的要求，这是在配合比设计时需考虑的问题。同时，水下浇筑的 C55 混凝土需要有良好的和易性，能够通过导管下料充填到桩内，即混凝土要有大的流动度和适当的黏度（不泌水、不离析），无需振捣即达到自密实的效果。如何解决大流动度和黏度之间的关系，是自密实混凝土的一大难题。此外，对于超细长桩，由于混凝土的运距长且桩身细长，需要较长的浇筑时间，施工现场操作机器较多，为保证混凝土具有良好的施工性能和浇筑的连续性，在较长的时间内保存其工作性能，顺利地完成灌注桩混凝土的浇筑，要求混凝土具有良好的超保塑性能。

1. 混凝土原材料的选择

原材料选择的原则首先是要按照高性能混凝土的技术途径选用质地坚硬、无碱骨料活性、级配合理、有较小的孔隙率、浆骨比小、粒形良好的优质粗细骨料；石头采用碎石，细骨料采用中粗河砂。选用超保塑聚梭酸高效减水剂，降低混凝土的单方用水量，提高混凝土的耐久性。掺入优质磨细矿物掺合料，取代部分水泥，改善混凝土的工作性能和内部结构。此外，原材料的选择还应根据资源情况，尽可能就近选用。

2. 混凝土配合比优化设计

根据混凝土的运距、浇灌条件确定混凝土类型及工作性能的相关控制指标，确定相应设计使用年限的混凝土。混凝土的耐久性相关要求及自密实混凝土的相关指标按照国家现行标准《混凝土结构耐久性设计与施工指南》CCES 01、《高性能混凝土应用技术规程》CECS 207、《自密实混凝土应用技术规程》T/CECS 203 的相关规定执行。

3. 混凝土生产与浇筑

按设计配合比选定的原材料组织供应，在施工期间严格按照质量体系和工作指导要求，指定专人定期检查，对原材料的进料、储存、计量全方位进行监控。及时测定砂石含水率，定期检查和校正计量系统，特别注意混凝土出机检查，保证混凝土的质量、工作性能（主要是坍落扩展度）符合要求。

安排好发车时间和发车数量，做好车辆调度；在一根桩浇筑时，做到浇灌不待车、不压车，保持连续浇灌。并且在每车浇筑前，都需检查混凝土的坍落度，若发现个别车辆内混凝土状况异常，坚决退回，严禁使用。下导管前检查导管的连接质量和气密性。每根桩浇筑时混凝土罐车均开到桩孔边直接对料斗下料浇筑，确保混凝土的初灌

量。在进行混凝土浇筑时，随时用测绳检测混凝土的液面高度并作好记录，保持导管的合理埋深在 2 ~ 6m 范围内。

2.1.3.5 竖向高密度点位环形注浆设计与施工技术

由于钻孔灌注桩底部和周边不可避免有沉渣、桩周泥皮存在，导致桩端承载力降低，桩侧摩阻力不能有效发挥，桩底、桩侧后注浆是提高钻孔灌注桩单桩承载力的有效方法之一。

1. 桩侧环形注浆设计技术

根据现行行业标准《建筑桩基技术规范》JGJ 94，综合考虑地层条件和该次试桩特点，将 100m 长的试验桩设置 4 道桩侧注浆导管；第一道在双护筒底标高以下 20m，最下一道注浆阀在桩底以上 15m，中间 2 道等距离设置（间距 12.8m）。120m 长试验桩设置 5 道桩侧注浆导管，第一道在双护筒底标高以下 20m，最下一道注浆阀在桩底以上 15m，中间 3 道等距离设置（间距 14.6m）。

注浆管竖向部分为焊接钢管，其中桩底后注浆管竖向部分为直径 50mm、壁厚 3.25mm 的焊接钢管，沿钢筋笼均匀布置，下端至桩底与桩端压浆阀连接，桩底注浆管和超声检测管“二合一”设置。桩侧压浆导管竖向部分为直径 25mm、壁厚 2.75mm 的焊接钢管，每一道压浆导管底端设三通与环形桩侧压浆阀相连。

单桩注浆量的设计根据桩长、桩端桩侧土层性质、单桩承载力增幅及是否复式注浆等因素确定，参考现行行业标准《建筑桩基技术规范》JGJ 94 的相关规定。结合设计图纸要求以及类似施工经验，对环形注浆其他的参数确定如下：（1）水泥规格为 PO42.5，水灰比 0.6 ~ 0.7；（2）注浆流量 75=L/min；（3）后压浆质量控制采用注浆量和注浆压力双控方法，以水泥注入量控制为主，泵送终止压力控制为辅（表 2.1-4）；（4）注浆水泥总量和注浆压力均达到设计参数，注浆水泥总量达到设计值的 75%，且注浆压力超过设计值；若水泥浆从桩侧溢出或注浆压力长时间低于设计值，则应调小水灰比，间歇注浆。

水泥注入量及泵送终止压力　　表 2.1-4

压浆模式	水泥压入量	泵送终止压力
桩端压浆	不小于 2000kg/ 桩	不小于 3.0MPa
桩侧压浆	500 ~ 700kg/ 层	不小于 2.0MPa

2. 后注浆装置安装技术

由于试桩需要进行超声波检测以检查桩身混凝土质量，因此桩底注浆管还用作超声波检测用的声测管；在注浆管安装方面，将桩底注浆管设置在钢筋笼的内侧，与钢筋笼某一主筋绑扎固定。由于钢筋笼分节下放，需要对注浆管进行多次连接；在连接

方式的选择上，采用套管焊接连接，以保证注浆管焊接的密闭性。考虑到桩侧后注浆有 4 ~ 5 道，每一道注浆阀对应一根竖向注浆管，而钢筋笼内空间有限，将桩侧竖向注浆管安放在钢筋笼的外侧，与某一主筋固定，采用焊接连接。桩侧注浆阀随钢筋笼的下放及时安装固定，注浆管竖向段钢管与注浆阀采用三通进行连接，确保水泥浆流动通畅。另外，全部压浆管上端均高出桩顶标高 0.5m 并用丝堵封口，保证无异物进入注浆管内。钻孔施工时，严格控制孔底标高，做到不超深，钢筋笼下放到位后禁止悬吊，以保证桩底注浆阀能顺利插入土层中。因单向注浆阀效果良好，在注浆前，不需要清水开塞。

注浆时常会发生水泥浆沿着桩侧或在其他部位冒浆的现象，若水泥浆液是从其他桩或者地面上冒出，说明桩底已经饱和，可以停止注浆；若从本桩侧壁冒浆，注浆量也满足或接近了设计要求，可以停止注浆。若从本桩侧壁冒浆且注浆量较少，可将该注浆管用清水或用压力水冲洗干净，等到第二天原来压入的水泥浆液终凝固化、堵塞冒浆的毛细孔道时再重新注浆。

2.2　大体积混凝土超长溜槽浇筑施工技术

2.2.1　技术概述

混凝土结构物实体最小几何尺寸不小于 1m 的大体量混凝土，或因混凝土中胶凝材料水化引起的温度变化和收缩而导致有害裂缝产生的混凝土，称之为大体积混凝土。现代建筑中经常涉及大体积混凝土施工，如超高层建筑基础、大型设备基础等。大体积混凝土的表面系数比较小，水泥水化热释放比较集中，内部升温比较快；混凝土内外温差较大时，会使混凝土产生温度裂缝，影响结构安全和正常使用。

基础大体积混凝土施工时，一般采用分层推移施工法，这就要求施工速度要快，否则分层施工的混凝土之间由于时间过长就会形成冷缝，影响混凝土的质量。在基础大体积混凝土施工时，采用溜槽浇筑、混凝土输送泵配合，可以大大提高混凝土施工速度，同时节约施工成本。溜槽浇筑混凝土具有以下优点：首先溜槽浇筑混凝土属于非泵送范畴，可以大大调低混凝土坍落度，减少单位用水量，避免混凝土干缩现象；其次，采用溜槽浇筑混凝土，更有利于大体积混凝土夏季施工散热，降低入模温度及减少水化热。溜槽浇筑混凝土能避免常规施工泵管堵塞现象发生，工效更高，可保证大体积混凝土连续浇筑。考虑到基坑深度过大，对于大高差溜槽输送混凝土，倾角过小容易使混凝土流动受阻，造成大粒径骨料堆积，对溜槽支撑架造成额外负担，影响支撑结构安全。倾角过大致使混凝土砂浆流速过快，输送混凝土容易产生离析现象。

本技术采用超长溜槽技术，并依据需要的下灰点设置溜槽分支，根据浇筑部位进行分支截挡，确保混凝土浇筑连贯顺畅。

该技术适用于场地作业面小、周边环境影响大、施工组织难度大、地下结构深、基础底板厚、一次浇筑量大的大体积混凝土施工。

2.2.2 工艺流程

大体积混凝土超长溜槽浇筑施工技术主要工艺流程包括：混凝土浇筑区域划分→泵管支撑架设计→溜槽及架体设计→溜槽加工→架体搭设→架体检验→混凝土浇筑。

2.2.3 技术要点

1. 浇筑方式设计

成都壹捌捌大厦工程筏板基础混凝土厚度达 2.7 ~ 4.8m，电梯井局部混凝土厚达 10.12m；底板混凝土浇筑方量大，约 29000m^3。场地狭窄，筏板混凝土浇筑困难，基坑深度大。

采用超长溜槽技术进行施工，对混凝土供应、机械、人员、施工区段划分、现场浇筑平面以及场内外交通进行合理组织。主溜槽采用 5mm 厚钢板定制，直径为 600mm、高度为 300mm 的半弧形，分支溜槽采用 5mm 厚钢板制作，直径为 400mm、高度为 200mm 半弧形，混凝土溜槽布置示意见图 2.2-1。

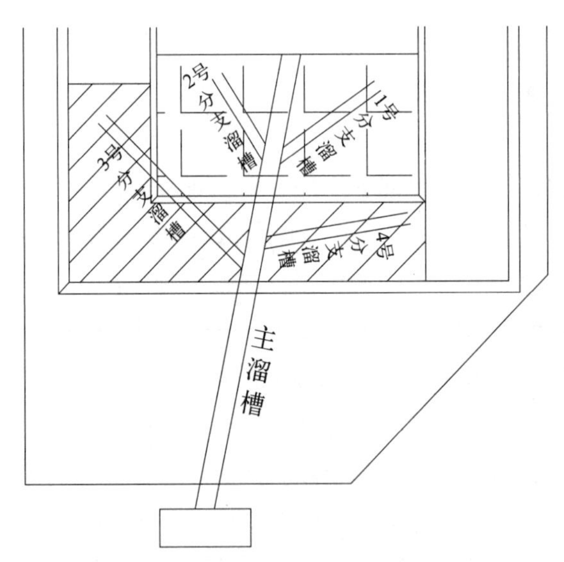

图 2.2-1 混凝土溜槽布置示意图

溜槽在 2 号大门口进行搭设，坡度为 1 : 3，搭设长度为 69m；在距离基坑水平距离为 15m 处设置两道分支溜槽（分支溜槽 1 号），在距离基坑水平距离为 17m 位置处设置一道分支溜槽（分支溜槽 2 号），在距离基坑水平距离为 23.6m 位置处设置一道分支溜槽（分支溜槽 3 号）。溜槽与溜槽之间采用双面满焊连接，与混凝土接触面的焊缝需打磨光滑，防止挂浆。溜槽架体采用钢管架作为支撑架体。为确保溜槽顺利地施工，在距离架体底部高度为 20m、10m 处分别设置操作平台，以便于堵塞后进行疏通。

2. 支撑架体设计

（1）泵管支撑架设计

1 号、2 号泵送管固定架体搭设高度为 30.5m，其水平俯视图与立面示意图见图 2.2-2 和图 2.2-3。架体长度为 7m，宽度为 8m；立杆纵横向间距为 1m，步距为 1.5m。架体四面满设剪刀撑，内部满设剪刀撑，管道接口处设置水平夹杆；架体受力构件为纵向立杆，位于筏板内的立杆底部焊接止水蒙板，在下端 1m 范围中间部位焊接止水翼环。整个架体分别在标高为 −24.50m、−20.50m、−14.50m、−8.50m 处与水平支撑梁进行拉结。

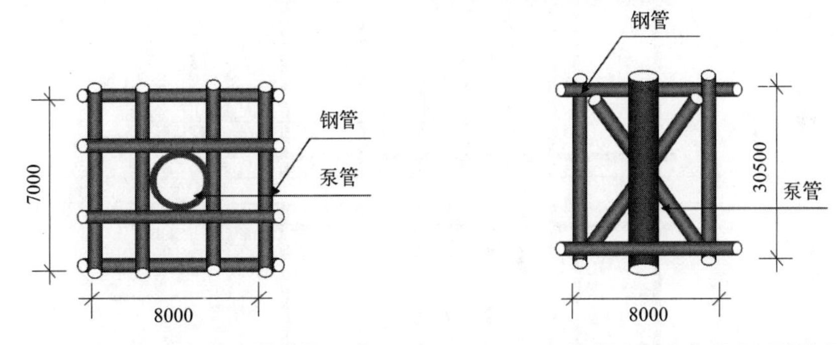

图 2.2-2　混凝土固定架体水平俯视图（mm）　图 2.2-3　混凝土固定架体立面示意图（mm）

（2）溜槽及架体设计

根据荷载按照梁支撑架体进行计算，搭设高度为 32m。模板按照 5mm 厚钢板面板进行计算，支撑架体按照 ϕ48mm × 3.0mm 钢管进行计算。主龙骨采用 ϕ48mm × 3.0mm 钢管进行验收，次龙骨按照 U 形 5 号槽钢进行验算，次龙骨加工示意见图 2.2-4。

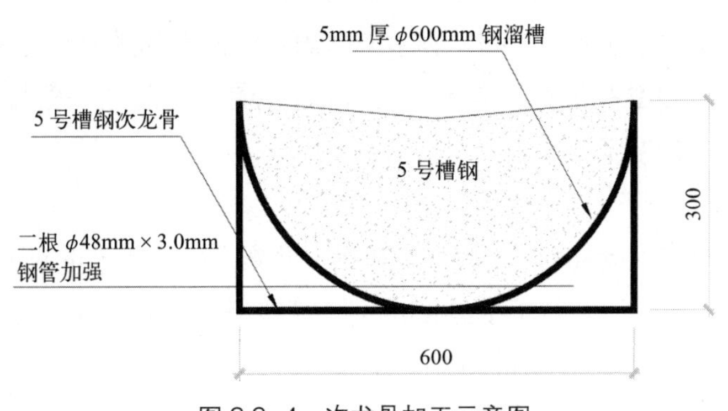

图 2.2-4　次龙骨加工示意图

根据计算结果，溜槽下部支撑采用立杆，间距为500mm，沿溜槽长度方向。立杆的步距为1.2m。溜槽底部立杆均匀布置6根，溜槽两侧立杆间距为1.0m。溜槽底部连接采用5号槽钢制作成U形箍与溜槽底部及两侧进行焊接，间距为500mm。架体采用两步三跨搭设方式，并与基坑水平支撑梁进行连接，与梁采用双钢管双扣件连接。所有支撑体系采用双扣件进行连接，防止支撑体系滑移，溜槽架体立面见图2.2-5。

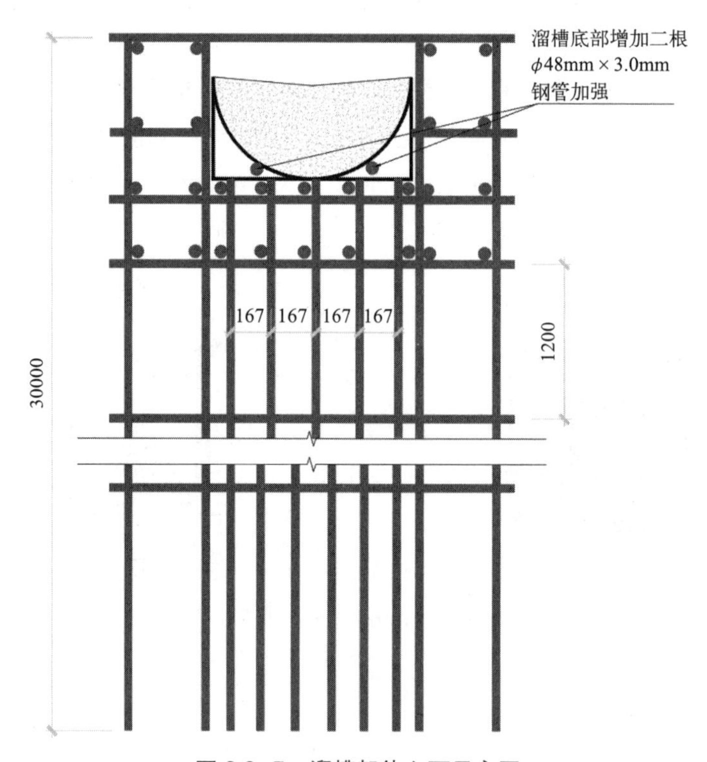

图2.2-5 溜槽架体立面示意图

依据现行行业标准《建筑施工扣件式钢管脚手架安全技术规范》JGJ 130，溜槽的脚手架高宽比参照敞开式满堂脚手架进行设计，高宽比为2，搭设高度按照30m进行考虑，搭设宽度按照15m进行搭设，溜槽下部支撑按照图2.2-5搭设，两侧立杆按照1m间距搭设，总宽度为15m。脚手架四周及架体内部满设剪刀撑，剪刀撑角度45°，同时在底部设置扫地杆。落入筏板内的钢管底板焊接堵头蒙板以及止水异环。搭设完成的溜槽实物见图2.2-6。

3. 混凝土浇筑

混凝土浇筑总施工流程为：Ⅰ施工区筏板→Ⅱ施工区筏板→Ⅲ施工区筏板。

分区浇筑流程：Ⅰ区核心筒内4.8m厚筏板约3800m^{3}混凝土浇筑（−37.4～−32.60m）→筒体外3.3m厚筏板约6100m^{3}混凝土浇筑（−35.90～−32.60m）→筒体外1m厚筏板约3100m^{3}混凝土浇筑（−33.60～−32.60m）→养护。

图 2.2-6　搭设完成的溜槽实物图

Ⅱ区核心筒 4.0m 厚筏板约 3500m³ 混凝土浇筑（−36.60 ~ −32.60m）→筒体外 2.7m 厚筏板约 3400m³ 混凝土浇筑（−35.30 ~ −32.60m）→筒体外 1m 厚筏板约 2600m³ 混凝土浇筑（−33.60 ~ −32.60m）→养护。

Ⅲ区采用常规泵送混凝土施工。Ⅱ区域 A 筏板采用溜槽配合泵车浇筑，共分为四个阶段，其中前三个阶段以筒体中心线为界南北分向推进顺序分向浇筑。第四阶段以南北分向向筒体中心线推进浇筑。各阶段浇筑区域如下：

（1）第一阶段：主溜槽配合泵车浇筑筏板 4.8m 厚区域。

（2）第二阶段：主溜槽及 1 号、2 号分支溜槽配合泵车浇筑筏板 2.7m 厚区域。

（3）第三阶段：拆除前端溜槽，3 号、4 号分支溜槽配合泵车浇筑筏板 2.7m 厚区域。

（4）第四阶段：南侧拆除分支溜槽前端部分配合北侧泵车浇筑筏板 1m 厚区域。

4. 混凝土振捣

由于混凝土坍落度大，混凝土斜坡摊铺较长，混凝土振捣时需沿固定线路由坡脚和坡顶同时向坡中振捣。振捣棒应插入已浇层内 50 ~ 100mm，使层间不形成冷缝，结合紧密，成为一体。振捣棒插入点要均匀排列，需按顺序有规律插棒，可采用“排列式”和“交错式”的次序移动，尽量避免混凝土漏振。每一插点要控制好振捣时间，一般在 15 ~ 20s，不能过振，避免混凝土出现离析现象。一般每点振捣时间应以混凝土表面呈水平不再明显下沉、不再出现气泡、表面泛出灰浆为宜。

混凝土在浇筑到达面层时应分两次浇筑，第一层浇筑后进行一次振捣；振捣完成 20 ~ 30min 后浇筑表层混凝土，在初凝前进行二次振捣，振捣后采用 4m 铝合金杠刮平后收面。在筏板下层混凝土振捣时，振捣手应下到基础底板内振捣混凝土，近距离振捣混凝土，有利于插点到位，振捣密实情况容易掌控，不易漏振。

5. 场内交通组织与协调

底板混凝土浇筑前，现场要周密计划、合理安排，在计划阶段对于可能发生的问题要仔细研究，尽量做到万无一失。混凝土浇筑时现场的布置，要从混凝土泵的布置、混凝土车的运输通道、现场的实际情况、混凝土浇筑路线等各方面考虑。

2.3 大体积混凝土无线自动测温与预警施工技术

2.3.1 技术概述

为保证大体积混凝土施工过程中的质量以及掌握施工过程中结构的变形和内力变化规律，需要对大体积混凝土施工全过程进行现场实时监测，以了解大体积混凝土结构随着浇筑时长的延续，内部的温度荷载情况，进而对施工流程及其模拟进行验证修正，实现现场监测与数值计算相互印证。

大体积混凝土温度监测主要为实现以下目标：(1) 验证和修正施工全过程模拟结果，完善大体积混凝土施工技术；(2) 评估大体积混凝土结构在施工过程中的安全性，为施工关键环节的进行提供监测保障；(3) 通过监测掌握混凝土温度变化过程，进而调整施工工艺及偏差，确保施工的精确进行；(4) 为混凝土养护提供依据，减少混凝土内部荷载和裂缝的产生，保证混凝土的浇筑质量。

2.3.2 工艺流程

大体积混凝土无线自动测温施工技术工艺流程主要包括：施工准备→测温点布置→测温导线安装埋设→混凝土施工完成→温度测量→数据记录统计→数据整理。

2.3.3 技术要点

1. 监测技术系统

大体积混凝土结构温度无线实时监测系统由传感器系统、数据采集与传输系统、数据处理与控制系统、结构健康状况评价系统组成，大体积混凝土温度监测系统框架如图 2.3-1 所示。

(1) 传感器系统

固定式温度传感器用于监测混凝土结构的温度。

(2) 数据采集与传输系统

由数据采集单元、数据传输网络和相应的软件系统组成，用于采集传感器信号并传输给数据处理与控制系统。

(3) 数据处理与控制系统

由数据处理与控制服务器和相应的软件系统组成，用于控制数据采集与传输系统（如远程设置采样参数等），数据初步分析，数据存档，数据入库和备份等。

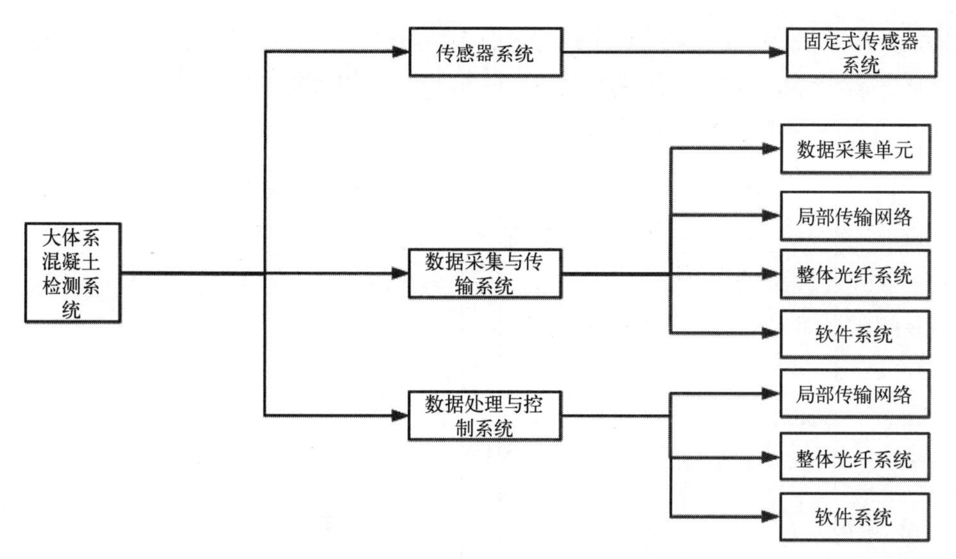

图 2.3-1　大体积混凝土温度监测系统框架

2. 传感器的布置

温度监测点均匀布置在基础平面上，力求反映出基础筏板混凝土凝结时整体的温度变化状态。由于筏板混凝土较厚较大，温度监测点的布置在反映整体的同时也兼顾局部，并尽可能在容易出现裂缝的重点部位布置测点。

3. 传感器的安装

温度监测点采用预埋测温线，将一根≥ ϕ14mm 的钢筋固定在混凝土筏板上并绑扎牢固，将测温线下端的温敏元件埋置于距筏板上、下表面各 50mm 处，筏板厚度的中部（1/2）处。测温线上端插头置于筏板混凝土上表面大于边缘 200mm 处，并用塑料袋罩好并编号，避免潮湿，保持清洁，传感器安装示意见图 2.3-2。若测温点处筏板深度较深，应根据工程实际情况沿筏板深度方向多布置温敏元件，如布置 4～5 个温敏元件。

4. 数据采集与传输系统

在大体积混凝土施工阶段，需随施工进度对各控制截面的监测参数进行及时测量与回馈，给施工方提供即时参数，并进行施工调整与改进。在施工阶段，如总控制基站无法及时建立；施工阶段的临时总控制基站可设置在工地现场的监测办公室内。随着各区域传感器的安装，依次建立数据采集子站，传感器与子站之间有线连接。各建立好的子站之间以有线的方式通过管道井上下连接，在适当楼层架设无线发射站，将采集到的数据以无线的方式发送至临时总控制基站进行管理和分析。这种有线与无线结合的方式既保证了数据传输的安全性，又减少了施工过程中的干扰。

（1）采集系统硬件设置

1）每个监测楼层：传感器、数据线、数据线汇集电箱；

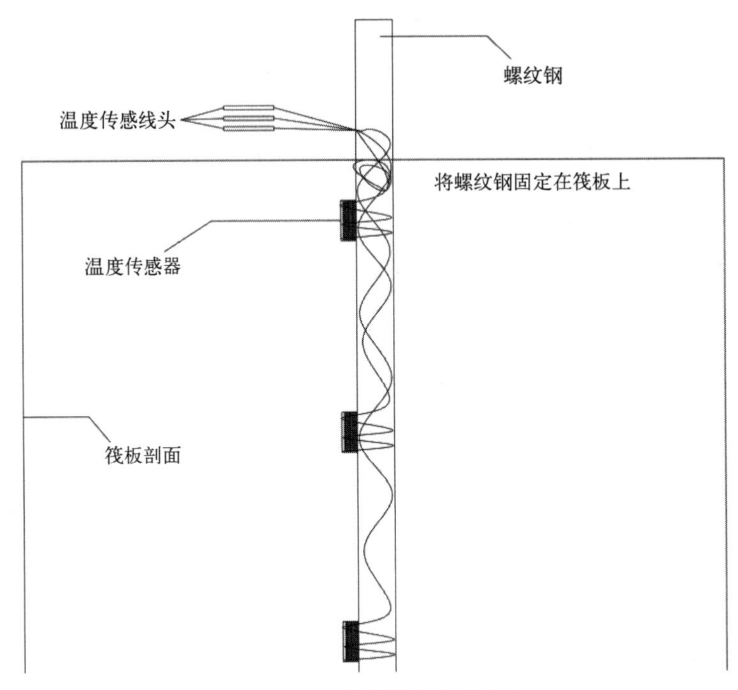

图 2.3-2　传感器安装示意图

2）每个数据采集子站：①静态采集仪 1 台，通道数按照该子站构件温度传感器数量而定，进行构件温度数据的采集；②动态采集仪 1 台，通道数按照该子站加速度、地震仪、结构风速风向仪、GPS 倾斜仪等传感器数量而定，进行结构动力加速度、地震波、风速、风向、结构位移、结构倾斜度等数据的实时动态采集；③ UPS 不断电电源系统，在市电 220V 电源存在时将电能供应给所有仪器（传感器、数据报取器及无线通信模块）并对蓄电池充电以储存电能，以供应断电时系统所需电源；

3）监测控制总站：服务器和 PC 机，电控箱，网络适配系统。

（2）数据采集传输方式

为保障监测数据的可靠性和安全性，各监测项目的传感器与对应采集子站之间均采用有线传输的方式。采集子站至总控制基站之间数据的传输方式，在施工阶段和运营阶段有所区别，其中，施工阶段采用无线传输的方式将传感器数据传输至临时控制基站，而运营阶段采用有线（宽带，专用接口和通道等）传输的形式将数据传输至结构内的永久监测总站。

随着下层结构施工，在监测楼层安装各监测项目的传感器，同时在楼面板内铺设数据线并进行可靠保护。数据线汇总铺设至该层对应的采集子站，采集子站控制各传感器采集数据并在子站内保存数日。各子站之间以有线的方式通过管道井上下连接，在适当楼层架设无线发射站，将采集到的数据以无线方式发送至临时总控制基站进行管理和分析。

5. 数据处理与控制系统

（1）系统组成

数据处理与控制系统由一台服务器和软件系统组成。结构施工期间，数据处理与控制系统服务器安装在临时的控制中心，并应安装足够的缓冲内存、网卡、适当的备份设备、网络接口和执行数据处理分析的操作模块。

（2）数据处理过程与方法

监测数据的处理过程包括三个部分：

1）数据的预处理。这一过程在数据采集单元内完成，主要进行简单的统计运算，如计算设定时段内的最大最小值、均值、方差、标准差等，计算结果作为初级预警的输入。

2）数据的二次预处理。这一过程在数据处理和控制系统服务器上进行。

3）数据的后处理。这一过程在结构健康评估服务器内完成，主要进行监测数据的高级分析和复杂分析。

由于这些分析常需占用一定的计算时间，分析过程往往离线进行，分析数据来自动态数据库和已备份的原始数据库，分析结果存入数据管理系统信息数据库。

数据的预处理及二次预处理基于 LabVIEW 软件平台，采用常用的数学统计与信号处理方法。数据的后处理综合运用 ANSYS、MATLAB、SAP2000 等软件，主要对监测数据进行离线高级分析，并结合其他数据库和专家意见提出养护与处理方案。

6. 大体积混凝土养护处理

大体积混凝土保湿、保温养护是确保基础底板混凝土施工质量的一项重要措施。养护期内大体积混凝土表面温度较高（一般为 30 ~ 60℃），若保湿养护措施不当，或覆盖不严密，混凝土表面水分将散失较快，极易产生干缩裂缝，造成混凝土表面质量缺陷。

底板上皮混凝土浇筑至设计标高，在第二遍抹压收活完毕后立即进行混凝土养护。混凝土表面先严密覆盖两层塑料薄膜进行保湿养护，塑料薄膜表面覆盖一层棉毡，上部覆盖两层麻袋保温养护。

保湿养护用塑料薄膜优先选用厚度较厚的可周转薄膜，相邻两幅塑料薄膜接缝处需搭接，搭接宽度不小于 200mm，以保证不漏气。塑料薄膜要紧贴混凝土表面，边角及搭接处用木方或钢筋压牢。墙柱插筋内部及根部、突出底板的预埋件位置、集水坑位置及底板边角等部位的塑料薄膜要精心覆盖严密，不漏气。塑料薄膜覆盖时若混凝土表面水分散失较多、发白，养护期内混凝土表面要始终处于湿润状态，塑料薄膜内始终含有凝结水珠；若发现有覆盖不严密、漏气的部位，应增加塑料薄膜覆盖的厚度。

塑料薄膜覆盖完毕后，立即进行保温养护覆盖；保温养护材料为棉毡和麻袋，且保温层总厚度不得小于 8mm。1m 厚底板沉降后浇带外侧（快易收口网或木模板表面）也要求覆盖保温层。保温材料亦应覆盖严密，尤其是墙柱插筋内部及根部、突出底板的预埋件位置、集水坑位置及底板边角等部位的要精心覆盖严密。保温材料覆盖完毕后，表面用脚手板、大直径钢筋等压住，以防刮风掀开。

大体积混凝土保温养护覆盖材料拆除时间按如下原则确定：首先需满足抗渗混凝土保湿养护要求，不得少于 14d。14d 后保温材料可分层逐步拆除，但要控制混凝土的降温速率不得超过规范要求，当混凝土的表面温度与大气最大温差小于 20℃时，保温材料可以全部拆除。

7. 混凝土监测

混凝土浇筑及养护过程中，监测内容应包括监测时间、混凝土水化热即时温度、里表温差、表外温差、温降速率和大气温度。当混凝土浇筑完成后表面点温度与中心点温度差（里表温差）达到 25℃时、混凝土表面温度与大气温度差（表外温差）达到 20℃、表面或测温点温降速率达到 2.0℃ /d，在自动监测系统预警的基础上以书面报告并重点标注形式提出警示。

根据现行国家标准《大体积混凝土施工标准》GB 50496 有关规定，温控指标如下：

（1）混凝土浇筑体在入模温度基础上的温升值不宜大于 50℃；

（2）混凝土浇筑体的里表温差（不含混凝土收缩的当量温度）不宜大于 25℃；

（3）混凝土浇筑体的降温速率不宜大于 1.5～2℃ /d；

（4）混凝土表面温度与大气温差不宜大于 20℃。

8. 监测措施

根据混凝土里表温差的变化调整或采取有效的技术及养护措施来控制混凝土浇筑和养护过程中升温、降温时的温差，使其在规定值内，确保基础的混凝土质量。

（1）为保证监测工作可靠进行，现场设置专门监测工作间，面积 $10m^2$ 左右；

（2）现场埋设测温线时，现场劳务进行协同配合；

（3）从测温点布置至监测结束期间，项目部对作业人员进行交底，严格要求在操作期间不得碰损测温线及插头、不得破坏测温相关设备，以保证整个测温工作顺利进行。

9. 保温养护控制

（1）混凝土内部最高温度控制在 60℃内（该项主要由混凝土配合比控制）；

（2）混凝土里表温差、表外温差分别不能超过 25℃、20℃；

（3）降温阶段混凝土降温速率小于 2℃ /d。

若保温养护措施不当，大体积混凝土内外温差超过 25℃时，可能产生贯通结构的有害裂缝，造成严重工程质量问题，并将给结构安全带来隐患。

2.4　狭小空间临地铁逆作法施工关键技术

2.4.1　技术概述

随着城市化水平快速提高，我国一线及新一线城市可用建设用地逐步减少，城市更新类项目日益增多。该类项目建设环境通常较为复杂，尤其是地下室结构的设计与施工需综合考虑地下地铁线路、市政管线等既有建构筑物的影响及制约。地下室采用局部逆作法利用地下室的梁、板、柱结构，取代内支撑体系去支撑围护结构，地下室梁板结构随着基坑由地面向下开挖而由上往下逐层浇筑，直到地下室底板封底。逆作法可有效解决闹市区施工空间受限的问题，可有效节约工期、节省支撑材料、降低成本。

本技术适用于邻近建筑物及周围环境对沉降变形敏感、周边施工场地狭窄、地下室层数多、结构复杂、工期紧迫的建筑物施工。

2.4.2　工艺流程

狭小空间临地铁逆作法施工技术工艺流程主要包括：施工准备→场地平整→工程桩施工→格构柱施工→土方开挖→地下室负一层结构施工→地下室负二层土方开挖→地下室底板施工。

2.4.3　技术要点

1. 工程桩与格构柱施工

场地平整后，进行工程桩施工。逆作区在下钢筋笼后，放置钢立柱并控制立柱垂直度后可浇筑混凝土，工程桩与格构柱施工图见图 2.4-1。

2. 土方开挖

第一阶段：该阶段待基坑第一道内支撑及西北侧封板结构施工完成后，基坑内土方整体开挖至标高 −4.0m 位置；在基坑西北角留设 4m 宽下基坑坡道用于土方外运临时道路。

第二阶段：正作法施工区域土方挖至基坑底（−9.25m），逆作法施工区域土方挖至 −5.0m 位置，并放坡至坡底。

3. 边坡土台加固施工

边坡土台加固施工详见图 2.4-2。

现场边坡高度为 4.25m，放坡长约为 2.6m。在坡面铺设 200mm × 200mm 钢筋网并喷射厚度为 100mm 的 C20 混凝土防止滑坡，在标高为 −5.9m、6.1m、7.3m 处分别设置直径 22mm 长 4m 钢筋土钉，土钉水平向下倾斜 15°，水平间隔 1.2m，进行边坡加固。

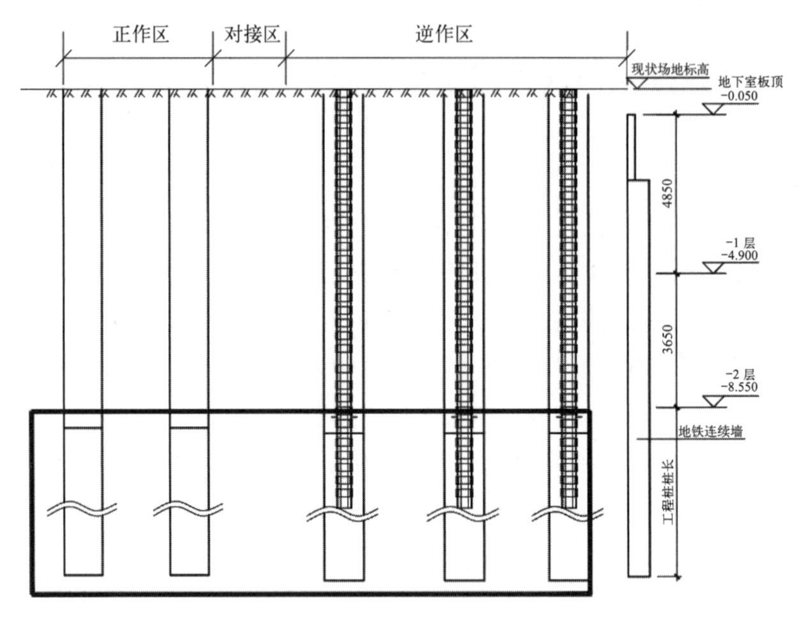

图 2.4-1　工程桩与格构柱施工图

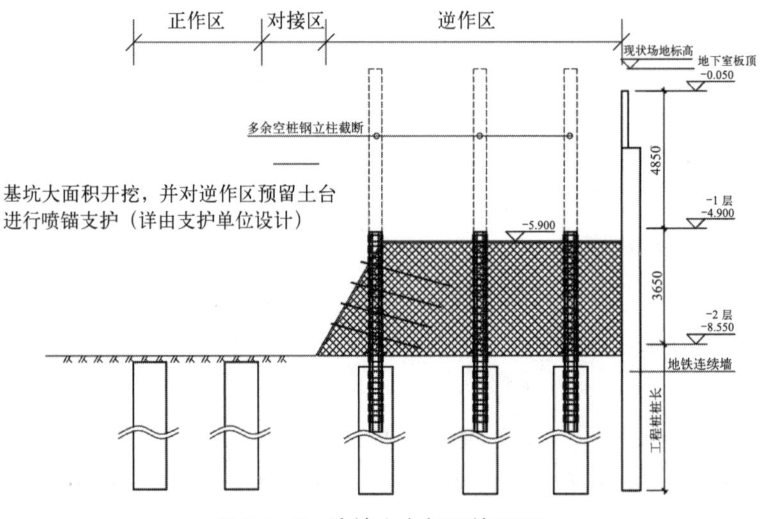

图 2.4-2　边坡土台加固施工图

4. 地下室负一层结构施工

正作区底板和负一层立柱先施工，底板施工缝留设止水钢板，施工完成后，搭设盘扣式内支撑架，进行正作区负一层楼板施工，如图 2.4-3 所示。逆作区域切割钢立柱至预定标高，随正作区负一层楼板同步施工逆作区负一层楼板，搭设支撑架体与正作区连成整体，正逆作区交接处坡面脚手架搭设如图 2.4-4 所示。

逆作区负一层结构主要为钢结构外包混凝土，GGZ1 ~ GGZ7 钢立柱均为角钢格构柱，其分布见图 2.4-5。立柱均在正常使用阶段外包混凝土作为永久结构构件。钢

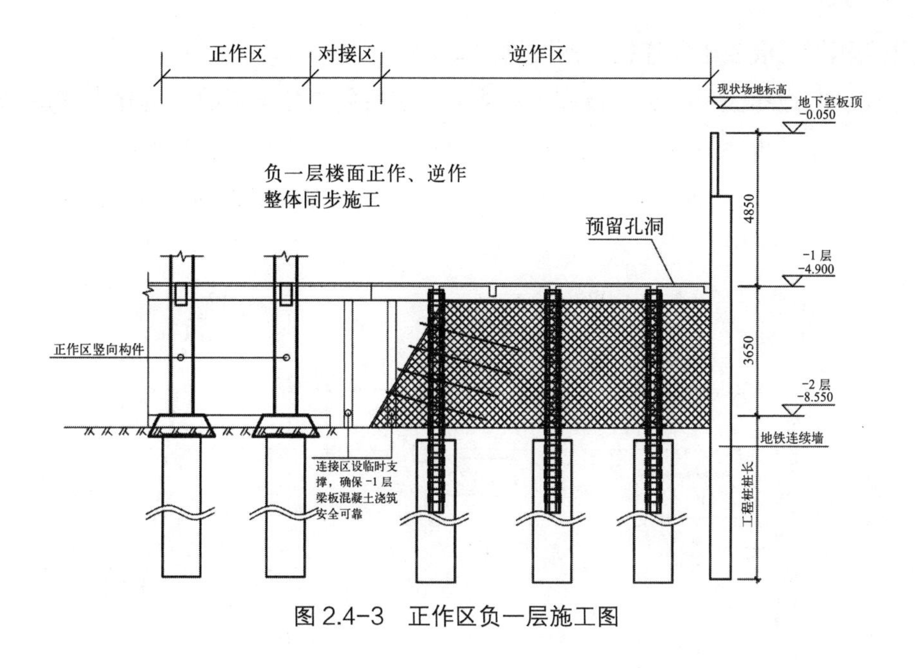

图 2.4-3 正作区负一层施工图

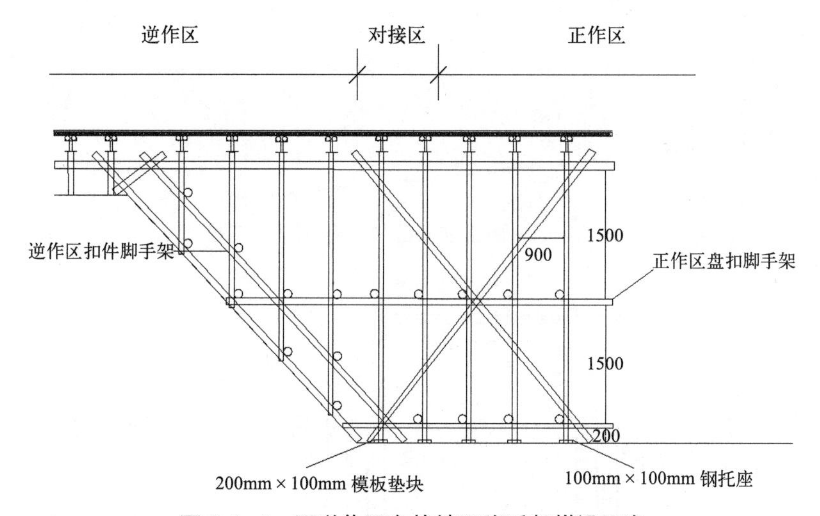

图 2.4-4 正逆作区交接坡面脚手架搭设示意

立柱 GGZ1 ~ GGZ7 采用 4∟200mm × 24mm，截面 600mm × 600mm。GGZ4 ~ GGZ7 外包的混凝土柱采用常规逆作法施工，负一层结构施工时，所在位置的梁柱节点做法按常规逆作法梁柱节点通用做法大样进行施工，详见图 2.4-6。

GGZ1 ~ GGZ3 的梁柱节点混凝土施工缝留在节点区外的梁上和柱顶（施工缝预留在距柱外 500mm 处，钢筋按图纸留设），不得在梁柱节点的柱底留设。GGZ4 ~ GGZ7 的梁柱节点混凝土施工缝留在柱底，梁上不留施工缝。同步施工钢梁与格构柱及对应钢筋连接。正作区与逆作区交接处梁侧焊接预埋件 MJ-1，再将 GL1-1、GL1-2、GL1-16 钢梁与预埋件焊接连接，钢梁与钢柱连接平面图见图 2.4-7 正作区与逆作区钢梁与混凝土梁连接平面图见图 2.4-8。

正作区与逆作区负一层楼板施工完成后，进行内支撑梁拆除，拆除内支撑梁后于正作区负一层楼板搭设盘扣式内支撑架，进行正作区顶板施工，正作区一层施工详见图 2.4-9，待该层强度达到 100% 设计强度后，作为逆作区出土的中转位置。

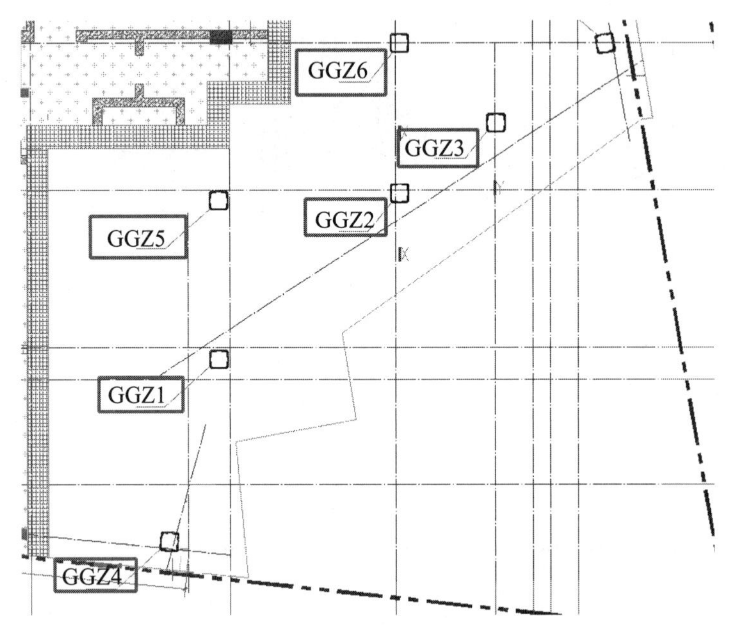

图 2.4-5　钢立柱 GGZ1 ~ GGZ7 分布图

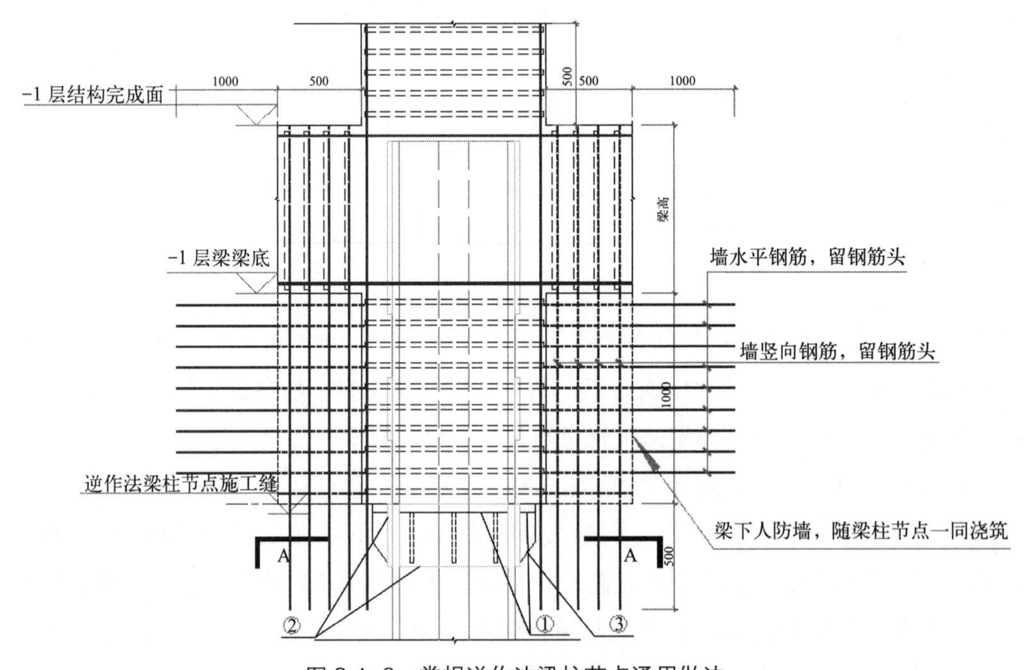

图 2.4-6　常规逆作法梁柱节点通用做法

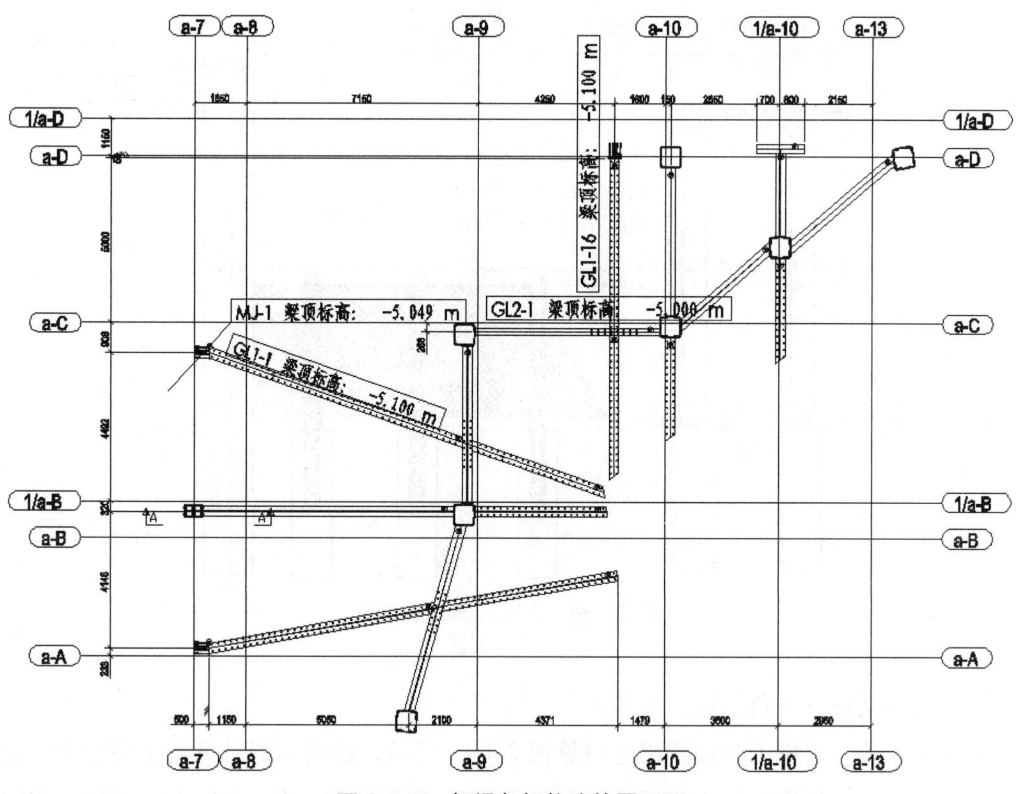

图 2.4-7　钢梁与钢柱连接平面图

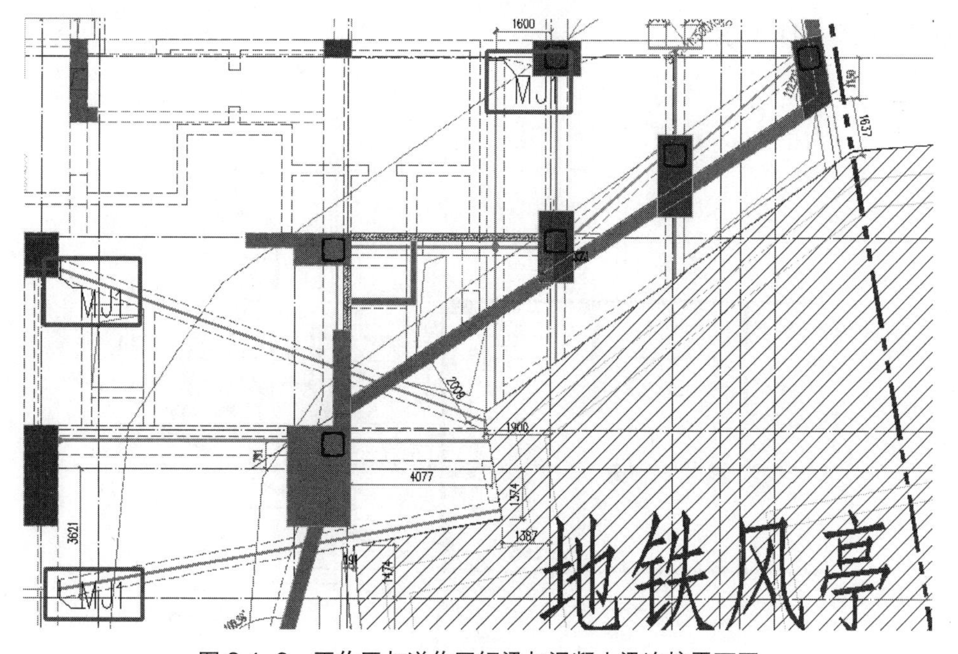

图 2.4-8　正作区与逆作区钢梁与混凝土梁连接平面图

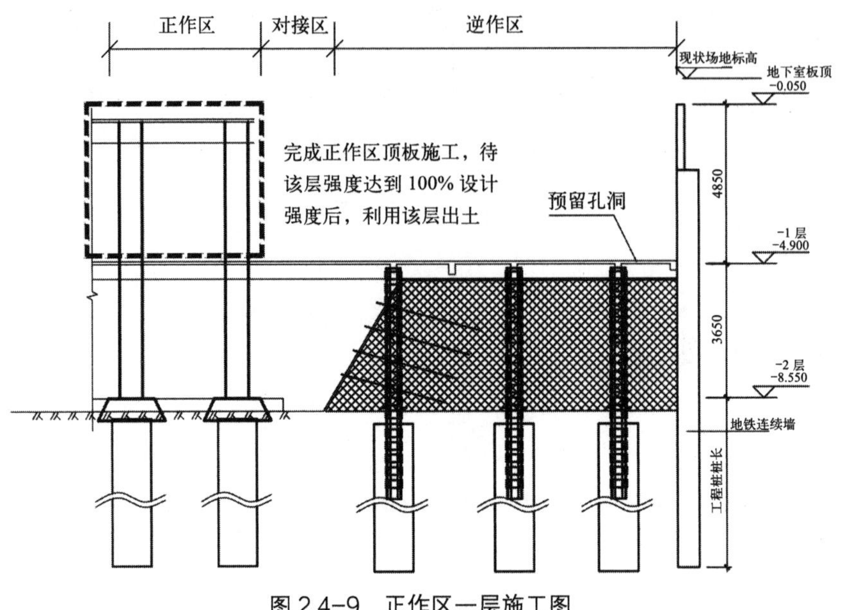

图 2.4-9　正作区一层施工图

5. 逆作区地下室负二层土方开挖

逆作区负一层施工时预留出土口见图 2.4-10 所示，通过预留口可将小型挖掘机放入负二层。小型挖掘机将逆作区负二层土体送至预留洞口底部，由地下室顶板处的伸缩臂挖机将土体挖出送至负一层停放的运土车，再由运土车转运至场外，土方开挖出土施工如图 2.4-11 所示。

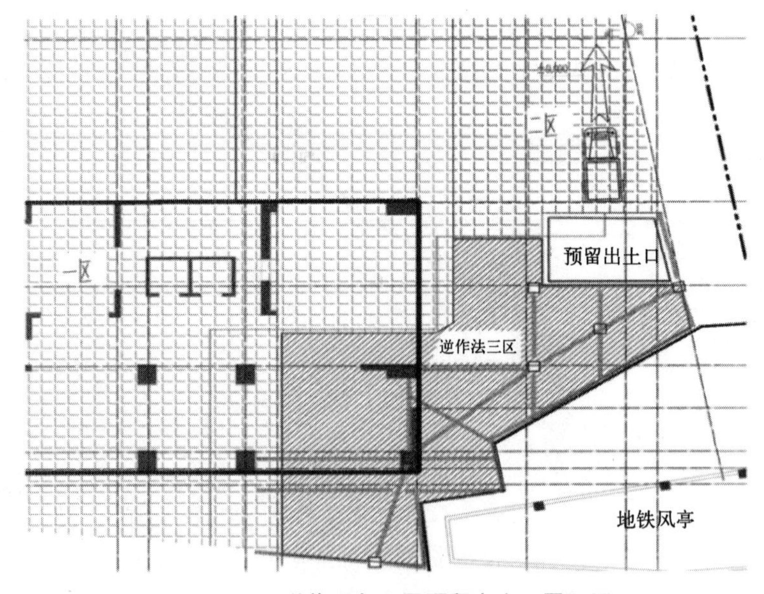

图 2.4-10　逆作区负一层预留出土口平面图

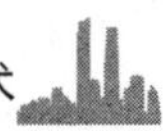

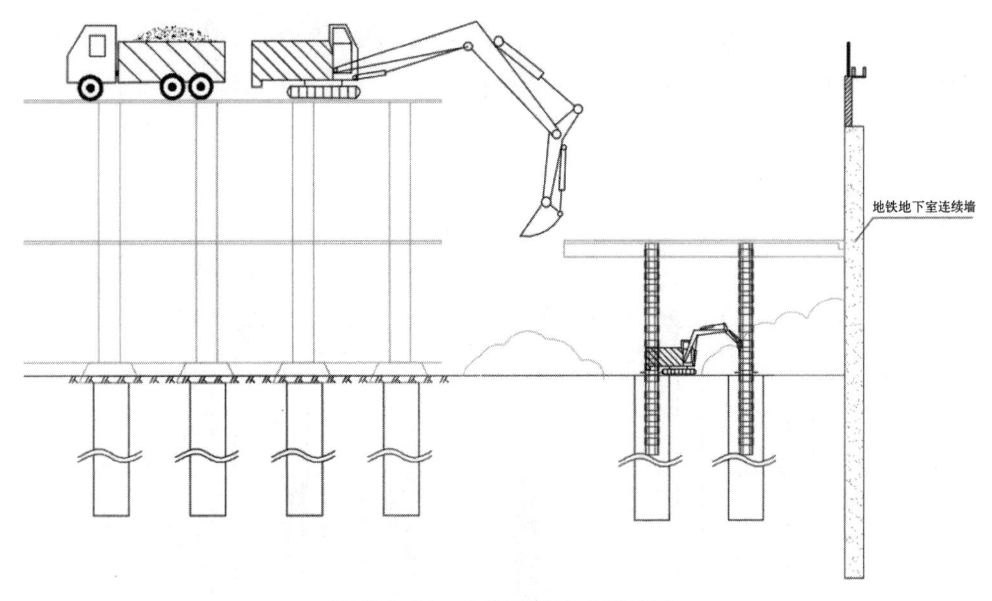

图 2.4-11　土方开挖出土施工图

6. 逆作区底板施工

逆作区土方开挖全部出土完成后，进行逆作区负二层基础与底板施工，如图 2.4-12 所示。逆作区桩头破除后表面涂刷水泥基渗透防水结晶，承台基础采用砖胎膜基础，表面铺设防水卷材，防水施工完成后进行钢筋绑扎，与正作区交接处及负一层梁板交接处的混凝土提前凿毛清理，保证混凝土结合密实。

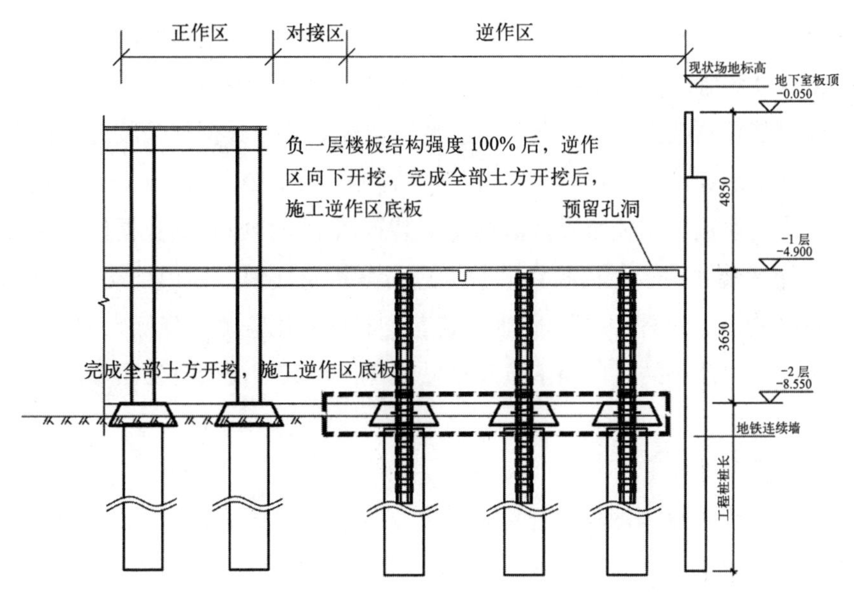

图 2.4-12　逆作区基础与底板施工图

逆作区底板施工完成后，封堵预留出土口，待混凝土强度达到设计强度后搭设盘扣式内支撑架施工逆作区一层顶板，与正作区交接处提前凿毛清理，保证混凝土结合密实，逆作区一层施工如图 2.4-13 所示。

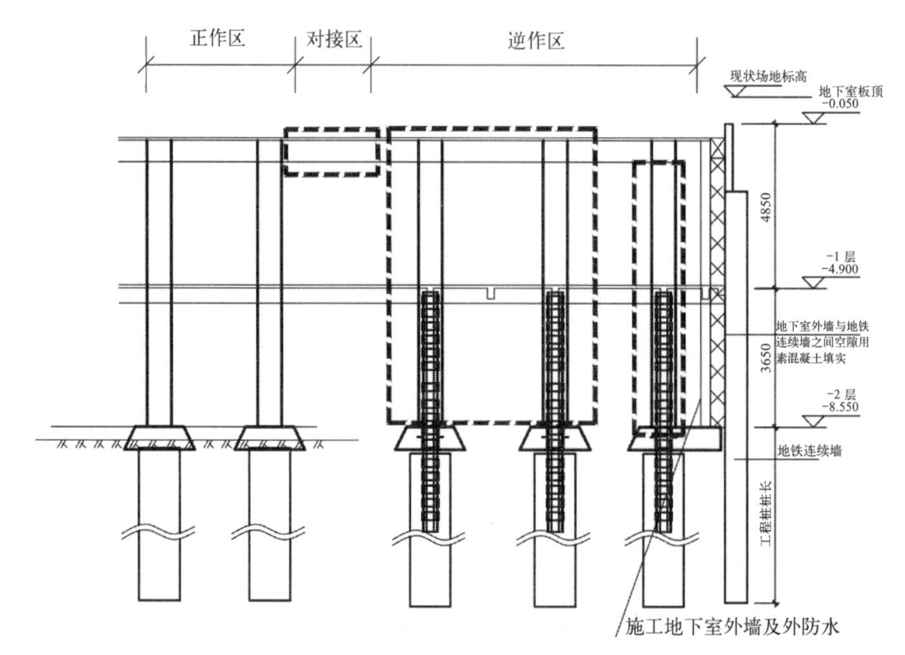

图 2.4-13　逆作区一层施工图

7. 基坑及地铁隧道变形自动监测系统

基坑及地铁隧道变形的自动监测系统，包括供电装置、变形监测装置、数据传输装置及数据处理装置，如图 2.4-14 所示。供电装置设置于隧道口，用于向设置于隧道内的变形监测装置及数据传输装置供电。变形监测装置、数据传输装置及数据处理装置通过光纤环路网连接，变形监测装置用于监测隧道内的位移、应力或裂缝的变化并将数据传输给所述数据传输装置。数据传输装置用于将接收到的数据传送给数据处理装置，数据处理装置用于对接收到的数据进行分析及处理。运用自动监测系统观测，实现地下室结构施工过程中基坑及地铁隧道变形自动化监测，降低人力及资金成本，保证第一时间获取监测结果，当基坑及地铁隧道出现较大变形时发出警告，避免重大事故发生。

8. 内支撑梁辅助施工

市区大多在建项目周围均有已完成的高层建筑，导致施工时无法采用放坡工艺，需采用内支撑梁辅助工艺进行施工。而内支撑梁辅助施工技术主要是帮助项目更快、更安全拆除内支撑梁。

支撑梁的辅助施工装置，包括左侧支腿和右侧支腿，左侧支腿和右侧支腿的顶部通过支撑座铰接相连，左侧支腿和右侧支腿关于支撑座左右对称。支撑座上开设有螺纹孔，螺纹孔连接有螺栓，螺栓的无帽端穿过螺纹孔竖直向上，螺栓的无帽端连接有水平的支撑板，左侧支腿和右侧支腿的中部通过长度可调的杆体相连，杆体的两端分别与左侧支腿、右侧支腿铰接相连，内支撑梁拆除时辅助施工装置如图 2.4-15 所示。使用该技术拆除内支撑梁时，底部临时支撑搭设十分便捷，而且高度可多级调节，能够粗调、细调和精调，实现对支撑梁的可靠支撑，且该装置易于周转，可降低人力及资金成本，可缩短工期。

图 2.4-14　基坑及地铁隧道变形自动监测系统

图 2.4-15　内支撑梁拆除时辅助施工装置图

第 3 章　主体结构工程施工关键技术

目前，超高层建筑的结构体系大部分采用外框内筒的钢－混凝土组合结构。随着建筑高度的不断攀升，钢结构构件逐渐呈现巨型化和复杂化的趋势，钢结构的施工难度和面临的问题也在随之增加。混凝土材料是超高层建筑的主要应用材料，建筑结构日趋复杂、工程规模日益扩大，钢管混凝土发展出了巨型柱、钢板剪力墙等新型构件，对大体量混凝土的超高泵送也提出了更高要求。本章从超高层建筑特殊构件施工、钢结构安装、混凝土超高泵送、轻量化液压顶升模架等方面对超高层建筑主体结构工程施工关键技术进行了分析总结，以期促进超高层建筑的发展。

3.1 钢管混凝土巨型柱施工关键技术

3.1.1 技术概述

钢管混凝土柱是超高层建筑中常用的构件形式，其混凝土浇筑通常采用自下而上的顶升法及自上而下的高抛法，其中，高抛法分为柱身开孔后从柱身侧壁高抛、用塔式起重机吊运料斗从柱顶吊运高抛、用布料机从柱顶深入柱身高抛三种方式。表 3.1-1 是结合荣民金融中心实际工程项目对上述四种浇筑工艺优缺点的对比分析。

经过对比分析，从安全性、可行性、质量保证等方面，超高层项目宜优选采用顶升法进行巨型钢管柱混凝土浇筑。

该技术适用于各种类型超高层建筑、艺术及体育场馆类建筑、基础设施类建筑等工程中的钢管柱混凝土施工。

荣民金融中心实际工程项目钢管柱混凝土浇筑工艺对比表　　表 3.1-1

浇筑方法	质量	安全	进度	经济分析
顶升法	不易产生离析、通过环板开孔可防止产生环板处空洞，混凝土浇筑质量好	混凝土浇筑无高空作业，安全性高	对前置工序要求不高，对核心筒、外框结构其他工序影响不大。外框钢结构施工可不考虑钢管柱混凝土浇筑，正常作业，不受制约。钢管柱分段长度可以做到 3 层一段	开孔在偶数层设置，12 层以下 2 层一个，16 层开始 4 层一个，共 16 道。每层 18 根柱，每个柱一个孔需开洞补强，从而增加相关费用
柱身开孔后从柱身侧壁高抛	无法伸入导管，需 2 层开一次孔。抛落高度超过 8m，高度过高（5m 以上）混凝土容易离析，高度过低（4m 以内）混凝土密实度无法保障。综合相比，此工艺钢管柱混凝土质量最难保障	混凝土浇筑在已浇筑完成的楼层内进行，无高空作业，安全性高	对前置工序要求度不高，对核心筒、外框结构其他工序影响不大。但是对塔式起重机附着区域的钢管柱需要单独进行高空高抛，实用性不强。钢管柱分段长度只能做到 2 层一段，现场吊装次数增加，延长筒外施工工期	费用同顶升法，因钢管柱分段长度变成 2 层一段，钢管柱对接焊缝数量增加 10 道，每道需增加焊接人工费，材料费约 3 万元，考虑工期增加累计的损失，在顶升法的费用基础上还需要额外多支出 150 万元，经济性最差

续表

浇筑方法	质量	安全	进度	经济分析
塔式起重机吊运料斗从柱顶吊运高抛	需1层或2层浇筑1次，可使用导管，但操作较困难（导管重，人工不易搬运），费工。质量可控，如不使用导管，质量差	混凝土浇筑需高空作业，扶料斗，需要施工平台。同时，为了不影响现场，只能晚上施工，夜间攀高，安全性较差。随着建筑高度增加，临边操作风险增大	根据圆管柱高抛分析，每段（2层）钢管柱单段浇筑时间为36h。每个月假设施工5层，2.5段，塔式起重机用在浇筑圆管柱上的时间为90h。每天可浇筑时间段为晚10点到早6点，8h。经计算，混凝土浇筑时间过长，可实施性不佳。同时，需在上层钢管柱安装前完成浇筑，对前置工序要求高，对外框钢结构工程的影响大，钢管柱混凝土未浇筑完成前，不能进行上层安装，钢管柱混凝土浇筑与否对钢结构正常安装制约极大	无开孔，无需额外增加费用
布料机从柱顶深入柱身高抛	需1层或2层浇筑1次，质量可控	需高空安装布料机，有一定的安全风险	外框钢柱安装、钢梁安装、桁架楼承板铺设、钢筋绑扎、楼承板混凝土浇筑、圆管柱浇筑无法穿插施工，需按层数循环进行，增加施工工期。外框单层施工需10d以上，外框月进度2.5～3层，不能满足施工需要	无开孔，布料机及其操作支架费用约25万元

3.1.2　工艺流程

钢管混凝土巨型柱施工关键技术工艺流程主要包括：钢管柱预留浇筑孔→依次安装止回阀门→布设水平混凝土泵管→泵送顶升灌注钢管柱混凝土→混凝土从溢流孔溢流后停止顶升→关闭止回阀门→电焊封闭封顶板→依次进行各个钢管柱混凝土顶升灌注→待混凝土终凝后拆除止回阀→补焊圆孔板、封闭浇筑孔。

3.1.3　技术要点

1. 泵车选型

（1）技术要求

1）泵送高度100～300m；

2）混凝土强度等级通常为C60、C55、C50、C40、C45、C35；

3）每小时混凝土实际输送方量不小于30m^3。

（2）设备选型

根据高度要求，泵送到100～300m高度的混凝土出口压力需大于20MPa，而按实际需要每小时输送方量不小于30m^3，因此需采用两台混凝土泵同时施工泵送，每台混凝土泵输送量不少于20m^3。根据工程实际情况，可采用HBT110-26-390RS和HBT90CH-2132D型混凝土超高压特制泵。泵管使用2路设计，2套管道及管道附件；泵管采用内径不小于125mm、壁厚不小于10mm的超高压泵管。

1）HBT110-26-390RS

HBT110-26-390RS 泵车外形如图 3.1-1 所示，其技术参数见表 3.1-2。

图 3.1-1　HBT110-26-390RS 泵车

HBT110-26-390RS 泵车技术参数　　表 3.1-2

技术参数	单位	HBT110-26-390RS
混凝土最大理论方量（低压 / 高压）	m^3/h	73/112
最大理论出口压力（低压 / 高压）	MPa	16/26
最大理论出口压力时方量（低压 / 高压）	m^3	41/77
混凝土缸直径 / 行程	mm	$\phi200\times2100$
主油缸直径 / 行程	mm	$\phi140\times2100$
主油泵型号	—	2-A11VLO260
额定功率	kW	2×195
整机质量	kg	13000

2）HBT90CH-2132D

HBT90CH-2132D 泵车外形如图 3.1-2 所示，其技术参数见表 3.1-3。

图 3.1-2　HBT90CH-2132D 泵车

HBT90CH-2132D 泵车技术参数　　表 3.1-3

技术参数	单位	HBT90CH-2132D	
整机质量	kg	12000	
外形尺寸	mm	7347 × 2811 × 2750	
理论混凝土输送量（低压 / 高压）	m^3/h	90/60	
理论混凝土输送压力（低压 / 高压）	MPa	14/22	
液压系统压力	MPa	32	
主油缸直径 × 行程	mm	ϕ160 × 2100	
输送缸直径 × 行程	mm	ϕ200 × 2100	
主油泵排量	cm^3	190 × 2	
柴油机功率	kW	181 × 2	
上料高度	mm	1420	
料斗容积	m^3	0.7	
理论最大输送距离（125mm 管）	m	水平 1500	垂直 700

（3）混凝土泵管系统选择

由于混凝土泵管内的泵送压力达 32MPa，泵管内将产生 350kN 的纵向拉力，故需采用耐高压的管道系统方能满足泵送要求，混凝土泵管系统具体选用方案见表 3.1-4。

混凝土泵管系统选用方案　　表 3.1-4

序号	项目	选用方案
1	管径	管径越小则输送阻力越大，过大则抗爆能力差且混凝土在管内流速慢，影响混凝土的性能，综合考虑选用内径不小于 125mm 的泵管
2	管厚	选用壁厚不小于 10mm 的超高压管道，保证管道的抗爆能力
3	接头形式	采用法兰螺栓连接的形式保证泵管连接的牢固性
4	密封圈	采用带骨架的超高压密封圈以防止混凝土在 22MPa 及以上的高压下从管夹间隙中流出，减少压力损失，确保接头处长期可靠连接

说明：如果选用内径 ϕ125mm，壁厚 10mm 的耐高压泵管，泵管设计按照 5 万 m^3 寿命考虑，泵管一次布设基本能满足完成一栋 300m 高度主塔楼所需混凝土的泵送工作。

2. 灌浆孔、排气孔设置

根据现场钢管柱的吊装进度，分批次对调直加固后的钢管进行顶升浇灌。压浆孔中心距离地面高度 0.5 ~ 1m，压浆孔轴线与柱轴线水平夹角为 90°，压浆孔设有接管法兰和止浆阀，压浆管采用内径 ϕ125mm、壁厚 10mm 的耐高压泵管。

观察孔直径 30 ~ 50mm，观察孔中心位于灌浆孔中心向下 300 ~ 500mm 处。排气孔孔径 D=10 ~ 12mm，设置在钢管内环板下 20 ~ 50mm 处。钢管柱开孔及接管立面如图 3.1-3 所示。

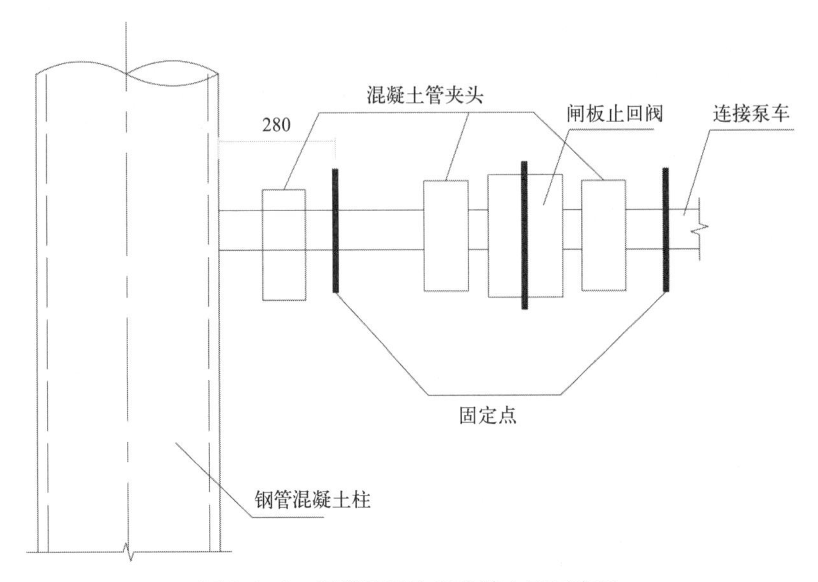

图 3.1-3　钢管柱开孔及接管立面示意图

钢管柱混凝土顶升孔及止回阀如图 3.1-4 所示。

图 3.1-4　钢管柱混凝土顶升孔及止回阀

3. 钢管混凝土顶升法压浆施工流程

钢管混凝土顶升法压浆施工流程如图 3.1-5 所示。

4. 钢管混凝土顶升法压浆施工方法

（1）钢管柱制作期间，在其柱顶部钢板中间设置排气孔，以保证钢管柱顶部混凝土充满密实，所有开孔在钢管柱制作时完成。

（2）在钢管柱距地 0.5 ~ 1m 标高处开设混凝土浇灌口，焊接连接管，伸入钢管柱内 20 ~ 30mm，焊接牢固可靠。

（3）连接管长约 0.2 ~ 0.5m，其钢管壁厚应不小于混凝土输送管壁厚，连接管端头采用压口处理，连接管端头与混凝土输送管端头之间用专用高压卡具连接。

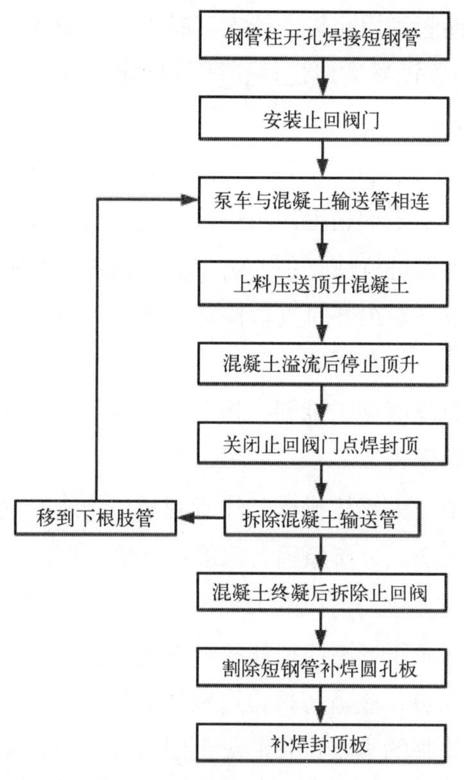

图 3.1-5　钢管混凝土顶升法压浆施工流程

（4）混凝土浇灌口钢管与钢管柱之间的连接焊缝高度不小于壁厚。为防止施工时浇灌口处振动剧烈将浇灌口与钢管柱之间的焊缝撕裂，在浇灌口下方钢管柱与连接管之间焊钢板加肋板，加强其刚度。

（5）在混凝土浇灌口连接钢管上，距钢管柱 0.3 ~ 0.5m 的位置设置一道闸阀作为止回阀。

（6）泵送混凝土，除满足设计强度要求，同时具有良好的可泵性、小水灰比、大坍落度。

（7）每一根钢管柱芯混凝土浇灌宜连续泵送完成，其间不宜停顿；如果需中断，时间尽量缩短。否则，由于混凝土在输送管及钢管柱内停留时间过长，有可能导致管内混凝土初凝泵送失败。

（8）混凝土顶升浇灌到钢管柱顶部从排气孔溢出后，输送泵停止工作。待混凝土沉实一段时间后（约 5 ~ 6min），再泵送顶升一次；排气孔溢出混凝土，顶升浇灌混凝土结束。

（9）在钢管混凝土泵顶升浇灌完成后，拆除混凝土输送管之前，撤去管卡子及胶皮，迅速在阻流装置孔内，打入事先准备好的钢筋，钢筋外露部分小于 100mm。在打入钢筋的同时，注意控制好钢筋间距，使其空隙小于混凝土中石子的直径，一般取其间距 15mm 为宜，从而起到阻止输送管内混凝土外流的作用。

（10）混凝土阻流装置设置完成之后，即可拆除混凝土输送管，安装封头，混凝土输送泵移至下一个钢管柱前就位。

（11）在管内混凝土浇筑完毕 12h 后，割去浇灌口处剩余部分连接钢管，凿除多余混凝土，然后再将混凝土表面凿毛。虽然设计已经对顶升口进行补强加固，钢管柱顶升口圆形洞口可不用钢板进行恢复；但为保持圆管柱表面观感，顶升结束一个月后，用原位割去的浇注口圆板，对顶升口进行恢复。原板四周采用 35° 剖口焊焊接。

5. 施工安全措施

（1）混凝土泵送顶升浇灌施工期间，作业人员戴好安全帽及防目镜，防止钢管柱顶部溢出混凝土下落飞溅伤人。

（2）混凝土输送泵由专人指挥操作，注意观察压力表，一旦压力过大接近压力表极限值时，则立即停止泵送。分析原因，采取措施后，再进行施工。

（3）上柱顶观察混凝土泵送情况的人员应系安全带、配备联系工具，上柱顶爬梯绑扎牢固。有心脏病及高血压者不能担任柱顶观察工作。

（4）地面上的观察人员，应戴防目镜远离钢管柱，在混凝土可能飞溅区域以外观察。在拆除连接管覆盖孔眼的卡具设置混凝土阻流装置时，施工人员应站在连接管侧面作业，戴好防目镜，防止水泥浆液喷出伤人，尤其是防止伤害眼睛。

（5）混凝土输送管应固定牢靠，两管连接部位打紧管夹，输送泵支垫平稳。

6. 质量保证措施

（1）因顶升混凝土标高较高，混凝土黏稠度较大，顶升时摩擦力较大，因此顶升泵选用超高压输送泵；

（2）在顶升过程中，应确保一次性顶升到位，确实无法连续顶升，采取顶部高抛作为应急预案；

（3）在大批量混凝土顶升前，需先在不少于 2 根柱中顶升试验，对顶升工艺进行检验，并对出现的问题及时采取措施，以保证大批量混凝土顶升质量；

（4）核心混凝土质量采用敲击法及超声波检测法进行检查。

7. 其他注意事项

顶升工艺对混凝土性能要求高，要求混凝土流动性高，经过运输和泵送坍落度损失小，因此在浇筑过程中需要注意以下几点：

（1）在混凝土搅拌过程中，应对搅拌站就以下内容进行抽查：

1）混凝土组成材料的配合比例；

2）混凝土用粗细骨料是否满足试配混凝土的要求；

3）混凝土坍落度和扩展度；

4）混凝土拌合物运至浇筑地点时的温度，最高不宜超过 35℃，最低不宜低于 5℃；

（2）混凝土从搅拌机出口到浇筑完毕的时间不能超过混凝土初凝时间；

（3）当混凝土拌合物运至顶升地点时，派专门人员应进行下列工作：

1）观察搅拌运输车内混凝土拌合物质量状态；

2）检测混凝土拌合物的坍落度和扩展度；

（4）在混凝土顶升过程中，应注意以下事项：

1）从第一辆搅拌运输车到达顶升地点后算起，应连续测定 5 辆车内混凝土拌合物的坍落度和扩展度；

2）测定混凝土拌合物的凝结时间；

（5）在泵送顶升过程中，应保证混凝土泵的连续工作，受料斗内应有足够的混凝土，泵送间歇时间不宜超过 15min；

（6）在混凝土泵送顶升过程中，需要两个有经验的混凝土工长，一个在混凝土下料口处，一个在钢管柱顶升口处，对混凝土的出料进行观察，当出现异常情况时，立即停止泵送；

（7）在钢管柱顶升过程中，如出现堵管情况，立即停止泵送，将钢管柱的阀门关闭。首先对泵管进行检查，如确认是泵管被堵塞，查找位置，将泵管堵塞位置清除；如检查是钢管柱内部被堵塞，则通过钢管柱留设的观察孔查找出被堵管的具体位置，然后在其上部重新钻孔，重新开始泵送。

3.2　多腔体巨型钢柱施工关键技术

3.2.1　技术概述

多腔体巨型钢柱作为整个超高层建筑的主要受力构件，在超高层结构中扮演着重要角色。但由于巨型柱施工过程中作业面狭小、构件自重大等因素，导致其施工质量得不到有效控制。本技术针对多腔体巨型钢柱施工过程中出现的问题及重难点进行研究分析，将技术管理措施运用到实际工程中，提高同类结构的施工质量，缩短施工时间，减少质量问题的发生。

本技术适用的多腔体巨型钢柱，是由外围钢管及内部隔板将一根巨型柱分为多个腔体，有别于一般的钢管混凝土柱，该柱随着高度的增加截面积逐渐减小，截面形状一般由多边形组成，倾斜角度也逐渐发生变化。与普通的钢管混凝土柱相比，多腔体巨型钢柱的施工工艺更为复杂、困难，对质量控制要求更高。

3.2.2　工艺流程

多腔体巨型钢柱施工工艺流程主要包括：多腔体巨型钢柱的深化设计→分段分节

设计→工厂加工→吊装前准备→尺寸测量、复核→吊装→临时固定→焊接→模板支设→位置、尺寸复验→混凝土浇筑。

3.2.3 技术要点

1. 多腔体巨型钢柱关键技术

多腔体巨型钢柱的深化设计是超高层建筑钢结构深化设计的重点，对整个工程的实施具有决定性作用，针对超高层建筑巨型柱的这些特点，为确保工厂制作和现场安装的顺利进行，巨型柱在深化设计时应重点注意以下事项：

（1）合理地分段分节

合理地分段分节不但可以确保结构顺利吊装，而且可以减小构件变形，降低焊接难度，保证焊接质量。分段分节时，应尽量减少横向焊缝和竖向焊缝，避免仰焊和焊缝交叉；避免焊缝交叉重叠，可对一些位置的钢板实行归并、延长处理。

（2）合理的坡口及焊缝形式

在构件焊接时往往由于坡口设计不合理而导致操作困难、焊接变形大、效率低、成本投入大等情况；为使构件制作能有序进行，在深化设计时需设置合理的焊缝形式。

（3）倒圆角处理

为避免产生应力集中现象，可对杆件端部及隔板镂空拐点处进行倒圆角处理。

（4）多腔体巨型钢柱内部栓钉布置合理

栓钉布置时要考虑焊接空间，对紧贴板件或正好布置在焊缝位置的栓钉应进行间距调整或取消。

（5）深化设计主要针对以下难题：

多腔体巨型钢角柱内部劲板隔板结构复杂，不便于加工制作。根据结构特点在深化设计阶段考虑内部劲板、隔板的焊接顺序，焊接空间的要求等。确定合理的构件分段和组拼，确保后期加工的效率和质量。

现场对接位置多。构件在工厂加工完成后进行分块预拼装，在深化设计过程中设置合理的拼接段，并根据预拼装和安装的要求在图纸中体现构件上的对合线位置。

柱底板厚度大，拼接位置多。根据多腔体巨型钢柱底板上开孔的位置和上部钢柱本体分块的特点对多腔体巨型钢柱底板进行分块，分块尽量减少拼接焊缝，同时以条形为主。

2. 多腔体巨型钢柱的吊装

（1）吊耳设置

多腔体巨型钢柱属于箱形构件，且截面积较大，再加上质量较大、吊装过程中易变形等特点，构件吊装时需对称设置四个吊点，根据构件重心位置设置具体吊点位置；吊点设置需综合考虑吊装简便、稳定可靠、避免构件变形等因素。

（2）吊点设置原则

1）找出构件重心，以重心为基准设置吊点。

2）首先确定出构件的重心位置，并以此为圆心画圆，画出的圆形与构件各边相交的地方初步确定为吊点，确保吊点和构件重心的相对位置一致。

3）构件起吊时需保证吊绳水平夹角大于 60°：

吊装前应清除下节构件顶面和本节构件底部的渣土和浮锈。构件在吊起离地时候要平稳，不能出现拖拉的情况，在构件离开地面一定高度时应静止等待构件旋转。整个过程应缓缓有序进行，不能一味图快导致构件在空中不停旋转。构件即将就位时先使用绳索对其稍做约束，待稳定之后再缓缓就位。

4）构件临时固定措施

临时连接板及连接夹板是构件吊装时的主要临时固定设施。连接板设置涉及构件校正质量和施工安全，要确保构件吊装就位后固定稳固，确保高空校正安全，且能防止焊接变形，其中部分连接板可兼做吊耳使用；临时连接板待构件焊接焊缝达到强度后割除。为方便现场构件安装，连接夹板一端设置长圆孔，长圆孔大小为圆孔孔径的 1.5 倍。构件进场吊装前需按随车货运清单及构件图纸对构件尺寸及编号进行校核，核对无误后方可进行吊装。

3. 多腔体巨型钢柱的校正

多腔体巨型钢柱施工前后均需要进行精确测量定位，且该工序要贯穿多腔体巨型钢柱施工全过程，是衔接其余各项工序的关键，关系到多腔体巨型钢柱整体安装质量和进度。其测量与普通建筑有较大差别，主要体现在以下两个方面：

其平面和高程控制网的传递次数多且距离长，转换次数也相对较多，容易形成测量累积误差。当测量累积误差大时对整个建筑的施工有很大影响，严重时甚至会增大荷载效应、同时也会导致结构受力受到影响。

对其测量精度影响的因素较多，不只受工人水平和器械精度的影响，还受结构形式及现场条件等因素影响。建筑结构形式越复杂，对测量精度控制影响越大，土质及建筑物的不均匀沉降都会对测量精度产生较大影响。

因此，需采取措施确保施工中的精度控制，将误差控制在最小，保证整个施工顺利进行。通过对现行测量技术的研究，并通过实际工程分析，得出以下测量措施既可减小误差，又能保证施工简便。

（1）测量控制网的建立

1）一级平面控制网的建立

平面控制网按照“由整体到局部，精度由高到低，长边、长方向控制短边、短方向”的原则，分三级进行布设。复核平面和高程的控制点以建设单位移交的基准点为准。一级控制网的布设，需满足超高层建筑上下能贯通测量，保证同心度的监测条件。

首先对首级的控制网进行复核，尤其是对各个点位的校核，测出它们之间的边长与夹角，得出点位的误差。一级平面控制网是其余各级控制网设立和校准的依据，所以点位应选在距离施工现场 500 ~ 1000m 的位置，且能够均匀覆盖建筑物，每个施工周期均需复测一次。

2）二级平面控制网的建立

二级平面控制网作为场地平面控制网使用，并依此来设立和校核三级控制网，还可依此对重要部位进行放样；布设在建筑物四周，根据现场情况可采用围绕建筑物闭合或布设成为十字形轴线网的方式。由于二级平面控制网布设在施工现场周围，人员走动频繁，受施工作业影响导致稳定性较差，因此在每次使用前应对其进行复测，确保二级平面控制网的精确性。

3）三级平面控制网的建立

三级平面控制网是各层作业面细部施工放线的依据，是整个控制网中应用最频繁且对建筑物精度影响最大的控制网，需在建筑物四周布设，保证能顺利引测到各个楼层之中。由于其布设在建筑物内部，建筑物的沉降及作业面施工作业对其影响最大，需定期对其进行复核。

4）三维控制网的建立

三维控制网是把每个不同的平面控制网在竖向方向上叠加起来，形成立体的控制网系统。

（2）多腔体巨型钢柱的标高测量

多腔体巨型钢柱吊装到位后，通过测量每节多腔体巨型钢柱柱顶标高方法控制其标高。

首先采用相对标高控制，上一节多腔体巨型钢柱安装完成后，提供预控数据（即上节多腔体巨型钢柱的标高），结合本节钢柱进场构件验收情况，在引测的标高控制点利用水准仪测量巨型柱柱顶实际标高，将实际标高与设计标高对比。如果误差较大，需对巨型柱进行校正，校正主要采用千斤顶。当巨型柱构件安装有错位时，采取相应的措施对其进行及时调整，主要通过固定托架和千斤顶等来实现，如图 3.2-1 所示。

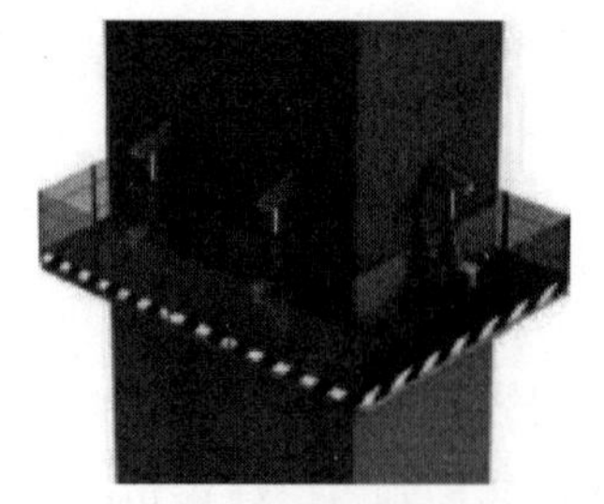

（a）钢柱间错位调节措施一

（b）钢柱间错位调节措施二

图 3.2-1　多腔体巨型钢柱校正示意图

每节构件测量时均从标高基准点开始引测标高控制点。标高基准点需每隔 7d 复测一次，防止基准点产生移位，从而保证整个建筑设计高度准确无误。每节巨型柱构件吊装就位完成后，首先测量巨型柱的整体标高，具体方法如下：

1）将水准仪架设于柱子顶部，调整完毕后对准此层的标高后视点，精确测出巨型柱顶部四个角的标高，与设计标高比较得到柱子的标高偏差，根据偏差值对柱标高进行调整；

2）多节巨型柱可采取适当加大间隙的方式来调整标高，垫入的钢板不宜大于 5mm；

3）巨型柱顶部的精度控制在 ±5mm 内；当偏差达到临界值时，通过在柱间垫入 5mm 厚的垫块进行调整；

当巨型柱平面分段后，相邻构件的安装偏差控制在 10mm 内。构件安装就位后，采用坐标法＋垂直度法测量校正该节构件；测量校正报验合格后进行焊接，当焊接完成后需对巨型柱再次测量，对偏差较大部位采取火焰校正，保证偏差在允许范围内。

(3）结构变形监测

超高层建筑在整个建设和使用中，需监测主塔楼的位移，掌握建筑物工作期间的受力荷载、变形状态及结构整体倾斜观测数据和水平位移量，分析结构在温度作用下的变形以及在风力影响下的变化，以便及时把握结构的健康状态。通过变形监测提供准确的实时监测数据，为后续各专业施工提供定位及校正依据。

超高层建筑变形监测过程中受温度、湿度、风力等环境影响较大，进行结构检测时应选在清晨，此时经历了一个夜晚，结构整体温度最为均匀，而且现场施工机械使用相对较少，对测量仪器的影响也降到最低。现场应对主楼外围多腔体巨型钢柱、设备转换层、塔冠及钢板剪力墙等劲性结构，施工电梯通道等重要设施进行严格检测。

4. 多腔体巨型钢柱焊接

(1）焊缝裂纹控制

金属焊接产生裂纹主要是由于焊接应力和致脆因素共同作用下，导致金属原子之间的作用力受到破坏从而形成的界面裂缝，按其成因及温度可分为热裂纹、冷裂纹、再热裂纹及层状撕裂这四大类。

对于裂纹的控制不但要控制焊接的温度及顺序，还应严格控制材质：

1）对于厚度大于 40mm 的钢板，下料时适当采取预热处理，切割完毕后对切口检查，必要时辅以 MT 检查；

2）选用低氢或者超低氢的焊剂，并对焊接材料的堆放使用过程严格控制，避免受潮后直接使用，从而降低对焊缝的影响；

3）采用气体保护焊时，要把控好气体的脱水处理。

层状撕裂的控制主要有四个方面：

1）把有害物质的含量降到最低，提高钢板的 Z 向性能。导致层状撕裂的因素较为复杂，但夹杂物是导致钢板 Z 向性能降低的主要原因。

2）减小热影响区母材的脆化。由于焊接过程中过热产生的粗晶组织、快冷过程中产生的淬硬组织、氢集聚产生的富氢组织均会使热影响区的母材变脆，大大增加层状撕裂的敏感性。通常采用预热及缓冷措施减少母材的脆硬组织及焊接应力，同时还利于氢的溢出。

3）采用合理的坡口样式和节点形式。通过采用合理的坡口样式和节点形式，可减小接头处焊缝截面积和改善焊接应力收缩方向，从而减小板材厚度方向的拉应力峰值，达到防止焊缝处层状撕裂目的。

4）采取合理焊接工艺。通过合理的焊接工艺，可以减小母材焊接区域的应力峰值，减轻焊接温度对母材的影响；如多道焊，焊后采取消氢热处理工艺，可大大减小焊缝的收缩应变及冷裂倾向。

（2）多腔体巨型钢柱焊接顺序

考虑到多腔体巨型钢柱内腔构造复杂，内部隔板纵横交错等特点，焊接时采取整体对称焊接结合单根构件对接焊的方式进行，在施工过程中要持续监测标高、水平度等。经过现场试验研究，为提高焊接质量，巨型柱划分焊接顺序时应遵循以下原则：

1）保持焊接的对称性；

2）由于节点焊缝超长、超厚，施工过程中要在临时连接板上根据要求增加约束板进行刚性固定，控制焊接变形；

3）焊接节点采取分段、对称的焊接方法，先焊接对构件整体变形影响较小的焊缝；

4）焊缝采取窄道、薄层、多道的焊接方法。

5. 多腔体巨型钢柱内灌混凝土性能要求

（1）高强度性能

考虑到多腔体巨型钢柱在整个超高层建筑结构中承受最主要荷载，内部混凝土强度需满足要求，故多腔体巨型钢柱内混凝土对强度等级要求最高，现行国内超高层建筑中所使用混凝土强度以 C70 为主，表 3.2-1 为国内典型超高层建筑多腔体巨型钢柱内灌混凝土强度等级统计表。

国内典型超高层建筑多腔体巨型钢柱内灌混凝土强度等级统计表　　表 3.2-1

项目名称	天津 117	深圳平安金融中心	上海金融中心	上海中心	中国尊
高度（m）	597	646	492	632	528
层数	117	115	101	128	108
内浇混凝土强度等级	C70	C70	C70	C70	C70、C60

1）自密实性能

多腔体巨型钢柱内腔有纵横隔板，还有较为密集的钢筋、栓钉，浇筑高度较高且浇筑混凝土时内部无作业面，不利于振捣密实。因此，浇筑的混凝土要具有自密实性能，浇筑时扩展度在 700mm 左右才能有效保证柱内混凝土的密实度。

2）大体积混凝土性能

多腔体巨型钢柱内截面积大，一次性浇筑高度高，内部混凝土与外界隔绝导致散热较慢，而外部与钢柱接触散热较快，内外温差会导致混凝土开裂，因此，需按照大体积混凝土的性能来控制柱内混凝土的裂缝。

3）体积稳定性能

高强度混凝土的收缩性较大，尤其是混凝土的自收缩，若控制不好混凝土的收缩性，容易导致混凝土与包钢脱离产生缝隙，影响共同工作性能。因此，应严格控制混凝土的收缩性。

4）耐久性能

超高层建筑的设计使用年限为 100 年，混凝土设计时应考虑通过控制混凝土原材料来保证其耐久性。

因此，多腔体巨型钢柱内混凝土在满足高强度的同时还需保证自密实性、大体积混凝土性能、体积稳定性及耐久性等性能；

（2）混凝土原材料选择

1）胶凝材料

配制高强度混凝土应采用 28d 强度不低于 53MPa 的水泥，并严格控制碱含量和氯离子含量。考虑到混凝土的水化热，配比采用市场常见的 P·O42.5 型水泥，并且尽可能减少水泥用量，加大粉煤灰等矿物掺合料的用量。

2）骨料

无论粗骨料还是细骨料，选用时均应保证强度、粒形、级配，并控制好骨料的含泥量。粗骨料选择粒形级配良好的花岗石、石灰石等材料，为保证泵送顺利及混凝土的自密实性，粗骨料粒径控制在 20mm 以下，空隙率＜ 35%，针片状的含量＜ 5%。对高强度混凝土来说，粗骨料不仅要控制好母岩的强度、粒形、级配，还要控制碎石的压碎指标小于 7%。相对来说，粗骨料的粒形、级配、压碎指标比母岩种类和强度更为重要。

3）外加剂

选择高性能减水剂时，不仅要考虑减水剂的减水效果，还要考虑到使用减水剂后对混凝土流动性产生的影响。

6. 多腔体巨型钢柱内灌混凝土浇筑关键技术

（1）高抛自密实浇筑技术

1）高抛自密实原理

高抛自密实混凝土是将混凝土泵管接到浇筑面上方，混凝土通过泵车、泵管打到浇筑面上，随着浇筑高度的不断升高，泵管也跟着往上提升，保证抛落的高度。但高度过高会导致混凝土离析，高度不足则无法达到自密实效果。由于混凝土的自重及泵管的压力，上部混凝土会不断冲击下部混凝土，使得下部混凝土被不断挤压，而且浇筑用的混凝土有自密实性，可利用自身的流动性填充隔板处的空隙，从而形成一个密实的整体，高抛自密实浇筑现场如图 3.2-2 所示。

图 3.2-2　高抛自密实浇筑现场图

2）高抛自密实浇筑要点

高抛自密实混凝土需按照加劲板的设置采取不同的抛落高度，加劲板处按 50 ~ 100mm 的高度进行分层抛落，避免因抛落高度影响导致加劲板下边的气泡等排不出来而形成空隙，确保横向加劲板处的密实度。

在现行行业标准《自密实混凝土应用技术规程》JGJ/T 283 中规定，自密实混凝土的抛落高度应控制在 5m 以下，而实际工程中的抛落高度往往在 10m 左右，远远超出了规范要求。但考虑到混凝土在抛落时周围的钢筋及钢板能限制骨料的四处飞溅，而且浇筑用的混凝土胶凝材料多，故 10m 左右的抛落高度混凝土一般不会离析。为此现场进行了高度为 12.54m 的 1 : 1 模型试验，抛落高度为 9m，现场浇筑完拆模之后并未发现蜂窝、烂根等现象，在隔板处也未出现空洞现象。所以，高度在 10m 左右的高抛自密实浇筑方法可行。

超大截面巨型柱内通常绑扎有钢筋，浇筑时应注意最后完成面应在钢筋连接头以下不低于 300mm 处，并采用胶带将接头处密封好，防止浇筑时污染钢筋影响连接。

由于浇筑所用的高强度混凝土有较多的浮浆，所以在进行下一次浇筑时应将上次浇筑面进行剔凿，凿除上部的浮浆至露出石子，并将残渣清理干净；

(2) 混凝土超高压泵送技术

1) 混凝土质量

预拌混凝土出厂时要检查，经过运输有可能因堵车或者搅拌不及时，造成混凝土黏度变大，甚至发生硬化现象，此类混凝土对浇筑的影响无疑是最大的。所以混凝土进场时要严格检查出站时间、混凝土的扩展度及流动性是否满足现场浇筑需求，如不满足，应坚持退场，现场不允许利用外加剂或水来调节流动性。

2) 超高压泵车的选择

对于超高压泵车来说，出口压力及整机功率是参考的重点，出口压力直接决定了泵送的高度，而整机功率决定了混凝土的输出量。针对 400m 以上的高度，可采用 HBT90CH-2150D 型超高压泵车。

3) 混凝土超高压泵车的安装使用

随着泵送高度的不断增加，对泵送设备的要求也越来越高。在超高压泵送过程中，由于混凝土外加剂较多，不能停留时间过久，否则很容易造成堵管。超高压泵管一旦发生堵管，拆装难度远大于普通泵管，甚至需要几个月的时间，不但耗费工期，还大量消耗财力物力；因此，防止超高压泵送的堵管一直是施工过程中的重点。

泵车的功率及保养程度十分重要。泵车是整个泵送线路的起始点，泵送过程中担当着心脏的作用。在泵送过程中一旦泵车发生故障，不仅影响整个泵送过程的流畅性且可能产生混凝土冷缝，还需要对泵管清洗以避免堵管，更有甚者由于泵车的故障会造成泵送过程中的堵管，对工期和工程质量均有很大影响；

4) 泵管管壁厚度

泵管作为混凝土的输送管道，在整个系统运行中起着血管的作用。如果泵送前检查不仔细，有地方漏气或者管壁过薄容易造成漏浆或爆管现象。超高压泵管一旦爆裂，将导致长时间无法浇筑，甚至需要放弃这条输送线路。因此，现场需定期对混凝土泵管的壁厚进行检查，磨损至低于 9mm 者要及时更换，避免在浇筑过程中发生爆管现象。

5) 超高压泵管布设

泵管安装遵循原点原则，即以首层水平管与竖向泵管间的连接管（90° 弯管）为安装原点，安装泵管时先安装原点泵管，确定原点泵管安装精确后，向两端同步安装竖向管及水平管，原点外水平管、竖向管、拖泵、洗泵回收装置、布料机等均由原点位置决定，不得因其他泵管或附属设施设置障碍而调整原点泵管位置，原点示意如图 3.2-3 所示。

水平泵管安装遵循等高原则，即所有水平泵管管径中心线均在一个标高，不设置任何水平面调整标高的弯管。

图 3.2-3　原点示意图

6）水平泵管的布设

混凝土泵管的水平泵管长度约为混凝土泵送高度的 1/5 ~ 1/4，其中每个 90° 弯折算成 9m 长度，可计算得出水平泵管的长度。水平泵管安装步骤如下：

①搭设安装架。按照原点原则找出水平泵管标高，拉尺确定标高，之后在地面上搭设泵管安装架。

②连接泵管。泵管安放在泵管安装架上后进行泵管连接，超高压泵管采用螺栓法兰连接，每个泵管接口采用 8 根 M24 的 10.9 级高强度螺栓连接紧密。进行螺栓连接时应进行一遍初拧，预紧力矩达到 800N・m。位置复核无误后，在混凝土墩浇筑前进行终拧。

③连接泵管卡箍。在泵管上安装泵管卡箍，卡箍下方焊接带锚筋的连接板（使用泵管卡箍预埋件）。卡箍位置按照以下原则进行布置：a. 1.5m 及以上的长管，在泵管两端 500mm 处设置两个卡箍；b. 1.5m 以下的短管，在泵管中间布置一个卡箍；c. 小于 500mm 的泵管可以不设卡箍；d. 90° 弯管分别在两端设置两个卡箍；e. 135° 弯管设置一个卡箍即可；f. 水平转竖向泵管设置多个卡箍，避免原点处的泵管因泵送压力产生较大的位移。

④制作混凝土墩。混凝土墩的制作是为了更好地固定泵管，保证泵管在浇筑混凝土时不跳动。同时，在泵管卡箍中心的正下方制作与楼板连接的混凝土墩，通过控制每个混凝土墩的高度也可保证泵管在同一个标高。混凝土墩内部的钢筋采取在楼板上植筋的做法，并支设模板进行浇筑。

⑤安装液压止回阀。液压止回阀作为混凝土输送管道的一部分，主要作用是通过阀门的打开或关闭实现混凝土输送通道的开通或切断，以实现各种施工过程，如水洗、换管等，液压止回阀示意如图 3.2-4 所示。在首层水平管上安装液压止回阀，替换一节原泵管。

图 3.2-4　液压止回阀示意图

7）竖向及转换层泵管布设

泵管沿多腔体巨型钢柱的边缘固定，为保证多腔体巨型钢柱浇筑过程中的泵管跳动不碰到钢柱，需保持泵管与钢柱的间隙不小于 400mm。由于多腔体巨型钢柱外部为钢结构，故可将卡箍预埋件直接焊接在其上，但要注意不伤害母材。

竖向泵管应每隔 60m 设置一个转换层，但考虑到超高层建筑施工交叉作业多，核心筒、多腔体巨型钢柱、楼板混凝土浇筑存在高度差，可依据现场情况进行适当调整。在泵管安装到转换层时，在泵管处接一节 90° 的弯管，水平泵管从此弯管处进行接管，水平转换层的水平泵管固定在楼面上，固定方法与首层水平泵管相同。

8）超高压泵管清洗

传统的超高压泵管清洗方式同普通泵管清洗较为相似，即当混凝土泵送完毕后关闭液压止回阀，在出料口处放入海绵球后打开液压止回阀，泵管内的混凝土会因为自重而回流。回流的同时在海绵球与混凝土之间造成真空从而将海绵球吸下，达到清洗泵管的目的。当混凝土下降到一定高度时会因为泵管的摩擦阻力与自重达到平衡，此时通过泵车泵送高压水，经副管打入到主管的海绵球上，将剩余混凝土清洗出泵管，如此完成整个管路的清洗工作。但是这种方法需要另接一条副管，同时对上部的泵管清洗也不彻底，不能达到理想的清洗效果。

针对上述问题，提出了一种超高压泵送清洗技术。首先在泵车旁边采用普通泵管支设一条垂直管道，通过此管道将混凝土气洗到混凝土搅拌运输车内。即当泵送完成之后，关闭液压止回阀，将泵管根部连接到一根垂直泵管中，用水清洗泵车。在管顶部放入海绵球，并接空压机（0.8MPa）进行气洗，管道内部的混凝土通过垂直管被压到混凝土搅拌运输车内，直到混凝土清洗不动为止。之后拆开管道接到泵车上，泵送超高压水进行清洗（流量 $40m^3/h$），直到上部出水为止。然后打开第一节泵管，使水回流至清洗池内，完成整个管道的清洗。清洗到搅拌运输车的混凝土还可以继续浇筑其他同强度等级的部位即可停止，避免造成浪费。而且气洗完成之后再次进行水洗，既保证了管道的清洗质量，又减少了浇筑面的作业量，实用性较强。

3.3 巨型钢柱柱脚高强度锚栓安装技术

3.3.1 技术概述

钢柱脚锚栓安装方式通常有两种：一种为定位板及锚栓后放，即将定位板设置在上层钢筋网片上，锚栓下端用另一块定位板或角钢等与钢筋及钢筋支架固定，适用于锚栓数量少，浇筑方量小的基础，其示意如图 3.3-1 所示；另一种为使用锚栓套架，将锚栓事先使用套架固定好相对位置，再将套架放在基础下层钢筋上，适用于锚栓数量多、相对位置复杂、一次浇筑方量大的基础，其示意如图 3.3-2 所示。两者施工工序上有所区别，前者需在基础上层钢筋铺设完毕后进行施工，后者需在基础底层钢筋铺设完毕及中层、上层钢筋铺设之前进行施工。

(a) 圆管柱柱脚

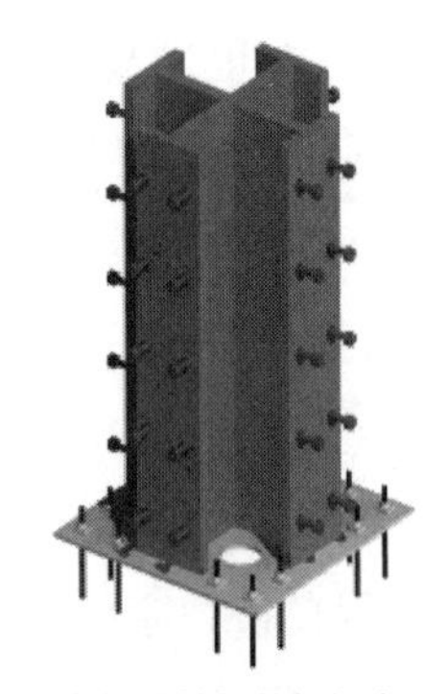
(b) 劲性钢骨柱柱脚

(c) 箱形柱柱脚

图 3.3-1　定位板及锚栓后放示意图

(a) 柱脚示意

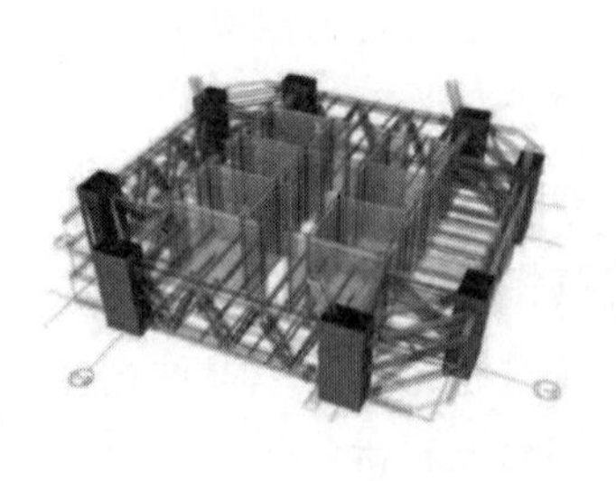
(b) 钢构巨型柱示意

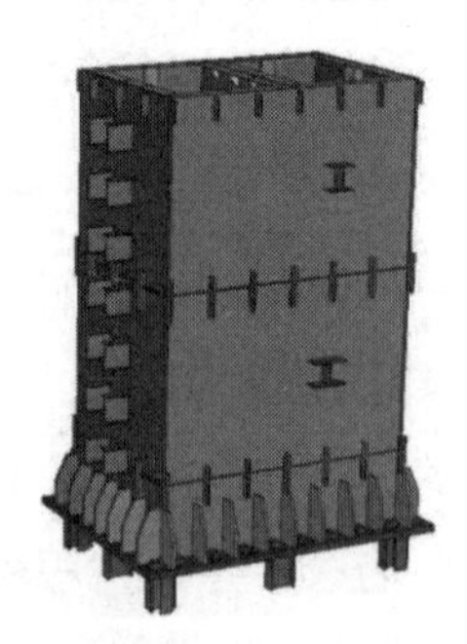
(c) 抗剪键预埋及其与巨型柱连接节点

图 3.3-2　锚栓套架示意图

3.3.2　工艺流程

1. 定位板及锚栓后放的施工流程

定位板及锚栓后放的施工工艺流程主要包括：构件进场验收→筏板基础钢筋铺设→锚栓定位放线→锚栓安装及加固→测量校正→预埋后复检→基础底板混凝土浇筑→复测和验收。

2. 锚栓套架施工流程

锚栓套架施工工艺流程主要包括：构件进场验收→筏板基础底部钢筋铺设→锚栓定位放线→锚栓套架安装及加固→钢筋支架安装→筏板中部构件钢筋绑扎→筏板上部钢筋铺设→锚栓定位复测→基础底板混凝土浇筑→复测和验收。

3.3.3　技术要点

1. 定位板及锚栓后放施工工艺要点

（1）构件进场验收

锚栓定位板与锚栓在加工厂制作后运至现场，进行卸车并验收。

（2）筏板基础钢筋铺设

根据设计和规范要求，绑扎好筏板基础钢筋，在预埋件的大致位置预留下入口，以便锚栓安装施工。

（3）锚栓定位放线

钢柱柱脚承台钢筋绑扎完成后，采用高精度全站仪测量定位放线，标识柱脚锚栓架定位控制中心点及正交轴线。

（4）锚栓安装及加固

测量放线复核后，安装整体柱脚锚栓架定位板及柱脚锚栓，采用垫铁调整锚栓定位板标高至设计图纸位置，用水平仪复核锚栓架平整度。为保证定位精度，将锚栓群限位板通过垫铁与面层钢筋点焊固定。

（5）测量校正

根据全站仪测量数据，调校预埋件轴线偏差；用水准仪测量数据，调校预埋件的标高误差，并用三角楔铁块定位焊固定。安装误差控制标准为：轴线偏差≤ ±2mm，标高误差≤ ±3mm。

（6）预埋后复检

锚栓预埋完毕后，复检锚栓群间各锚栓相对位置，确认无误后报监理验收。同时对锚栓丝杆外露端抹上黄油，并包裹处理，防止污染和损坏锚栓螺纹。验收合格后，将工作面移交，浇筑混凝土。

(7) 基础底板混凝土浇筑

测量校正无误，完成工序交接后，进行基础底板混凝土浇筑。浇筑混凝土时，对预埋锚栓进行跟踪测量监控，发现不符合设计要求的应及时进行校正并防止因混凝土浇筑振捣使锚栓架整体发生偏移。

(8) 复测和验收

混凝土浇筑完毕终凝前，对预埋锚栓进行测量复检；混凝土终凝后，再对预埋锚栓进行复测，并做好测量记录，报监理验收。

2. 锚栓套架施工工艺要点

(1) 构件进场验收

锚栓定位板与锚栓在加工厂制作后运至现场，进行卸车并验收。

(2) 筏板基础底部钢筋铺设

根据设计和规范要求，绑扎好筏板基础底部钢筋。

(3) 锚栓定位放线

筏板底部钢筋绑扎完成后，采用高精度全站仪测量定位放线，标识柱脚锚栓架定位控制中心点及正交轴线。

(4) 锚栓套架安装及加固

测量放线复核后，先将锚栓先安装到套架上，初步调整标高，然后将锚栓及套架整体吊到筏板底筋上。轴线位置调整完毕后，为避免套架受后续施工工序操作碰撞及浇筑混凝土的侧向流动而影响精度，套架需设置斜撑加以固定，调整锚栓顶标高达到设计标高后固定。

(5) 钢筋支架安装

根据钢筋方案要求，设置钢筋支架，经验收后方可进行下一步工作。

(6) 筏板中部构造筋和上部钢筋绑扎

套架和钢筋支架安装完毕，经验收合格后，方可进行中部构造钢筋和上部钢筋绑扎。

(7) 锚栓定位复测

钢筋绑扎完成后，复检套架的位置，确认无误后报监理验收。同时对锚栓丝杆外露端抹上黄油，并包裹处理，防止污染和损坏锚栓螺纹。验收合格后，将工作面移交，浇筑混凝土。

(8) 混凝土浇筑

测量校正无误，完成工序交接后，进行柱脚混凝土浇筑。浇筑混凝土时，对预埋锚栓进行跟踪测量监控，发现不符合设计要求的应及时进行校正并防止因混凝土浇筑振捣使锚栓架整体发生偏移。

(9) 复测和验收

混凝土浇筑完毕终凝前，对预埋锚栓进行测量复检；混凝土终凝后，再对预埋锚

栓进行复测，并做好测量记录，报监理验收。

3. 柱脚安装重点

柱脚的安装精度要求较高，且在浇筑混凝土过程中难免因振捣引起柱脚及其架体振动。为了保证其安装精度，以及保证浇筑后混凝土后期预埋质量，在柱脚安装时应注意以下几点：

（1）为保证埋件的埋设精度，首先将埋件上的锚栓按设计尺寸固定在开好孔眼的钢板上，在钢板下方进行固定。

（2）测设好埋件中心线并在基面做出标记，作为安放埋件的定位依据，埋件轴线与基面中心线精确对正，安装过程中测量跟踪校正。

（3）锚栓校正合格后，对其进行固定；在浇筑混凝土过程中，测量员应使用全站仪全过程测量监控，防止混凝土振捣时导致锚栓移位。

（4）锚栓的精度关系到埋件的定位，埋件的定位影响钢结构安装定位，锚栓的埋设需多种专业共同保证精度。

（5）在埋件锚栓安装前，将平面控制网的每条轴线投测到基础面上，全部闭合，以保证锚栓安装精度。

(6)抗剪键位置留设。当采用定位板及锚栓后放的安装方法时,因上层钢筋先铺设,钢筋不一定刚好让开锚栓及抗剪键位置，故需要对已铺设钢筋进行移位。要达到同时能避开锚栓和抗剪键位置的要求时，钢筋的位置有可能调整较大，费工又费时。故含抗剪键钢柱的地脚锚栓采用锚栓套架先进行安装、后铺设上层钢筋的方式，便于钢筋绕开锚栓及抗剪键位置。

（7）采用地泵时泵管支架设在筏板基础上层钢筋网上，泵送混凝土时产生的振动容易对固定在上层钢筋网上的锚栓产生影响而导致锚栓偏位，所以在浇筑混凝土过程中进行全过程测量监控，防止混凝土振捣时影响锚栓移位。

（8）螺杆螺牙可用保护套防护，防止在施工中损坏丝口。

3.4　钢板混凝土组合剪力墙施工关键技术

3.4.1　技术概述

1. 钢板剪力墙的构成

钢板混凝土组合剪力墙（下文简称“钢板墙”）是在钢筋混凝土剪力墙截面内配置钢板，通常与周边型钢、混凝土形成整体构件共同工作。在早期的研究中，钢板墙主要是以钢框架和钢板墙为基础，混凝土材料为辅助的构件形式，主要应用在钢结构中，而外包混凝土的作用则是为钢板提供侧向约束，防止钢板屈曲，钢板与混凝土之间通过栓钉连接，钢板墙示意如图 3.4-1 所示。

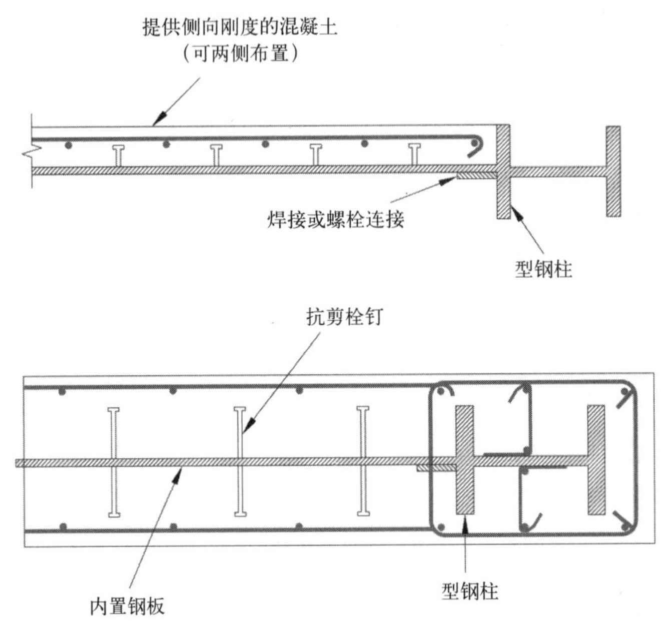

图 3.4-1　钢板墙示意图

当内嵌钢板沿结构某跨连续布置时，即形成钢板墙体系。钢板墙的整体受力特性类似于底端固接的竖向悬臂梁，竖向边缘构件相当于翼缘，内嵌钢板相当于腹板，水平边缘构件则可近似等效为横向加劲肋。

研究显示，薄钢板的屈曲并不意味着丧失承载力；相反，屈曲后的拉力带类似于一系列斜撑作用，因此仍具备较大的弹性侧移刚度和抗剪承载力。而且钢板墙良好的延性、稳定的滞回特性显示出它是一种特别适合于高烈度地震区的新型抗侧力构件。

2. 钢板墙的优点

与传统抗侧力体系相比，用钢板墙具有下列优点：

(1) 与纯抗弯框架相比，采用钢板墙可节省用钢量 50% 以上。与普通支撑钢框架相比，相同的用钢量，即使在假定支撑不屈曲的条件下，支撑所能提供的抗侧刚度最多与钢板墙持平。但不必担心钢板墙的钢板屈曲会导致承载力与耗能能力的骤降，尽管钢板屈曲后的滞回曲线会有不同程度的捏缩，但总是优于支撑屈曲后，其拉压不对称造成的耗能能力急剧下滑。

(2) 与精致的防屈曲支撑比较，钢板墙相对便宜、经济，且制作和施工都比较简单，因而其市场前景更佳。

(3) 钢板墙弥补了混凝土剪力墙或核心筒延性不足的弱点。试验表明，钢板墙自身鲁棒性非常好，延性系数在 8 ~ 13 之间，很难发生钢板墙卸载的情况；相应外框架

分担的水平力也不会大幅变化，有利于实现结构多道抗震防线的理念。

（4）采用钢板墙结构，由于墙板厚度较钢筋混凝土墙要小很多，故能有效降低结构自重，减小地震响应，压缩基础费用。因为不需要额外对基础进行加固，使得钢板墙非常适用于已有建筑的加固改造。另外还可增加宝贵的建筑使用面积，并使建筑布置更加灵活多变。

（5）相对现浇钢筋混凝土墙，钢板墙能缩短制作及安装时间，其内嵌钢板与梁、柱的连接（焊接或栓接）方式简单易行，施工速度快，特别是对现有结构进行加固改造时，能不中断结构的正常使用，消除商业相关性。

3. 钢板墙的分类

钢板墙可分为非加劲厚钢板墙、加劲钢板墙、非加劲薄钢板墙、两侧开缝钢板墙、低屈服点钢板墙、开洞钢板墙、压型钢板墙、竖缝钢板墙、组合钢板墙、防屈曲钢板墙等。

组合钢板墙是在钢板一侧或两侧布设钢筋、现浇混凝土，两种材料通过内嵌钢板上预置的剪力钉组成一体。钢板外包混凝土墙板，可以起到防火、保温、隔声等作用，减少了后续工作量，降低了工程造价。

传统组合墙，是指混凝土墙板与周边框架紧密接触，不留缝隙。其不足之处在于混凝土墙板刚度大，侧移很小时角部框架相互挤压，造成开裂或压溃，由此过早破坏并退出工作。改进型组合墙的特点为，根据结构在大震下的侧移，将现浇混凝土墙板与周边梁、柱间预留适当的间隙，避免过早与框架接触而损坏。这样，在相同的水平侧移下，混凝土墙板可作为内嵌钢板的侧向约束，防止钢板发生面外屈曲，传统与改进型组合墙如图 3.4-2 所示。

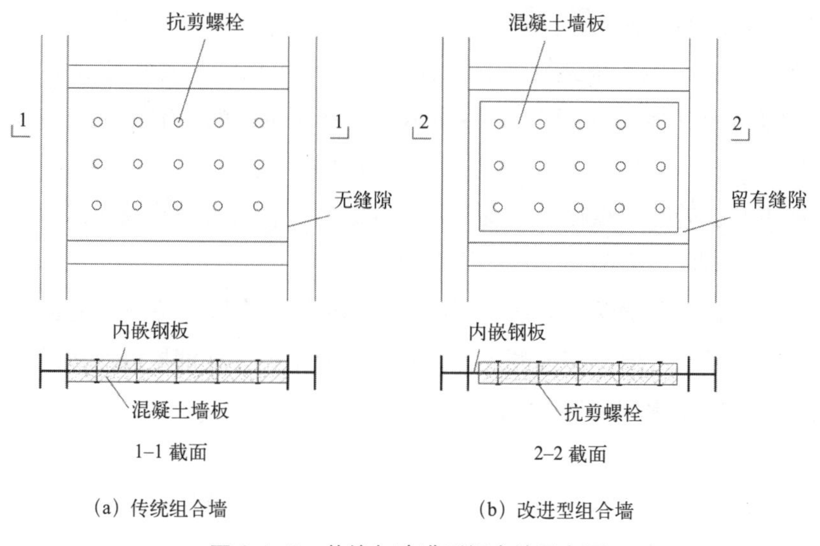

图 3.4–2　传统与改进型组合墙示意图

作为主要水平抗侧力体系，组合钢板墙有较大的弹性初始刚度、大变形能力、良好的塑性、稳定的滞回特性等，是一种具有发展前景的新型抗侧力构件，尤其适用于高烈度地震区超高层建筑。

3.4.2 工艺流程

内嵌单层钢板 - 混凝土剪力墙施工工艺流程一般如下：剪力墙深化设计→进场验收→测量放线→钢板安装及连接→钢板墙总体焊接→钢结构与土建工作面交接施工。

3.4.3 技术要点

1. 专业穿插多，深化设计复杂

钢板墙的深化设计主要是形成构件加工详图，这个过程需要解决钢板墙与钢筋、机电安装等可能出现的问题，并最终在深化图纸上体现。采用的软件有 Tekla Structures 及 Auto CAD 等，并对深化详图进行审核。

钢板墙与剪力墙钢筋、爬升模架系统、钢模、机电管线、机电孔洞、幕墙埋件会存在一定的穿插与冲突，深化设计前期各方协调形成一定的原则，指导深化设计。具体需要解决的内容包括：

（1）箍筋与钢板冲突。对于内嵌单片式钢板的剪力墙，往往在剪力墙端部会设计有暗柱、配筋加密区等边缘构件，暗柱的箍筋一般都需要贯穿钢板墙。前期确定箍筋的绑扎形式（如分段组合后形成封闭箍），根据箍筋直径及端部是否带弯钩，确定相应开孔的形状（圆孔或椭圆孔）及尺寸以及设计竖向连接钢板与钢板墙焊接。

（2）对拉钢筋与钢板墙连接。为了保证钢板墙中混凝土与钢板协同受力，往往增加贯穿钢板墙的拉筋来增强钢板对混凝土的约束。开孔过多对钢板墙削弱过大，因此在钢板墙两侧设置竖向钢筋。

（3）对拉螺杆与钢板墙连接。杆孔大小及间距根据螺杆直径及计算确定，布孔位置避开加劲板及其他孔位；深化时尽量减少开孔对钢板的削弱，保证钢板墙的使用性能。

（4）机电孔、管道。根据标高及尺寸进行定位，若与其他孔或肋板冲突，需采取一定措施。

（5）幕墙埋件。幕墙深化应结合钢结构深化进行，准确定位埋件位置。

（6）塔式起重机、电梯等大型设备临时埋件或牛腿，在钢板墙深化设计前应提供准确的定位，同时不影响结构受力。

2. 钢骨柱、钢板与钢筋冲突

由于钢板墙与钢筋之间存在较多的冲突，因此钢板墙的钢筋翻样一定要结合深化设计图纸进行，其中竖向钢筋的分段尤其重要。

竖向钢筋分段位置需要考虑的因素包括：(1) 钢筋错接头要求；(2) 钢筋直径变化影响；(3) 钢筋接头与楼板之间关系；(4) 钢筋接头与钢板墙钢板竖向分节关系，不能影响钢板墙的施焊；(5) 节约钢筋，不浪费钢筋；(6) 现场钢筋绑扎的可行性和可操作性。

钢板墙前期分段时，同样需要考虑竖向钢筋的连接。后期钢筋翻样过程中结合施工部署，对竖向钢筋进行详细分段排布。

3. 长竖向焊缝质量控制

核心筒单层钢板墙板厚度较大、对接焊缝较长，单层薄板钢板墙焊接质量控制难度相当大。解决措施包括：(1) 在深化设计阶段，增加钢板墙两侧水平与纵向加劲板，加劲板均匀分布，从而增加钢板墙的侧向刚度；(2) 在钢板对接处，增设连接耳板，作为约束板进行加固，防止焊接变形过大；(3) 采取合理的分段跳焊技术，减少焊接变形积累，同时利于焊接应力扩散；(4) 加强焊接测量监控，在下层钢板墙焊接完成后及时对其测量校正，防止上下层钢板对接错边过大。

核心筒钢板墙总体焊接顺序为：先焊接竖向立焊缝，再焊接水平横焊缝。

4. 钢板墙混凝土裂缝控制

钢板墙混凝土裂缝控制主要包括：

(1) 优化混凝土配合比、合理配筋、加强保温保湿养护，能有效减少混凝土的收缩；降低水化热温升，对控制钢板 - 混凝土组合剪力墙结构有害裂缝起积极作用；

(2) 钢板 - 混凝土组合结构中钢板及栓钉对混凝土的约束作用，是导致钢板 - 混凝土组合剪力墙混凝土开裂的主要原因之一。故深化设计时增加穿墙箍筋、抗裂网片和对拉钢筋，同时栓钉高度不大于 120mm；减少内侧及外侧混凝土的约束差异；

(3) 采用预热钢板 - 混凝土组合剪力墙钢板的方式。在混凝土初凝前对钢板进行预热，终凝后钢板温度缓慢下降，可以降低钢板与混凝土的实际变形差，减少钢板对混凝土收缩的约束，对钢板 - 混凝土组合剪力墙混凝土裂缝控制具有明显成效。

3.5　伸臂桁架施工关键技术

3.5.1　技术概述

伸臂桁架是核心筒与外围框架柱的连接构件，设置伸臂桁架的主要目的是减少结构侧移，提高水平荷载作用下外框架柱的轴力，从而增加框架承担的倾覆力矩，减小内核心筒的倾覆力矩。它对结构形成的反弯作用可以有效增大结构的抗侧刚度，减小结构侧移；一般情况下，也会减小外框架的剪力分担比。对于框架 – 核心筒结构，设置伸臂桁架后侧移显著减小，而对于筒中筒结构，减小侧移的效果很小。

伸臂桁架适用于采用筒中筒、框架－核心筒的超高层建筑，因其常采用稀柱结构，结构侧向刚度弱，无法满足设计要求，故而设置加强层。加强层特点是通过设置环带桁架或伸臂桁架以有效增大结构的抗侧刚度，减少结构侧移，还可以调节倾覆弯矩在核心筒和外框之间的分配比例。同时，用设备层或避难层作为水平加强层，可较好解决建筑底部或其他层需要开高大空间，造成结构上下层形式不同和结构布置上的矛盾，从而满足建筑功能需求。从经济角度出发，在满足使用功能和规范要求的前提下，减小剪力墙、筒体和柱等构件截面尺寸，增大了使用面积，提高净、毛面积比；相较于不设水平加强层的结构，可节约混凝土 12% 左右。

3.5.2 工艺流程

广州金融城 A 塔主塔楼主体结构共 69 层，设计有 3 个避难层，分别在 33 层、44 层、55 层；33 层及 44 层避难层为伸臂桁架钢结构加强结构，55 层为腰桁架钢结构。主楼外围共 17 根钢管柱，核心筒内共 6 根型钢柱，通过钢梁将内外钢管柱和型钢柱进行连接；最大钢结构构件的质量为 8.7t。

以 33 层伸臂桁架为例说明其施工工艺流程，主要包括：31 层核心筒工字钢预埋件预埋，浇筑混凝土至预埋件底部 50mm 左右→浇筑 C60 高效无收缩高强灌浆料→型钢柱安装→核心筒剪力墙钢筋绑扎→支设模板→浇筑混凝土→ 32 层顶部钢梁与核心筒方筒钢柱及工字钢焊接安装→核心筒剪力墙钢筋绑扎→支设模板→浇筑混凝土→ 33 层型钢柱安装→ 33 层顶部钢梁与核心筒方筒钢柱及工字钢焊接安装→核心筒剪力墙钢筋绑扎→支设模板→浇筑混凝土。伸臂桁架详细安装步骤及图例如表 3.5-1 所示。

伸臂桁架详细安装步骤及图例　　表 3.5-1

安装步骤	图例	说明
第一步	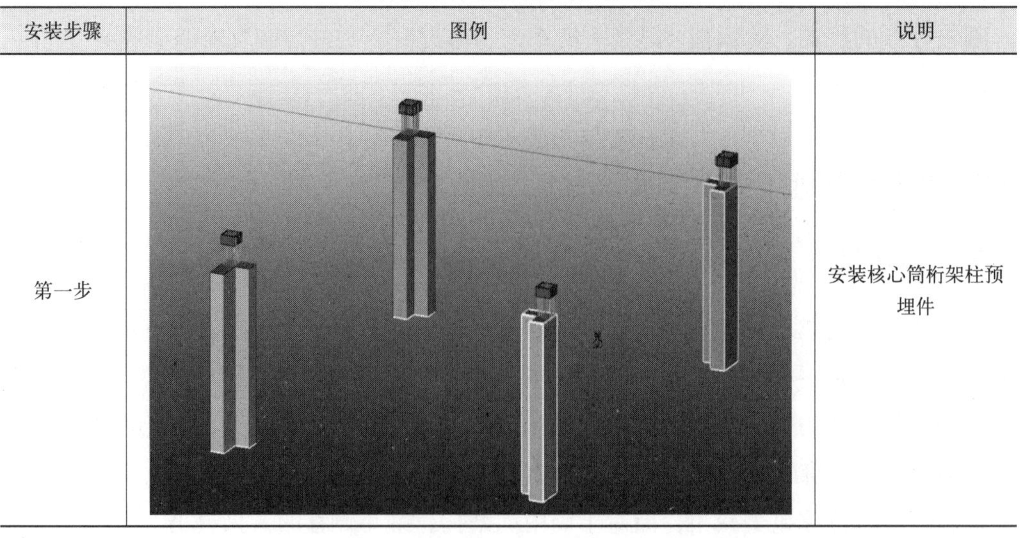	安装核心筒桁架柱预埋件

续表

安装步骤	图例	说明
第二步		待预埋件混凝土浇筑完成达到强度后安装第一节钢柱
第三步		安装焊接成后安装下弦杆
第四步		安装第二节核心筒钢柱

续表

安装步骤	图例	说明
第五步		依次安装下弦杆与桁架柱牛腿相连的腹杆
第六步		最后安装桁架上弦杆
第七步		安装外框桁架柱

续表

安装步骤	图例	说明
第八步		安装腰桁架腹杆以及上弦杆
第九步		安装下层水平连梁
第十步		安装上层水平连梁

3.5.3　技术要点

1. 复杂节点深化及优化设计

超高层建筑钢结构中常见复杂节点包括以下几类：(1) 钢柱与钢梁连接节点；(2) 柱牛腿；(3) 钢梁与钢梁连接节点；(4) 钢骨柱与钢板墙连接节点；(5) 伸臂桁架节点，如图 3.5-1 所示；(6) 钢梁与钢板墙节点；(7) 箱形柱节点，如图 3.5-2 所示。

图 3.5-1 伸臂桁架节点

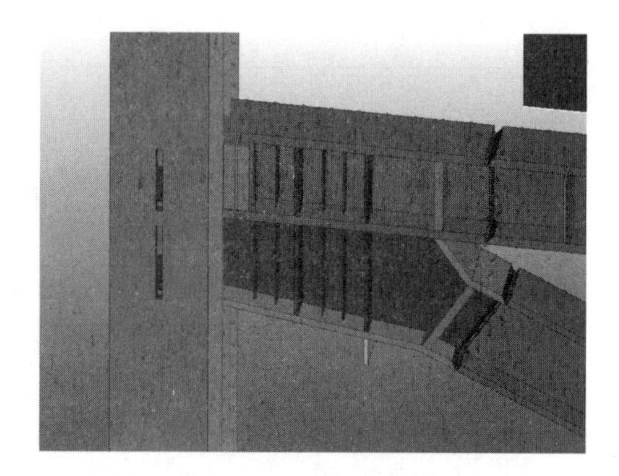

图 3.5-2 箱形柱节点

复杂节点设计深化及优化措施主要包括：

（1）采用国内常用的 Tekla Structures 软件进行深化，严格执行深化图纸审核流程，确保构件深化图纸的质量及精度；

（2）在工艺排版工作中，合理进行排版，减少制作损耗；严格执行零部件加工图纸审核流程，确保构件零部件加工图纸的质量及精度；

（3）利用先进数控设备进行零部件加工、制作，确保构件零部件加工精度。投入大量熟练铆工、焊工等一线作业工人，作业前对其进行详细交底，使其明确构件制作重难点及制作控制要点，保证构件制作精度；

（4）利用制作厂的大型室外构件拼装场地，对桁架层构件进行整体预拼装，保证构件的制作精度；

（5）构件运输过程中，采用吊装带转运，采用“硬支撑、软保护”，避免构件在运输过程中损坏、变形。

2. 伸臂桁架与腰桁架的交叉节点制作与质量控制

伸臂桁架与腰桁架交会处外框钢管柱与核心筒内伸臂桁架箱形柱因牛腿数量多、构件结构复杂、多向焊缝、焊缝拘束度大，易出现层状撕裂，故对其检验要求以及焊缝设计和焊接过程温度、顺序控制要求不同于一般工程。

伸臂桁架与腰桁架的交叉节点制作与质量控制措施主要包括：

（1）合理分配制作厂资源，制定详细周全的加工制作计划，保证构件的加工制作保质保量完成；

（2）采用高精度全站仪、放地样、拉线等方式进行定位，并在各个拼装阶段对牛腿安装精度进行复测，确保牛腿精确定位；

（3）优化工艺，调整拼装顺序，消除焊接死角；

（4）通过工艺，在焊缝集中位置采用合理的焊接顺序，减少焊接应力的产生，甚至采取必要措施消除焊接应力；

（5）与设计院沟通，对节点进行调整，避免产生焊缝重叠区域；优化工艺排版，将焊缝分散。

3. 桁架层腰桁架及伸臂桁架安装精度控制

（1）桁架层为结构主要受力部分，安装精度要求高；

（2）伸臂桁架弦杆长，且因埋入核心筒内与土建存在交叉施工作业，安装精度控制难度大；

（3）圆管柱在桁架层存在多向节点，牛腿数量多且方向各异，桁架层安装精度控制是重点。

桁架层腰桁架及伸臂桁架安装精度控制措施主要包括：

（1）采用在圆管柱构件上设置特殊吊点的方式，保证圆管柱以倾斜姿态滑移就位；当圆管柱施工至支撑梁下方时，进行支撑的拆除及保护措施的实施，以安装圆管柱—拆支撑—加支撑保护的流程保证圆管柱的顺利施工；

（2）制定桁架层施工专项方案，在安装桁架层劲性柱之后及时进行复测，将测量数据作为桁架层核心筒内外构件安装的测量预控数据；

（3）在每根劲性柱底设置两道型钢支撑，保证劲性柱在校正及焊接后，不因核心筒剪力墙混凝土浇筑而对劲性柱最终定位产生影响。

4. 桁架层劲性柱牛腿及伸臂桁架节点高空焊接质量控制

由于桁架层节点多，焊缝数量多，焊后应力残余对于桁架层安装精度存在很大影响，桁架层劲性柱牛腿及伸臂桁架节点高空焊接质量控制是焊接质量控制的重点。主要的控制措施包括：制定桁架层焊接施工专项方案，根据类似工程经验提前预估焊接收缩量，在构件安装前提前规划好焊接收缩预留值，并做好焊后复测及经验数据的收集工作。

5. 腰桁架 K 形节点地面预拼装及吊装

因为 K 形节点尺寸较大且复杂，无法整体进行运输，因此单榀腰桁架在深化设计中被分割成 4 片，并于场内拼装。考虑到腰桁架的作用，拼装的焊接质量和吊装的安装精度都是控制的重点。

采取的控制措施主要包括：（1）将单榀腰桁架分割成 4 片，如图 3.5-3 所示；（2）分割后的单榀腰桁架于现场安装，考虑到安装的可操作性，在地面完成腰桁架的上弦杆和腹杆的对接拼装，节点处通过上夹板方式临时固定，拼完后呈 K 字形，下弦杆则同钢梁提前与钢柱连接。此方法的优点在于不仅避免了材料运输不便的困难，同时对于整体的单榀桁架安装，将下弦杆与 K 形节点分开操作更加方便。

6. 超厚板焊接控制

（1）钢板厚度主要有 90mm、80mm、70mm、60mm 等，厚板的拼焊和对接焊缝等级要求较高，基本为全熔透一级焊缝，对焊接工艺和焊工要求高；

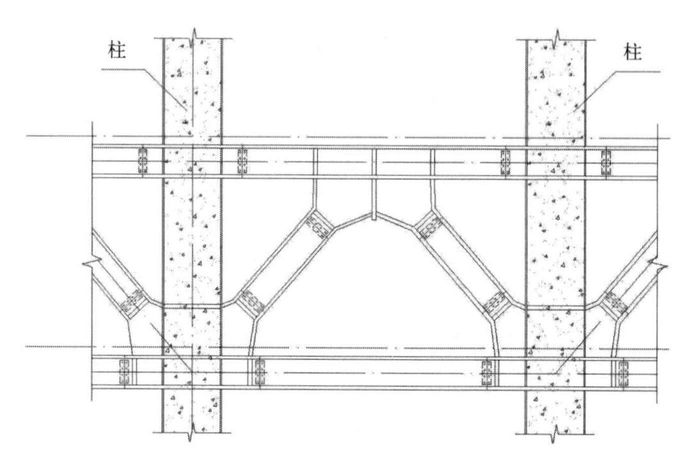

图 3.5-3　单榀腰桁架拆分示意图

（2）节点空间定位复杂，为实现焊接可达性，部分板件单边坡口焊接，变形量大，制作精度和反变形要求高；

（3）构件结构复杂，大量 T、K 接头导致焊缝应力集中，焊缝拘束度大，易出现层状撕裂，故其对厚钢板检验要求、焊缝设计和焊接过程温度、顺序控制要求不同于一般工程；

（4）节点厚板为全熔透焊接且焊缝密集，因此尽可能减少焊接残余应力是另外的技术重点和难点。

工程钢构件制作和安装中，技术含量较高的主要是焊接及焊接质量控制，其永恒的四个主量是“焊缝等级可达”“变形控制”“层状撕裂预防”和“残余应力消减”。在超厚板焊接中拟采取以下措施，保证焊接质量。

（1）保证钢材和焊材质量的过关。设计之初，就对焊接接头进行优化，采取窄间隙、小坡口焊接技术。CO_2 气体保护焊施焊时，有效控制焊前温度、层间温度和后热温度，保证焊缝质量。通过拼装反变形、设置临时刚性支撑、火工矫正等措施保证节点的制作精度，减少焊接变形。另外，对构件的振动时效（VSR）以及冲砂等工艺对构件进行残余应力的消减；为减少接头变形量，可采用接头对称焊（图 3.5-4）焊接方法。

（2）厚板焊接预热，如图 3.5-5 所示。40mm 以上板预热温度 80° 左右，可采用陶瓷电加热器进行预热，电加热预热升温速度应缓慢，一般情况应控制在 50℃ /h 以内，保证板各处温度均匀。

（3）严格控制焊接工艺和质量。焊接质量控制措施主要有：1）焊接前搭设防护棚；2）焊接使用气体保护焊，增加 CO_2 保护气柱的挺度，提高抗风能力，形成对焊接熔池的渣—气联合保护；3）焊接前进行焊口清理，清除焊口处表面的水、氧化皮、锈、油污；4）严格按照焊接工艺评定所得参数施焊；5）焊接过程中严格控制层间温度；6）焊道之间熔渣应清除彻底。

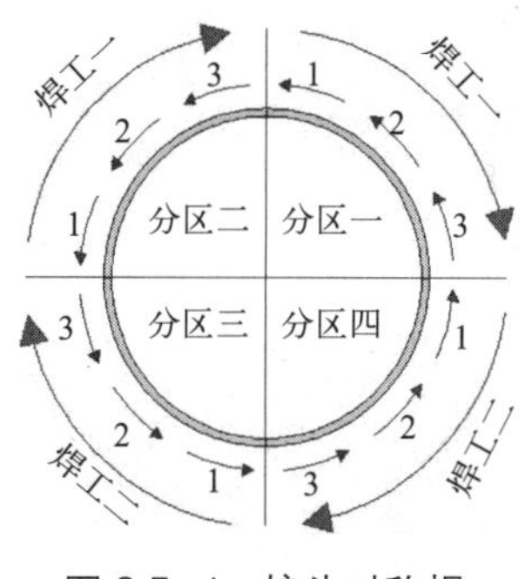

图 3.5-4　接头对称焊

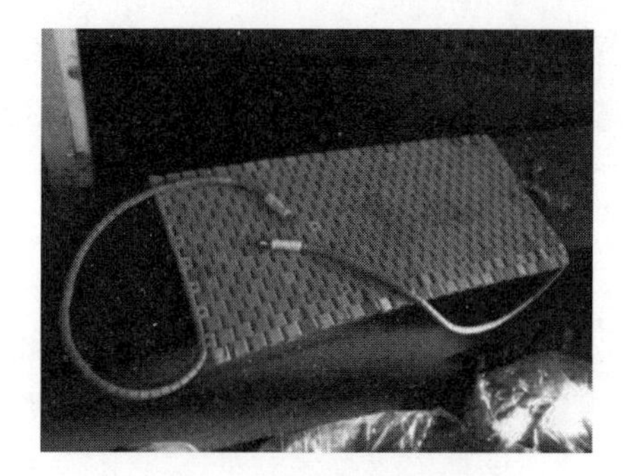
图 3.5-5　厚板焊前预热

7. 牛腿与爬架冲突

因伸臂桁架层牛腿突出，核心筒爬模遇到加强层时，会产生碰撞，如何处理二者相遇时的冲突问题，也是需要解决的重点。

爬模平台爬升至伸臂桁架层时，由于伸臂桁架层角部伸臂桁架牛腿外伸，原位置平台无法通过伸臂桁架牛腿，因此需对牛腿或者爬架进行深化设计。

（1）牛腿通过位置平台进行开洞设计，平台在通过伸臂桁架层时，需打开平台洞口，待爬模爬升过后，及时封闭平台。爬模在平台开洞一侧增加平台梁，以加强爬模平台刚度及端头防护，伸臂桁架层架体效果图及翻板透视效果图如图 3.5-6 及图 3.5-7 所示。

图 3.5-6　伸臂桁架层架体效果图

图 3.5-7　伸臂桁架层架体翻板透视效果图

（2）对牛腿节点进行优化分段，牛腿外伸不能对爬模产生影响，使爬架顺利爬升；但需保证牛腿焊接质量，有必要对牛腿处焊缝进行 100% 超声波检测，保证伸臂桁架的完整性。

8. 核心筒钢筋与剪力墙钢骨桁架连接

加强层伸臂桁架会导致核心筒剪力墙竖向钢筋断开，为了结构安全，需考虑钢筋的加强连接。

剪力墙纵筋被钢梁隔断时处理大样如图 3.5-8 及图 3.5-9 所示。

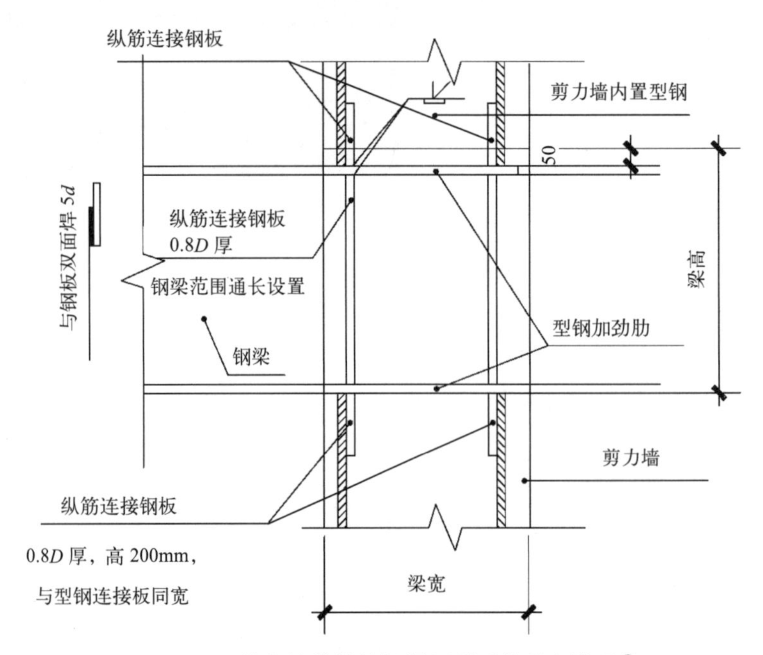

图 3.5-8　剪力墙纵筋被钢梁隔断时处理大样图①

D—板厚；*d*—钢筋直径

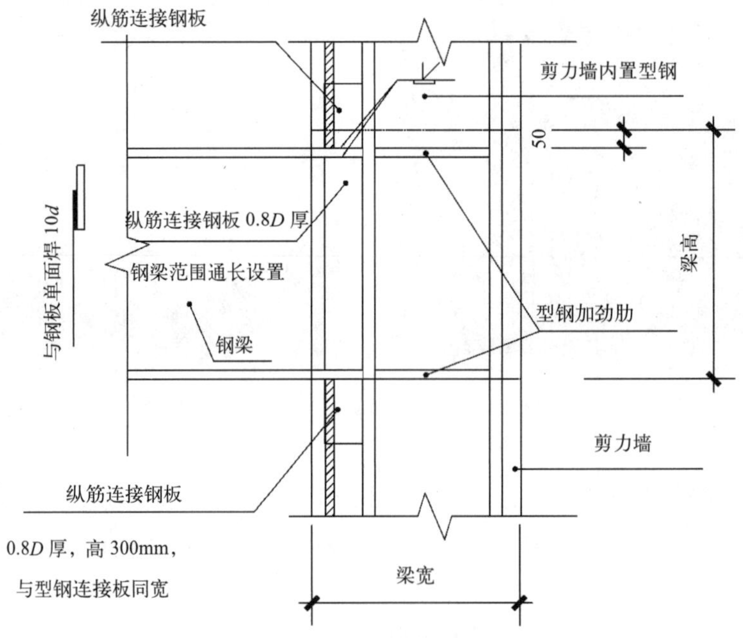

图 3.5-9　剪力墙纵筋被钢梁隔断时处理大样图②

D—板厚；*d*—钢筋直径

剪力墙纵筋被钢梁或桁架隔断时，按图 3.5-8 及图 3.5-9 大样处理，也可预留套筒（套筒连接为一级接头）用于钢筋连接，桁架预留套筒示意如图 3.5-10 所示。

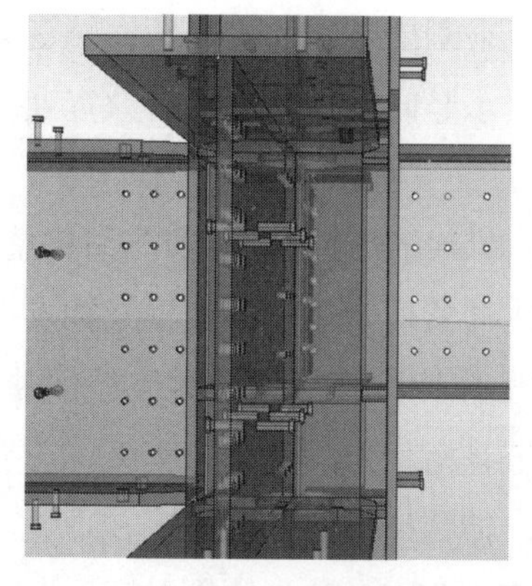
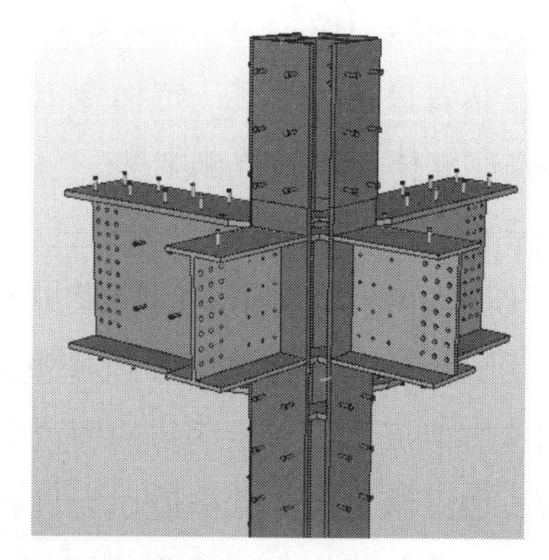

图 3.5-10　桁架预留套筒示意图

9. 核心筒位置剪力墙钢骨桁架混凝土浇筑

核心筒剪力墙与伸臂桁架相遇时，可能会出现桁架截面尺寸与剪力墙尺寸相近，导致混凝土浇筑出现困难。

若存在因桁架宽度与剪力墙宽度相同时，应适当缩小桁架宽度，保证混凝土顺利浇筑。同时为了降低钢板与混凝土的实际变形差值，减少钢板对混凝土收缩的约束，采用自密实混凝土，以保证混凝土浇筑效果。

10. 核心筒铝模与牛腿处铝木结合

一般情况下，核心筒模板做法采用爬模形式（模板为大钢模或铝模），先进做法为采用铝模与爬模结合，但是均会遇到一个问题，两种模板均为刚性模板，无法切割，对于外伸牛腿会产生碰撞，故设计深化时，需考虑牛腿处的处理方式。

为保证铝模或钢模的完整性，在牛腿位置设计单独的单元板块，伸臂桁架层施工时拆除，改用铝木结合，同时不影响标准层模板的完整性。铝木结合能充分发挥散拼木模板配模灵活、操作简洁的优点，消除由于构件尺寸变化对铝模板固定尺寸产生的限制，从而对铝合金模板的实际应用产生补充效应，可避免工期的延误，有效节约施工成本。

3.6　伸臂桁架＋环带桁架层劲性混凝土大巨柱组合施工技术

3.6.1　技术概述

在支撑框架结构中，因竖向支撑系统的整体变形属弯曲变形，其抗侧刚度的大小与支撑系统的高宽比成反比；当建筑很高时，由于支撑系统高宽比过大，抗侧刚度会显著降低。此时，为提高结构的刚度，可在高层钢结构的顶部和中部隔若干层加设刚度较大的伸臂桁架，使高层钢结构外围柱参与结构体系的整体抗弯，承担结构整体倾覆力矩引起的轴向压力或拉力，使外围柱由原来刚度较小的弯曲构件转变为刚度较大的轴力构件。其效果相当于在一定程度上加大了竖向支撑系统的有效宽度，减小其高宽比，从而提高整体结构的抗侧刚度。

对于框架-剪力墙结构，也可以通过加设伸臂桁架使框架柱参与结构整体抗倾覆，提高结构的抗侧刚度。伸臂桁架的设置，仅使伸臂桁架位置处的框架柱发挥了较大的抗侧刚度作用，为使高层钢结构周边柱也能发挥抵抗高层钢结构整体倾覆力矩作用，还可以在伸臂桁架位置沿高层钢结构周边设带状桁架。设置伸臂桁架的主要目的是减小结构侧移，如以结构顶部侧移最小为目标，伸臂桁架沿结构高度在理论上是有优化位置的。如设一道伸臂桁架，优化位置一般在 $0.55H$（H 为结构总高）处，如设两道伸臂桁架，优化位置则分别在 $0.3H$ 和 $0.7H$ 处。伸臂桁架的设置沿结构高度一般不超过三道，其位置还受建筑功能布置的限制。因伸臂桁架会影响建筑空间的使用，实际工程中通常将伸臂桁架设置在高层钢结构的设备层。

在伸臂桁架＋环带桁架层劲性混凝土大巨柱的结构体系下，组合施工技术显得异常重要。一方面，要做好钢构件的深化设计、加工和生产。另一方面，还要做好高空吊装、高空焊接与土建工程的配合作业。

伸臂桁架＋环带桁架层劲性混凝土大巨柱组合施工技术适用于设置伸臂桁架和环带桁架，竖向构件中有大型劲性混凝土柱的超高层建筑施工。

3.6.2 工艺流程

伸臂桁架＋环带桁架层劲性混凝土大巨柱组合施工技术工艺流程主要包括以下几个方面：

（1）钢结构深化设计→钢构件分段和生产加工→施工总平面布置（含钢构件现场堆放）、总体施工部署等施工准备工作。

（2）根据伸臂桁架结构特点、构件分布、模架结构及现场安装要求，在 N+4 层核心筒钢结构安装完毕、核心筒混凝土浇筑至 N 层后，开始 N+2 至 N+3 层伸臂桁架层内筒钢结构的施工。

（3）在核心筒钢板墙与外伸臂桁架相连处设置有连接牛腿，牛腿尺寸大，应采取针对性的安装工艺指导该处钢板墙（带牛腿）的安装。

（4）主楼核心筒施工早于外框施工，待外框施工至该伸臂桁架层后，进行外框伸臂桁架钢结构的施工；其施工过程遵循自下而上的顺序，即先下弦后腹杆，然后再安装上弦杆。构件临时固定体系应稳固可靠，局部可设置临时支撑。

（5）伸臂桁架与核心筒、外框巨柱的连接节点处，需进行特殊处理，完成钢筋绑扎和模板安装，随后进行混凝土浇筑施工。

3.6.3　技术要点

1. 钢结构分段、分块原则

（1）塔式起重机吊装范围、最大吊装工况；

（2）钢构件堆场及起吊点布设位置；

（3）钢构件的结构特征；

（4）核心筒模架系统的影响；

（5）钢结构施工工艺、土建施工工艺对钢结构施工的影响；

（6）现场拼接等施工位置便于搭设安装操作架；

（7）构件便于长途运输。

2. 钢结构安装测量定位技术

钢结构安全测量采用全站仪极坐标法。

（1）初步就位及临时固定

剪力墙钢骨由于底部截面小，容易发生倾斜。剪力墙钢骨吊装依靠钢板墙两端钢柱及水平对接耳板穿螺栓对位，在垂直墙体方向拉设双向缆风绳，缆风绳沿墙体方向2m 一对布设，拉紧捯链，在竖向对接位置点焊马板临时固定。初步固定后，松开吊钩。

（2）立面垂直度校正

全站仪在轴侧方向架设，调平后竖丝观测校正单板墙端部（劲性钢柱或对接立边）垂直度，拉动捯链校正垂直度。

（3）伸臂桁架层剪力墙钢骨顶面坐标测控与墙体直线度控制

构件安装就位，测控竖向隔板中点坐标，剪力墙两端中点连线或角部与端部中点间距，比对水平对接接缝处中点偏移及中点坐标设计值校正剪力墙钢骨宽度方向中心轴线，控制单片墙体直线度及整体墙体直线度。

剪力墙钢骨安装就位，竖向投递控制点位至顶模操作平台桁架上，架设全站仪进行轴线校正。每次顶模系统顶升后，重新从下方基准点位竖向投递控制点，经闭合平差改正后作为控制点坐标数据。

采用极坐标法观测时，全站仪架设后近端俯角较大。依据控制点布设，划分控制点测控区域，保证全站仪照准棱镜时俯角小于 30°，并降低棱镜高，测量精度受控。

剪力墙钢骨的测量控制点布置在钢筋混凝土核心筒内钢柱上，由钢筋混凝土核心筒内钢柱再定位钢板墙。

3. 钢结构吊运

吊点及连接耳板设置，伸臂桁架钢板墙吊耳的吊点位置依据构件重心对称设置，吊耳规格根据构件重量选定，复杂节点吊耳冗余设置。连接板设置应保证构件间连接稳定可靠，能保证构件安装满足精度要求和临时固定要求。吊耳具体设置以深化设计图为准。

4. 钢板墙安装

伸臂层核心筒钢板墙总吊装流程为三个区段依次施工，可结合现场安装需要进行调整。外伸臂桁架安装由下而上依次进行，先下弦杆，再Y形撑，后上弦杆。

（1）伸臂桁架钢板墙安装

主塔楼核心筒钢板墙安装总流程如下：

1）立面安装总流程

立面安装流程为：本节钢板墙安装完成，模架顶升（安装）→上方一节钢板墙吊装→下方一节混凝土施工→上方一节钢板墙安装完成，顶模架顶升（安装）。立面安装顺序如图3.6-1所示。

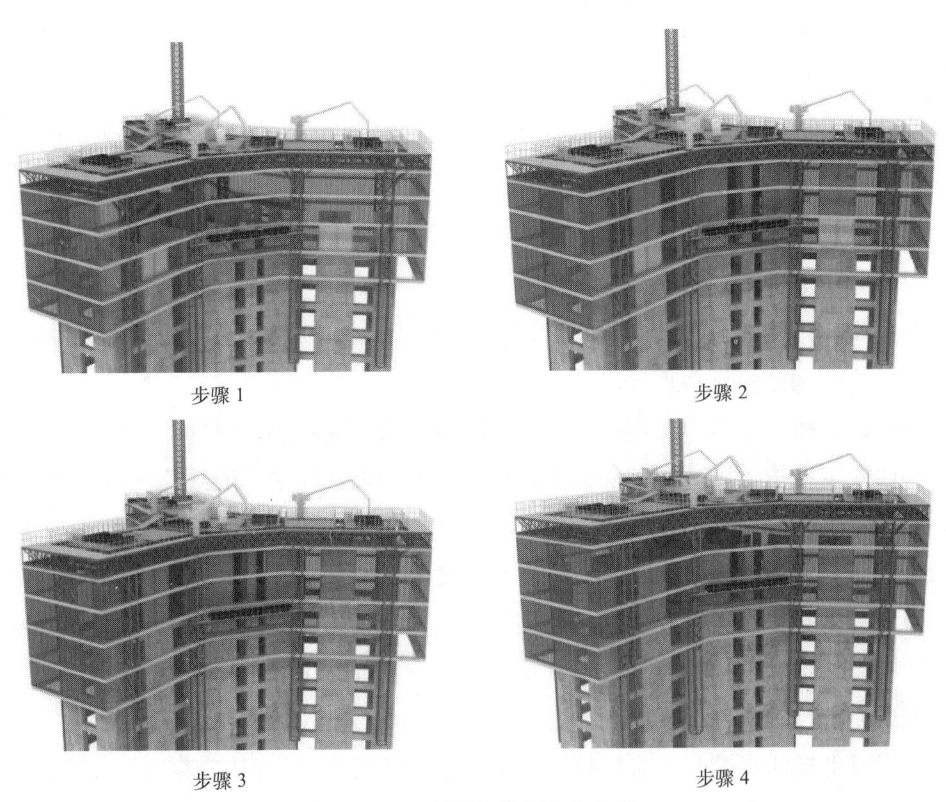

图3.6-1 立面安装顺序示意图

2）平面吊装顺序

主塔楼核心筒钢板墙分区段同时施工，单个区总体吊装顺序由塔楼中心向外侧逐步进行安装。三段钢板墙吊装顺序如图3.6-2所示。

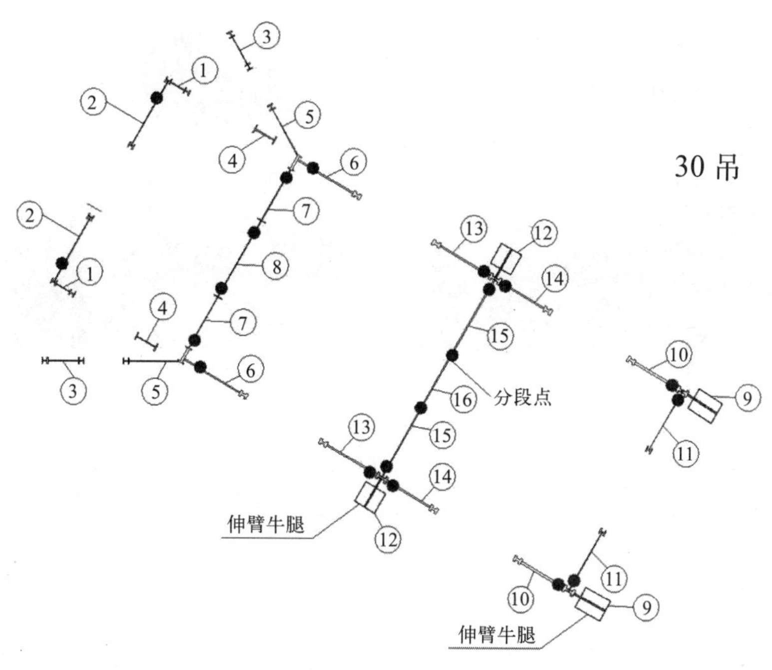

图 3.6-2　三段钢板墙吊装顺序示意图

(2) 最不利单元钢板墙安装

先吊装安装两侧暗柱钢板墙，再吊装中间钢板墙。最不利单元钢板墙安装示意图如图 3.6-3 所示。

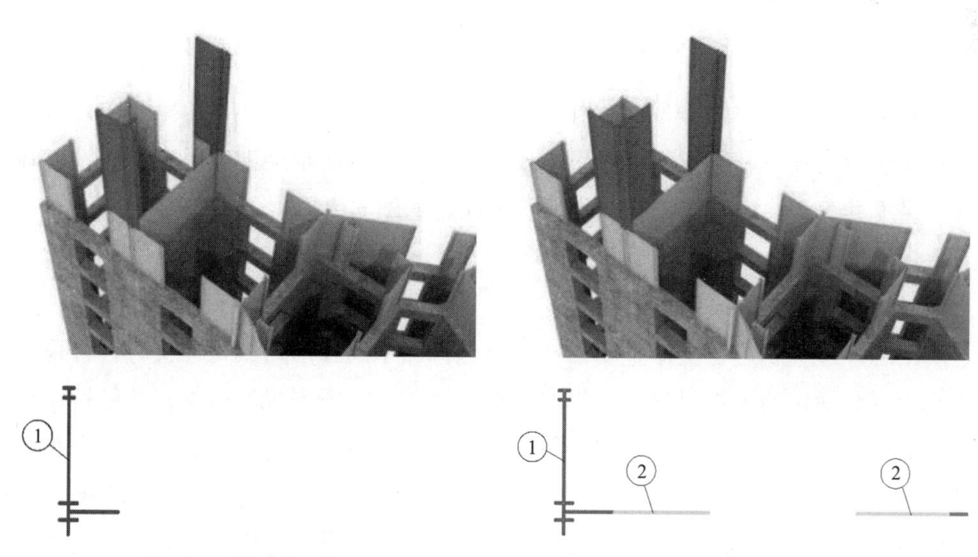

图 3.6-3　最不利单元钢板墙安装示意图（一）

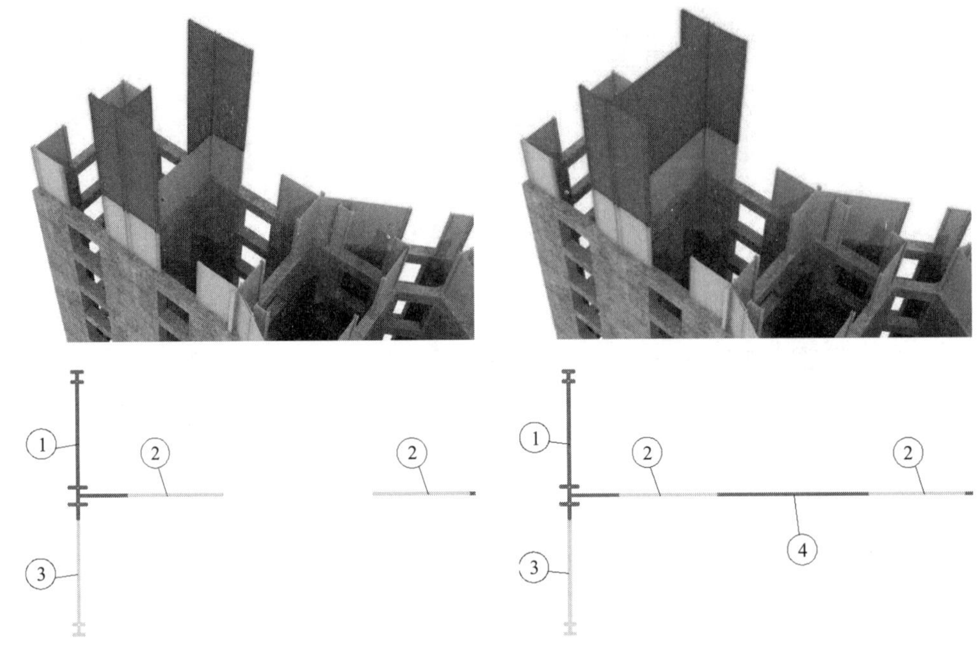

图 3.6-3　最不利单元钢板墙安装示意图（二）

5. 牛腿安装

（1）桁架牛腿吊装

伸臂桁架与核心筒部分钢板墙连接牛腿，随核心筒钢板墙一同在模架内完成安装施工。

（2）牛腿稳定措施

伸臂桁架钢板墙牛腿分段，由于牛腿部分重量较重，为增加其安装时的稳定性，在牛腿安装时增加临时支撑，支撑下端作用在下节钢板墙暗梁上，每个牛腿设置两个斜撑，保障其安全稳定，伸臂桁架牛腿稳定措施如图 3.6-4 所示。

6. 焊接施工

（1）焊接材料

所用的焊缝金属应与主体金属强度相适应，当不同强度的钢材焊接时，可采用与低强度钢材相适应的焊接材料。由焊接材料及焊接工序所形成的焊缝，其机械性能应不低于原构件的性能。手工焊接用焊条的质量标准应符合现行国家标准《非合金钢及细晶粒钢焊条》GB/T 5117 或《热强钢焊条》GB/T 5118 的规定。对 Q235 钢宜采用 E43 型焊条，对 Q345 钢宜采用 E50 型焊条；直接承受动力荷载、振动荷载或厚板焊接的结构应采用低氢型碱性焊条。自动焊接或半自动焊接采用焊丝或焊剂的质量标准应符合现行国家标准《埋弧焊用非合金钢及细晶粒钢实心焊丝、药芯焊丝和焊丝 - 焊剂组合分类要求》GB/T 5293、《埋弧焊用热强钢实心焊丝、药芯焊丝和焊丝 - 焊剂组

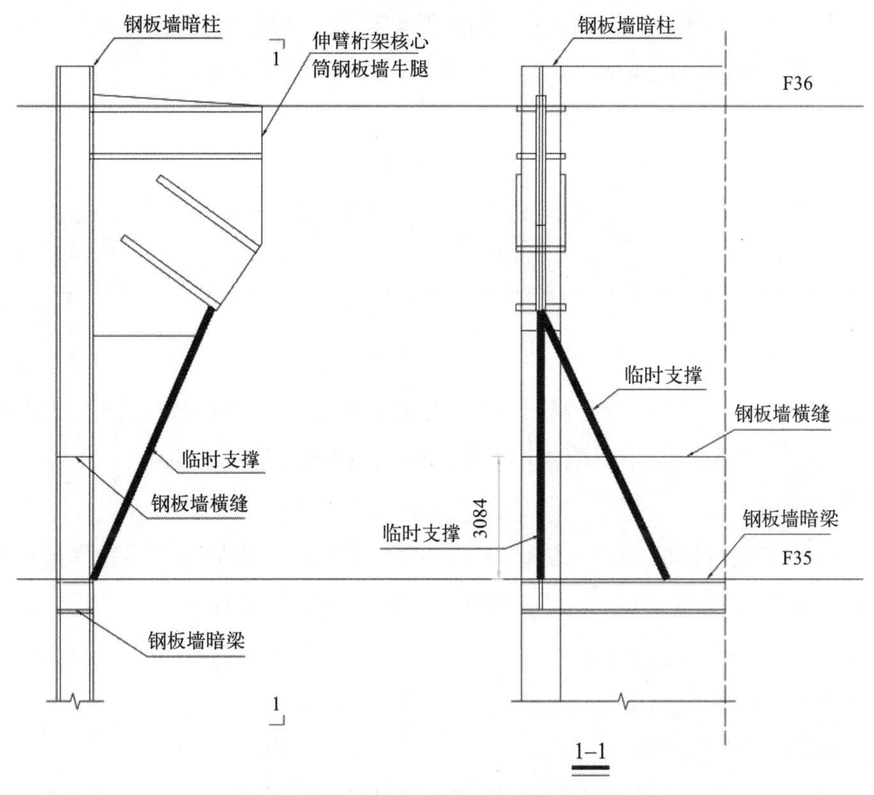

图 3.6–4　伸臂桁架牛腿稳定措施示意图

合分类要求》GB/T 12470、《熔化极气体保护电弧焊用非合金钢及细晶粒钢实心焊丝》GB/T 8110 等相应规范和标准的规定。

（2）焊接准备

1）焊前检查和清理

焊接前认真检查焊接部位的组装和表面清理的质量，如不符合要求，应修磨补焊合格后方能施焊，焊接坡口组装允许偏差值应符合设计和规范相关规定。

在施焊前，要认真清除坡口内和垫于坡口背部衬板的表面油污、锈蚀、氧化皮、水泥灰渣等杂物，确保焊接质量。

2）焊前预热

由于焊缝热输入大，在焊接时极易造成焊接收缩变形，所产生的焊接应力将造成不利因素，因此焊接作业应严格按施工前焊接工艺评定确定的焊接顺序和方法进行。在焊接过程中，焊前预热、层间温度控制和后热是保证焊接质量的关键。值得注意的是点焊前也需严格按照要求进行预热处理。

冬季焊接采用常规的火焰预热，焊前预热、焊后保温采用石棉布包裹保温。

3）层间温度控制

应保证焊接过程的连续性，不得无故停焊。如遇特殊情况应立即采取措施，达到施焊条件后，重新对焊缝进行加热，加热温度比焊前预热温度相应提高 20 ~ 30℃。焊缝温度控制及保温时间见表 3.6-1。

焊缝温度控制　　表 3.6-1

预热温度（℃）	层间温度（℃）	后热温度（℃）	保温时间（h）
100 ~ 120	110 ~ 220	250	4

4）焊接方法

焊缝采取薄层、多道进行焊接，单条焊缝长度大于 500mm 需采取分段退焊的焊接方法；每层、每道焊缝的焊道接头错开 50mm，避免焊缝缺陷集中。

5）焊缝后热

后热是为了进行消氢处理，防止冷裂纹的产生。焊后的加热方法和焊前预热方法相同，焊缝后热温度为 250℃，焊缝加热到规定温度后用石棉布包裹进行保温，保温时间不低于 4h。

7. 高强度螺栓安装施工

（1）钢结构高强度螺栓

高强度螺栓质量应满足国家现行标准《钢结构用扭剪型高强度螺栓连接副》GB/T 3632、《钢结构高强度螺栓连接技术规程》JGJ 82 等的相关规定。高强度螺栓连接的强度设计值、高强度螺栓的设计预应力值，以及高强度螺栓连接的钢材摩擦面抗滑移系数值，应符合现行国家标准《钢结构设计标准》GB 50017 的相关规定。

高强度螺栓施工主要包括：外框巨柱柱间支撑、环带桁架和伸臂桁架、主梁与次梁、钢筋混凝土核心筒与钢梁的连接。高强度螺栓连接规格和数量多，连接处腹板厚度变化较多，施工工况较为复杂。

（2）高强度螺栓保管

高强度螺栓保管要求主要包括以下几个方面：

1）高强度螺栓连接副应由制造厂按批配套供应，每个包装箱内都需配套装有螺栓、螺母及垫圈。包装箱应能满足储运的要求，并具备防水、密封的功能；包装箱内应带有产品合格证和质量保证书；包装箱外表面应注明批号、规格及数量。

2）在运输、保管及使用过程中应轻装轻卸，防止损伤螺纹；发现螺纹损伤严重、雨淋过的螺栓不应使用。工地储存高强度螺栓时，应放在干燥、通风、防雨、防潮的仓库内，不得损伤丝扣和沾染脏物。

3）高强度螺栓连接副应成箱在室内仓库保管，地面应有防潮措施，并按批号、规格分类堆放，保管、使用中不得混放；高强度螺栓连接副包装码放底层应架空，距地面高度大于 300mm，码高不超过三层。

4）使用前尽可能不要开箱，以免破坏包装的密封性；开箱取出部分高强度螺栓后也应原封再次包装好，以免沾染灰尘和锈蚀。

5）高强度螺栓连接副在安装使用时，应按当天计划使用的规格和数量领取；安装剩余的高强度螺栓装回干燥、洁净的容器内，妥善保管，不得乱放、乱扔。

6）在安装过程中，应注意保护螺栓，不得沾染泥沙等脏物和碰伤螺纹；使用过程中如发现异常情况，应立即停止施工，经检查确认无误后再进行施工。

7）高强度螺栓连接副的保管时间不应超过6个月；若保管周期超过6个月时，使用需按要求进行扭矩系数试验或紧固轴力试验，检验合格后方可使用。

（3）高强度螺栓性能检测

高强度螺栓和高强度螺栓连接副的额定荷载及螺母和垫圈的硬度试验，应在工厂进行；连接副紧固轴力的平均值和变异系数由厂方、施工方参加，在工厂确定。摩擦面的抗滑移系数试验，可由制造厂按规范提供试件后在工地进行，紧固轴力试验在现场随机抽取安装所用的高强度螺栓进行，高强度螺栓性能检测方法见表3.6-2。

高强度螺栓性能检测方法　　表3.6-2

序号	类别	试件	试验方法	注意事项
1	高强度螺栓连接摩擦面的抗滑移系数试验	二栓拼接拉力试件	1）先将冲钉打入试件孔定位，然后逐个装换成同批经预拉力复验的扭剪型高强度螺栓； 2）紧固高强度螺栓应分初拧、终拧。初拧应达到螺栓预拉力标准值的50%左右； 3）试件应在其侧面画出观察滑移的直线； 4）将组装好的试件置于拉力试验机上，试件的轴线与试验机夹具中心严格对中； 5）加荷，应先加10%抗滑移设计荷载值，停1min后，再平稳加荷，加荷速度为3～5kN/s。直至滑移破坏，测得滑移荷载	1）制造厂和安装单位应分别以钢结构制造批为单位进行抗滑移系数检验。制造批可按分部（子分部）工程划分规定的工程量每2000t为一批，不足2000t的可视为一批。 2）选用两种及两种以上表面处理工艺时，每种处理工艺应单独检验，每批三组试件。 3）试件钢板的厚度t_1、t_2应根据钢结构工程中有代表性的板材厚度来确定；宽度b可参照相关规定取值；L_1应根据试验机夹具的要求确定。 4）试件板面应平整，无油污，孔和板的边缘无飞边、毛刺。 5）抗滑移系数检验用的试件应由制造厂加工，试件与所代表的钢结构构件应为同一材质、同批制作、在同一环境条件下存放
2	高强度螺栓紧固轴力试验	现场安装用螺栓随机抽检	1）连接副预拉力采用经计量检定、校准合格的轴力计进行测试； 2）采用轴力计方法复验连接副预拉力时，应将高强度螺栓直接插入轴力计； 3）紧固螺栓分初拧、终拧两次进行，初拧应采用手动扭矩扳手或专用定扭电动扳手；初拧值应为预拉力标准值50%左右。终拧应采用专用电动扳手，至尾部梅花头拧掉，读出预拉力值	1）扭剪型高强度螺栓应在施工现场待安装的高强度螺栓批中随机抽取，每批应抽取8套高强度螺栓连接副进行复验； 2）试验用的电测轴力计、油压轴力计、电阻应变仪、扭矩扳手等计量器具，应在试验前进行标定，其误差不得超过2%； 3）每套高强度螺栓连接副只应做一次试验，不得重复使用； 4）在紧固中垫圈发生转动时，应更换连接副，重新试验； 5）复验高强度螺栓连接副的预拉力平均值和标准偏差应符合相关规定

（4）高强度螺栓孔检查和修复

高强度螺栓的安装应能自由穿入孔，严禁强行穿入。如不能自由穿入时，该孔应用铰刀进行修整，修整后孔的最大直径应小于 1.2 倍螺栓直径。为了防止铁屑落入板迭缝中，铰孔前应将四周螺栓全部拧紧，使板迭密贴后再进行，严禁气割扩孔。

高强度螺栓连接中连接钢板的孔径略大于螺栓直径，并应采取钻孔成型方法，钻孔后的钢板表面应平整、孔边无飞边和毛刺，连接板表面应无焊接溅物、油污等，高强度螺栓连接质量要求见表 3.6-3。

高强度螺栓连接质量要求　　表 3.6-3

<table>
<tr><th colspan="2">名称</th><th colspan="4">直径及允许偏差（mm）</th></tr>
<tr><td rowspan="2">螺栓</td><td>直径</td><td>10</td><td>18</td><td>20 ~ 30</td><td>33 ~ 50</td></tr>
<tr><td>允许偏差</td><td colspan="2">±0.18</td><td>±0.21</td><td>±0.25</td></tr>
<tr><td rowspan="3">螺栓孔</td><td>直径</td><td>11.5</td><td>20</td><td>22 ~ 32</td><td>35 ~ 52</td></tr>
<tr><td rowspan="2">允许偏差</td><td colspan="2">0.18</td><td colspan="2">0.25</td></tr>
<tr><td colspan="2">0</td><td colspan="2">0</td></tr>
<tr><td colspan="2">圆度（最大和最小直径之差）</td><td colspan="2">1</td><td colspan="2">1.5</td></tr>
<tr><td colspan="2">中心线倾斜度</td><td colspan="4">应不大于板厚的 3%，且单层板不得大于 2.0mm，多层板迭组合不得大于 3.0mm</td></tr>
</table>

（5）高强度螺栓安装

1）高强度螺栓整体安装顺序

高强度螺栓安装，应先用临时螺栓固定钢构件，而后用高强度螺栓替换临时螺栓，初拧并做好标识，再按对称顺序，由中央向四周终拧高强度螺栓，高强度螺栓整体安装顺序如图 3.6-5 所示。

第一步：临时螺栓固定钢构件

图 3.6-5　高强度螺栓整体安装顺序图（一）

第二步：用高强度螺栓替换临时螺栓，初拧并做好标识

第三步：按对称顺序，由中央向四周终拧高强度螺栓

图 3.6-5　高强度螺栓整体安装顺序图（二）

2）临时螺栓安装

①当构件吊装就位后，先用橄榄冲对准孔位（橄榄冲穿入数量不宜多于临时螺栓的 30%），在适当位置插入临时螺栓，然后用扳手拧紧，使连接面结合紧密。

②临时螺栓安装时，注意不要使杂物进入连接面。临时螺栓的数量不得少于本节点螺栓安装总数的 30% 且不得少于 2 个。

③螺栓紧固时，遵循从中间开始，对称向周围进行的顺序，不允许使用高强度螺栓兼作临时螺栓，以防损伤螺纹引起扭矩系数的变化。

④一个安装段完成后，经检查确认符合要求方可安装高强度螺栓。

3）高强度螺栓安装

①待吊装完成一个施工段，钢结构形成稳定框架单元后，开始安装高强度螺栓；

②扭剪型高强度螺栓安装时应注意方向，螺栓的垫圈安在螺母一侧，垫圈孔有倒角的一侧应和螺母接触；

③高强度螺栓穿入方向以方便施工为准，每个节点应整齐一致，临时螺栓待高强度螺栓紧固后再卸下；

④高强度螺栓的紧固应分两次进行；第一次为初拧，初拧紧固到高强度螺栓标准轴力（即设计预拉力）的 60% ~ 80%，高强度螺栓的初拧如图 3.6-6 所示；第二次紧

固为终拧，扭剪型高强度螺栓终拧时以梅花卡头拧掉为准，高强度螺栓的终拧如图3.6-7所示；

⑤初拧完毕的高强度螺栓，应做好标记以供确认；为防止漏拧，当天安装的高强度螺栓，当天应终拧完毕；

⑥初拧、终拧都应从高强度螺栓群中间向四周对称扩散的方式进行紧固；

⑦因空间狭窄，高强度螺栓扳手不宜操作的部位，可采用加高套管或用手动扳手安装；

⑧扭剪型高强度螺栓应以全部拧掉尾部梅花卡头为终拧结束的标识，不准遗漏。

图 3.6-6　高强度螺栓初拧

图 3.6-7　高强度螺栓终拧

4）临时螺栓安装注意事项

①临时螺栓的数量不得少于本节点螺栓安装总数的30%且不得少于2个；

②组装时先用橄榄冲对准孔位，在适当位置插入临时螺栓，用扳手拧紧；

③不允许使用高强度螺栓兼做临时螺栓，以防损伤螺纹引起扭矩系数的变化；

④一个安装段完成后，经检查确认符合要求方可安装高强度螺栓。

5）高强度螺栓安装注意事项

①构件加工、运输、存放时，应保证摩擦面的喷砂效果符合设计要求，安装前需进行检查，合格后方可进行高强度螺栓施工；

②高强度螺栓连接的钢构件之间，尽量不要使用垫板，不得随意扩孔，并严禁气割扩孔；构件间应对孔后再固定连接，以免加大孔径或损坏金属材料；

③一组高强度螺栓拧紧的次序应是：先中间，然后逐渐向四周扩展，逐个拧紧，同一处的高强度螺栓初拧和终拧的间隔时间不得大于24h；

④抗弯节点采用梁上、下翼缘焊接、腹板高强度螺栓连接的做法，安装顺序为：先进行腹板高强度螺栓的安装，终拧结束后再进行下翼缘的焊接，最后进行上翼缘焊接；

⑤安装前应对钢构件的摩擦面进行除锈；

⑥高强度螺栓穿入方向一致，并且品种规格要按设计要求进行安装；

⑦制作厂制作时在节点部位不应涂装油漆；

⑧雨天不得进行高强度螺栓安装，摩擦面上和高强度螺栓上不得有水及其他污物，并要注气候变化对高强度螺栓的影响；

⑨终拧检查完毕的高强度螺栓节点及时进行油漆封闭。

6）高强度螺栓安装施工检查

①指派专业质检员按照规范要求对整个高强度螺栓安装工作的完成情况进行认真检查，将检验结果记录在检验报告中；

②若采用的是扭剪型高强度螺栓，扭剪型高强度螺栓以达到终拧扭矩值为合格；

③高强度螺栓终拧后要保证有 2 ~ 3 扣的余丝露在螺母外圈；

④如果检验时发现高强度螺栓紧固强度未达到要求，则需要检查拧固该高强度螺栓所使用的扳手的拧固力矩（力矩的变化幅度在 10% 以下视为合格）；

⑤扭矩检查应在终拧 1h 以后进行，并且在 24h 以内检查完毕；

⑥扭剪型高强度螺栓安装检验应在终拧后 1 ~ 48h 之间完成；

⑦高强度螺栓连接副和摩擦面的抗滑移系数检验按现行行业标准《钢结构高强度螺栓连接技术规程》JGJ 82 进行；

⑧高强度螺栓连接施工质量应有原始检查验收记录，包括高强度螺栓连接副复验数据、抗滑移系数试验数据、初拧扭矩值、终拧扭矩值等。

（6）高强度螺栓施工质量保证措施

①雨天不得进行高强度螺栓安装，摩擦面上和高强度螺栓上不得有水及其他污物；

②钢构件安装前应清除飞边、毛刺、氧化铁皮、污垢等，已产生的浮锈等杂质，应用电动角磨机刷除；

③雨后作业，用氧气、乙炔火焰吹干作业区连接擦面；

④高强度螺栓不能自由穿入螺栓孔位时，不得硬性敲入，用绞刀扩孔后再插入，修扩后的螺栓孔最大直径不应大于 1.2 倍高强度螺栓公称直径，扩孔数量应征得设计单位同意；

⑤高强度螺栓在孔内不得受剪，穿入后及时拧紧；

⑥初拧时用油漆逐个做标记，防止漏拧；

⑦扭剪型高强度螺栓的初拧和终拧由电动剪力扳手完成，因构造要求未能用专用扳手终拧高强度螺栓改由亮灯式的扭矩扳手来控制，确保达到要求的最小力矩；

⑧扭剪型高强度螺栓以梅花头拧掉为合格；

⑨拆下来的高强度螺栓不得重复使用；

⑩制作厂制作时在节点部位不应涂装油漆；

⑪若构件制作精度相差过大，应现场测量孔位，更换连接板。

3.7 超高泵送关键技术

3.7.1 技术概述

商品混凝土采用泵送施工已广泛用于建筑工程中。但对于高度大于300m的超高层建筑混凝土泵送，因泵送压力过高，所用混凝土强度高、黏度大，泵送尤其困难，给施工带来一系列难题。随着泵送混凝土技术的迅猛发展和普及推广，研究高强度混凝土的超高泵送技术，对于提高超高层建筑施工质量及施工效率具有重要的实用价值和经济意义。超高层建筑混凝土泵送过程中，使用的主要设备就是混凝土泵，其输送能力主要受限于混凝土出口压力、机械设备工作效率两个方面。混凝土出口压力是保证其泵送高度的重要参数，主要通过控制机械设备的输出功率及其他附属设备来保证混凝土泵送总量，只有保证机械设备的输出功率和其他附属设备的安全稳定，才能保障超高层建筑混凝土泵送的顺利施工。

对于超高层建筑来说，可通过超高压混凝土输送泵来解决混凝土泵送问题。超高压混凝土输送泵出口压力可达35MPa，功率达到546kW，理论泵送高度超过700m，能有效保证超高层建筑混凝土高效泵送。在进行超高层建筑混凝土泵送过程中，一般采用两套泵进行施工，以保证工程建设的连续性，避免出现因设备故障引起的质量问题和经济损失，同时提高混凝土泵送效率。

该技术适用于超高层建筑混凝土的泵送施工。

3.7.2 工艺流程

超高层建筑混凝土泵送施工工艺流程主要包括：隐蔽验收→地泵试运行→混凝土进场→浇结合砂浆→混凝土浇筑、振捣→养护及拆模施工。

3.7.3 技术要点

1. 泵管布设

在泵管布设前，要设计合理的管道布设基础、管道线路走向等。一般情况下，可适当增加弯曲管道，降低垂直管道在全部管道中的占比。当泵送高度超200m时，可在高空布置弯曲管道来抵消混凝土自身重量产生的反压力差，同时为解决混凝土泵送过程中管路振动的问题，在管路沿线使用专用的U形固定器来进行固定。

在泵管内加入一定的水，然后逐步泵送纯水泥稀浆、砂浆、混凝土，顺利将其泵送至指定位置。混凝土泵送即将结束时，需预估管道内残留混凝土方量，合理回收利用。泵管长度与混凝土量的关系可参考表3.7-1中参数。

泵管长度与混凝土量的关系　表 3.7-1

序号	项目	参数		
1	泵管管径（mm）	100	125	150
2	每 100m 泵管内的混凝土量（m^3）	1.0	1.5	2.0
3	混凝土泵管长度（m/m^3）	100	75	50

2. 泵送设备选型

混凝土泵管直径越小，混凝土在泵送过程中所受到阻力、压力就会越大；管道直径越大，管道的抗爆能力就越差；同时，由于混凝土在管道内停留时间长，也会影响混凝土性能。一般情况下，超高层建筑混凝土泵送选用直径为 125mm 的泵管。

（1）混凝土泵机。根据工作原理、理论输送量、分配阀、驱动方式等，可将混凝土泵机类型划分如表 3.7-2 所示。具体根据工程实际情况，如浇筑工程量、浇筑进度、混凝土坍落度等因素，合理选择混凝土泵机。

混凝土泵机类型　表 3.7-2

序号	划分依据	泵机类型
1	工作原理	活塞式（液压传动式、机械传动式）
		水压隔膜式
		挤压式
2	理论排量	超小型泵机（10 ~ 20m^3/h）
		小型泵机（30 ~ 40m^3/h）
		中型泵机（50 ~ 95m^3/h）
		大型泵机（100 ~ 150m^3/h）
		超大型泵机（超过 160m^3/h）
3	分配阀	S 管阀
		C 管阀
		闸板阀
		裙阀
		蝶形阀
4	驱动方式	柴油机驱动
		电动机驱动
5	移动方式	固定式泵机
		拖式泵机
		车载式泵机
6	出口压力	低压（2.1 ~ 5.1MPa）
		中压（6.1 ~ 9.15MPa）
		高压（10.1 ~ 16.1MPa）
		超高压（超过 22.1MPa）

（2）混凝土泵管选型。混凝土泵管是混凝土泵送的重要媒介。超高层建筑泵送施工时，泵管长度往往较长，且对其耐磨性要求相对较高，要防止高强度高性能混凝土泵送时出现爆裂问题。目前，我国超高层建筑混凝土施工运用较多的泵管有电焊钢管、高压无缝钢管。结合工程实践，混凝土泵车相连位置、底部泵管，可选用内部为螺旋纹式的泵管，可有效避免堵管问题。超高层建筑混凝土泵送施工压力较大，泵管连接以法兰夹密封圈为主，确保密封效果良好。

3. 混凝土配合比

根据工程建设要求进行混凝土配制，可以通过优化水灰比、控制材料的颗粒级配、掺入适量的外加剂等手段控制混凝土强度、耐久等性能。一般需考虑以下问题：

（1）水泥用量。超高层建筑混凝土泵送过程中，水泥用量要考虑混凝土强度、可泵性；若水泥用量少，无法保证建筑物强度要求；若水泥用量大，导致混凝土黏性增大，产生泵送阻力大，影响泵送过程。

（2）粗骨料的选用。超高层建筑混凝土泵送的过程中，若选用直径较大的粗骨料，很容易堵塞泵管；而粗骨料的质量也非常重要，常规作业过程中粗骨料直径与管径比要小于 1/3，且粗骨料不得有尖锐棱角。

（3）外加剂的选择。工程建设过程中需要在混凝土中掺入合适的外加剂，以达到设计使用要求；而对于外加剂的选择、使用要严格依照相关标准规范进行，避免因为外加剂的问题导致混凝土质量不达标。

4. 现场施工控制

超高层建筑混凝土泵送施工相对复杂，各环节紧密相连，在施工前需把握好各个施工要点，并落实现场施工控制工作。

（1）泵送组织管理。超高层建筑混凝土泵送，应制定专项施工方案，落实相关组织管理工作，采取“定人定岗”制度，派专人落实质量、安全监控工作，保证泵送作业顺利完成。

（2）混凝土配合比优化。落实混凝土配合比分析试验，判断混凝土是否达到泵送要求；若不达标，可适当优化配比，直至混凝土工作性能满足施工要求，具有较好的流动性，可顺利泵送到指定位置。

（3）泵送过程控制。超高层建筑混凝土泵送步骤主要为：泵少量水→泵送纯水泥稀浆→泵送砂浆→泵送混凝土。施工时需严格根据项目具体情况布管，减少软管、弯管，提前规划好混凝土泵管走向、位置；保持混凝土泵送连续性，混凝土到达施工现场后，检测合格后方可泵送；泵送过程中，泵送速度由慢到快，一旦发现泵机速度过快、泵管剧烈晃动等情况，应停止施工，查明原因；泵送因故中断后，泵机每隔 15min 正反泵运行，防止混凝土凝固。

（4）混凝土温度控制与养护。超高层建筑混凝土泵送施工时，混凝土温度不宜过高，

否则不利于泵送施工的正常开展，可沿泵管洒水、包裹湿麻袋，降低入模温度；落实混凝土保湿、保温、养护工作，养护时间不少于14d。

5. 质量标准及保护措施

（1）结构混凝土的强度等级应符合设计要求。用于检查结构构件混凝土强度的试件，在混凝土浇筑地点随机抽取。取样与试件留置符合下列规定：

1）每拌制100盘且不超过100m^{3}的同配合比混凝土，取样不得少于一次；

2）每工作班拌制的同一配合比混凝土不足100盘时，取样不得少于一次；

3）当一次连续浇筑超过1000m^{3}时，同一配合比混凝土每200m^{3}取样不得少于一次；

4）每一楼层、同一配合比混凝土，取样不得少于一次；

5）每次取样至少留置一组标准养护试件，同条件养护试件的留置组数根据实际需要确定；

6）检验方法：检查施工记录及试件强度试验报告；

（2）对有抗渗要求的混凝土结构，其混凝土试件在浇筑地点随机取样。同一工程、同一配合比的混凝土，取样不少于一次，留置组数根据实际需要确定。

（3）混凝土运输、浇筑及间歇的全部时间不超过混凝土的初凝时间。同一施工段的混凝土连续浇筑，并在底层混凝土初凝之前将上一层混凝土浇筑完毕。当浇筑上一层混凝土时下一层混凝土达到初凝，按施工技术方案中施工缝的要求进行处理。

（4）现浇结构外观质量不允许有严重缺陷。对已经出现的严重缺陷，由施工单位提出技术处理方案，并经监理（建设）单位认可后进行处理。对经处理的部位，重新检查验收。

（5）现浇结构不允许有影响结构性能和使用功能的尺寸偏差，混凝土设备基础不允许有影响结构性能和设备安装的尺寸偏差。对超过尺寸允许偏差且影响结构性能和安装、使用功能的部位，由施工单位提出技术处理方案，并经监理（建设）单位认可后进行处理。经处理的部位，重新检查验收。

6. 保证措施

（1）人的控制。配齐人员，严格实行分包单位的资质审查；坚持作业人员持证上岗，加强对现场管理和作业人员的质量意识教育及技术培训。严格遵守现场管理制度和生产纪律，规范人的作业技术和管理活动行为；与施工队伍及时沟通，进行奖罚措施。

（2）材料设备的控制。商品混凝土要有出厂合格证，混凝土所用的水泥、骨料、外加剂等应符合规范及有关规定，使用前检查出厂合格证及有关试验报告。

（3）施工设备的控制。合理计算混凝土泵的输送能力，选择合适的塔式起重机，施工过程中配备专门操作人员并加强维护。

（4）施工方法的控制。混凝土的施工严格按照方案进行。

（5）环境的控制。做好抵抗外力因素的各项措施，严格按照公司规章制度管理队伍和为施工队伍提供安全的劳动作业环境。

3.8 轻量化液压顶升模架施工关键技术

3.8.1 技术概述

轻量化液压顶升模架系统由主立柱支撑组件、钢桁架及顶部平台组件、悬挂模板组件，悬挂脚手架组件及连接件组成；主要用于竖向墙体结构施工及安全防护，其示意图如图 3.8-1 所示。主立柱组件分悬臂支撑结构和空间桁架附着支撑结构，悬臂支撑结构的主立柱组件主要包括顶升油缸、支腿、支腿桁架或支腿箱梁、导向腿、立柱与桁架连接的顶托等；空间桁架附着支撑结构的主立柱组件主要包括顶升油缸，附着连接件，附着支撑桁架，支撑立柱等。桁架组件包括主桁架，次桁架等。桁架的上弦上部设置完整的工作平台，桁架的下面吊有模板及内外挂架（模板装拆及钢筋绑扎的工作平台）。自爬时，桁架支腿支在墙顶上，主立柱上的导向腿收回，主立柱自爬到上层墙顶。经绑扎钢筋、拆模、顶升、合模、浇筑混凝土完成竖向混凝土结构施工工序，而后自爬；重复同样的过程，在不用塔式起重机的条件下实现模板的垂向施工。顶升自爬模板体系包括钢桁架系统、支撑与顶升系统、挂架与安全防护系统以及模板系统。

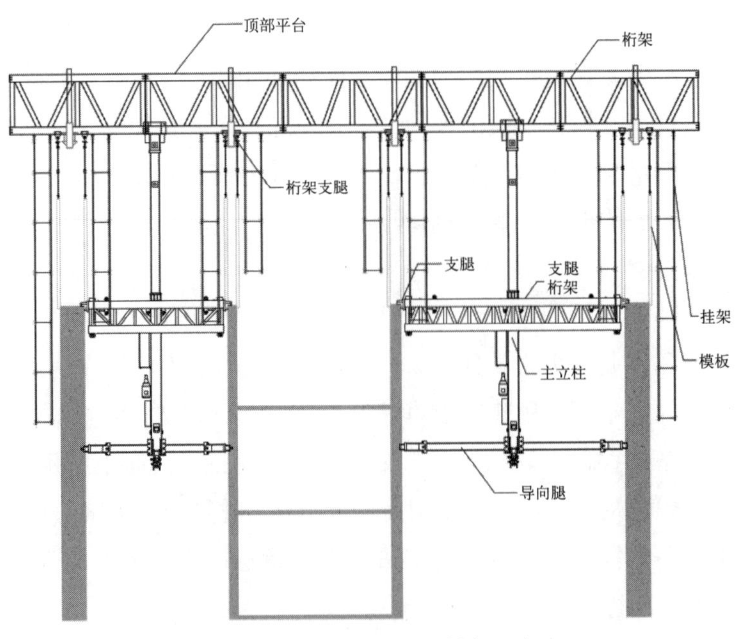

图 3.8-1　轻量化液压顶升模架示意图

核心筒剪力墙悬挂大模板下挂于顶升模架桁架系统悬挂大模板合模整体效果如图 3.8-2 所示，并随轻量化液压顶升模架的顶升而同步提升至上一层核心筒剪力墙施工的模板标高位置，省去了人工运输与支设模板的工作。待轻量化液压顶升模架顶升到位、核心筒剪力墙悬挂大模板到达规定标高位置后，可直接进行合模与固定模板的工作。

图 3.8-2　悬挂大模板合模整体效果图

超高层建筑核心筒剪力墙通常采用大钢模板或钢框木模板体系。钢框木模板具有用钢量少、自重较轻、成型质量优良、标准化分块设计、局部可调整、修理成本低等优点，配合高强钢背楞和标准化固定卡具进行合模、加固，操作简便、高效，适应性强。图 3.8-3 为高强钢背楞整体加固图，图 3.8-4 为标准化固定卡具固定图。

图 3.8-3　高强钢背楞整体加固图

图 3.8-4　标准化固定卡具固定图

剪力墙结构传统浇筑施工中，通常采用直型串筒或布料机直接浇筑，浇筑混凝土时无法进行钢筋绑扎作业，同时绑扎一层核心筒钢筋需 4d，按照钢筋施工、合模、浇筑混凝土的正常工序，一个标准层施工需 7 ~ 8d。轻量化液压顶升模架系统的钢筋板扎与混凝土浇筑，采用顶部平台混凝土液压布料机 + Z 形串筒的混凝土浇筑组合。创新设计 Z 形串筒，合理设置管道直径与弯管角度，直接在平台上部开洞后将串筒穿入平台洞口，串筒筒身位于剪力墙侧壁，筒身上半部分避开模板悬挂梁，不受顶平台预留洞口净宽影响，在拟浇筑混凝土的墙顶 1.5m 以下设置 Z 形转向头，将混凝土引流至剪力墙内。不影响钢筋绑扎，实现钢筋绑扎穿插进行，每层钢筋占用时间由原来的 5d 减少到 1d，核心筒剪力墙由每月完成 3 层提高到每月完成 5 层以上。该技术适用于核心筒—框架结构形式的超高层建筑核心筒混凝土墙体施工（图 3.8-5 ~图 3.8-8）。

图 3.8-5　Z 形串筒 BIM 设计和现场实景对比图

图 3.8-6　顶平台液压布料机

图 3.8-7　混凝土进入串筒

图 3.8-8　混凝土串筒浇筑

3.8.2　工艺流程

轻量化液压顶升模架系统施工工艺流程主要为：剪力墙钢筋绑扎完成→剪力墙及预埋件验收→模板下口支撑及槽钢找平安装→剪力墙水平钢筋调整→悬挂式大模板位置调整→ PVC 套管及对拉螺杆就位检查→模板校正及固定卡具加固→模板验收→剪力墙混凝土浇筑。超高层建筑核心筒标准层整体施工工艺流程如图 3.8-9 所示。

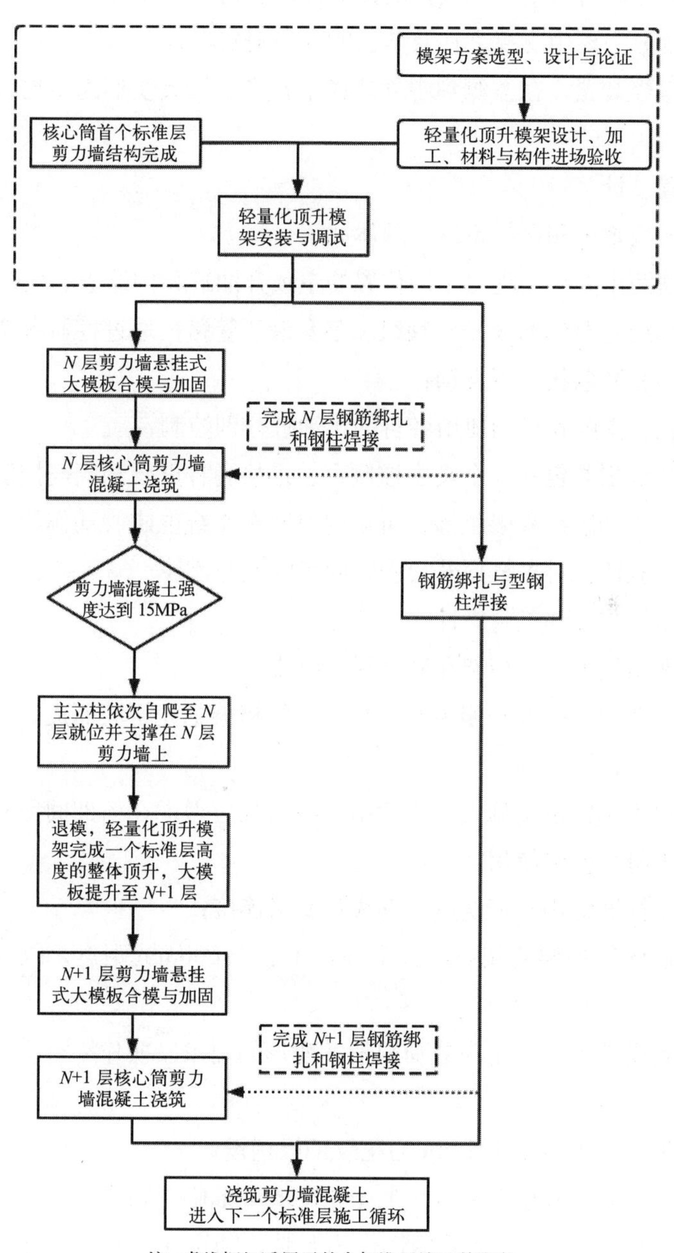

注：虚线框仅适用于首个标准层施工前准备

图 3.8-9　超高层建筑核心筒标准层整体施工工艺流程图

3.8.3 技术要点

1. 主立柱系统设计

（1）主立柱包括顶升、自爬、支撑及导向功能；

（2）支撑部分主要由支撑立柱及其上的支腿实现；支撑立柱采用方管；

（3）顶升与自爬部分主要由长行程顶升油缸顶托以及同步控制系统实现；

（4）支撑立柱内管与桁架连接，支撑立柱外管与支腿连接；

（5）导向部分主要由支撑立柱及其上的导向腿实现；

（6）设置报警装置，在监测到主立柱或平台产生较大变形或不均匀沉降时，进行实时报警。

2. 顶升装置设计

主要包括液控系统和电控系统，具体如下：

（1）通过这两个系统实现对不同位置的主顶升油缸和伸缩小油缸的联动控制；

（2）液控系统主要包括泵站、阀组和整套液压管路，通过控制各个阀的动作控制整个系统的动作和紧急状态下自锁；

（3）主立柱、支腿和导向腿由各自的小油缸分别控制；

（4）电控系统主要包括一个集中控制台、连接各种电磁闸阀与控制台数据线、主缸行程传感器、小油缸行程限位等，可实现对整个系统电磁阀动作的控制与监控，对主缸顶升压力的监控、对主缸顶升行程的同步控制与监控。

3. 钢桁架系统与顶部平台设计

（1）钢桁架系统由平台桁架和操作平台组成；

（2）主次桁架均由标准长度为 6m 或 12m 的桁架单元拼装而成，其组装后长度由建筑结构尺寸决定；

（3）为了便于构件吊装施工，主次桁架的布局应考虑在桁架间留有足够的操作空间和设施及施工材料安装使用空间；

（4）应采用标准结构对桁架进行直线和交叉连接；

（5）建筑墙体与外架的相应部位也预留不小于 600mm 距离，以便进行模板拆除及清理工作；

（6）考虑到操作平台有集中载荷限值及变形的要求，操作平台支撑支点数应满足施工荷载和结构要求；

（7）操作平台采用不小于 2mm 的花纹钢板铺设；

（8）操作平台外围应设置高度不低于 1200mm 的临边防护；

（9）操作平台底部使用 12 号槽钢作为龙骨，铺设在桁架上，并使用可靠的连接方式与桁架连接；龙骨间距不大于 900mm；

（10）操作平台操作口分别避开建筑物墙、柱、梁和特殊要求的施工设施和机具；

（11）操作平台每个操作口设置不低于1200mm的防护栏杆；

（12）操作平台顶部严格划分施工区域，集中堆载区和设备设施放置区的龙骨需加强，并进行强度和稳定性验算；

（13）钢桁架系统是模板、挂架以及施工机械、材料的附着物，因此应具备足够的强度与可靠性。

4. 模板与挂架悬挂系统设计

（1）轻量化液压顶升模架系统的主要自重载荷来自模板和挂架自重；大模板系统多采用钢模板和组合钢框木模板等，挂架系统则作为核心筒剪力墙操作平台；

（2）模板和挂架的载荷应使用可靠连接方式与钢平台连接；

（3）模板、挂架连接件的强度、稳定性及可靠性应满足施工要求；

（4）应根据工程特点和使用环境，计算风荷载；验算连接螺栓和螺栓连接处建筑结构的承载力；

（5）模板悬挂装置应选用钢铰链或圆钢连接，连接需有可靠的水平调节能力；

（6）模板悬挂装置应保证不小于2.5t的承载能力；

（7）模板悬挂装置设置间距不应大于4000mm；

（8）防护网可选用钢丝网或钢板网；使用钢丝网时，网孔切圆半径不应大于20mm；使用钢板网时挡风系数应大于0.5；

（9）挂架应设置不小于三道水平防护层，底部应设置翻板，以确保高空坠物的有效拦截；

（10）挂架上可设置爬梯，爬梯宽度不宜超过900mm；

（11）挂架立杆应与平台桁架有可靠的连接。

5. 轻量化液压顶升模架安装与调试

轻量化液压顶升模架的现场安装顺序为：主立柱系统→大模板系统→桁架与挂梁系统→悬挂脚手架系统→顶部平台及设备就位（图3.8-10～图3.8-15）。

（1）轻量化液压顶升模架制作和安装宜采用在加工厂内“小模块拼装”并运输至现场，在施工现场根据模架设计完成“大模块拼装”及吊运安装到位。

（2）轻量化液压顶升模架安装顺序应符合下列规定：

1）各系统应根据传力路径及相互支撑关系顺次安装；

2）模板系统宜先于顶部平台系统安装；

3）挂架应后于顶部平台框架安装。

（3）轻量化液压顶升模架安装应具备以下要求：

1）现场施工人员及组织机构应符合专项方案的要求。

2）主立柱上下支腿桁架表面高差不应大于10mm；支腿桁架应垂直于建筑结构外

表面，其平面中心误差应小于 10mm。

3）现场应设置安装平台，安装平台应有保障施工人员安全的防护措施。安装平台的水平精度和承载能力应满足架体安装的要求；高度偏差应小于 20mm，水平支承底平面高差应小于 20mm。

4）现场应配备安装机械工具、电工工具和机电设备，并应检查合格。

5）进场材料与设备的规格与数量满足要求，查验产品质量证明文件、材质检验报告等资料。

6）主立柱支腿处结构混凝土同条件养护试块强度应满足设计要求，并不应低于 13MPa。

（4）轻量化液压顶升模架在安装前宜根据现场结构实际尺寸采用 BIM 技术进行数字化预拼装。

图 3.8-10　主立柱吊装图

图 3.8-11　大模板系统安装就位图

图 3.8-12　桁架与挂梁系统安装图

图 3.8-13　悬架脚手架系统安装图

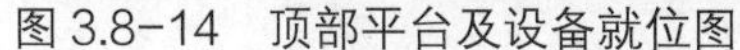

图 3.8-14　顶部平台及设备就位图

图 3.8-15　轻量化液压顶升模架成型效果图

6. 轻量化液压顶升模架的运行

（1）轻量化液压顶升模架主立柱自爬与支撑

混凝土剪力墙第 N 层浇筑完成并达到轻量化液压顶升模架支撑强度后，即可开始主立柱依次自爬并支撑在第 N 层剪力墙的操作。首先放下桁架系统内的临时支撑主液压立柱，并使其支承整个轻量化液压顶升模架重量。然后依次收回各主立柱支撑桁架前端支腿并完成自爬，临时支撑主立柱完成自爬示意图见图 3.8-16；在各主立柱由第 $N-1$ 层自爬至第 N 层剪力墙顶后，分别伸出支撑桁架前端支腿，使其稳定支撑在第 N 层剪力墙上。此时由主立柱系统支承整个轻量化液压顶升模架的重量，并收回临时支撑主立柱，完成一个标准层的主立柱自爬工作主立柱支撑在剪力墙，收起临时支撑立柱如图 3.8-17。

图 3.8-16　临时支撑主立柱完成自爬

图 3.8-17　主立柱支撑在剪力墙上，收起临时支撑立柱

（2）轻量化液压顶升模架顶升

1）顶升准备

①轻量化液压顶升模架顶升前，应对凸出墙面物体和装备上的垃圾进行清理；

②轻量化液压顶升模架在每次顶升前应对主立柱爬升系统进行检查，检查内容应包括下列内容：

a. 主立柱的垂直度与爬升孔的完好情况，主立柱四个方向垂直度偏差均小于10mm；

b. 主立柱上下支腿深入墙体预留洞深度情况；上桁架牛腿与预埋垫板接触紧密，完全伸入预埋钢板，并与墙顶紧；立柱下桁架牛腿完全伸入预埋钢板内，且与剪力墙顶紧；

c. 液压顶升系统的完好情况，设备运行是否正常；单立柱压力传感器正常，超过主立柱额定顶升力时自动锁死；顶升过程立柱间相对高差超过 20mm，液压系统自动停机；液压系统保护性停机后，人工干预需具有授权识别功能；油压线路无钩挂；

d. 电控系统的完好情况，电控箱发布主立柱千斤顶与桁架牛腿伸缩命令能够顺利运行且正常控制；液压油进出方向正确。控制器电缆长度充足，线路无钩挂；

e. 立柱垂直度，立柱四个方向垂直度偏差均小于 10mm；

③轻量化液压顶升模架在每次顶升前应对挂架系统进行检查，检查内容如下：

a. 所有挂架全部翻起（逐层检查）；

b. 门洞口临时通道处搭设的临时设施已拆除并固定；

c. 挂架、挂梯所有附墙已与剪力墙脱离，顶升过程不与墙体发生碰撞；

④轻量化液压顶升模架在每次顶升前应对模板系统进行检查，检查内容应包括下

列内容：

a. 检查、清理所有对拉螺杆孔，确保螺杆无残留、不突出墙面；

b. 所有模板脱离墙面，确保与剪力墙不钩挂；

c. 连梁部位散拼模板与大模板脱离，确保顶升过程无钩挂；

d. 连梁底模支撑架横杆确定不影响模板、挂架顶升；

e. 模板支设过程中所有辅助物清理，确保不影响顶升，不脱落；

f. 机电管不能伸入挂架内；

⑤轻量化液压顶升模架在每次顶升前应对顶平台系统进行检查，检查内容应包括下列内容：

a. 顶升前顶平台不得堆载钢筋等大宗材料；

b. 外圈走道禁止堆料，内部防护栏杆周边材料固定牢固，避免滑落；

c. 顶升期间通顶平台的施工电梯自平台以下 3 层高度禁止运行；

d. 混凝土泵管与下层立管接头松开，平台泵管固定牢固，避免坠落，泵管及其支架的预留预埋完成，并验收通过，确保对顶升无影响；

e. 核心筒劲性柱、劲性梁突出耳板、连接板与平台无碰撞、无冲突；

f. 电梯与平台连接，顶升前电梯加节已完成且检查合格，平台位置与下层相差小于 20mm；

g. 塔式起重机与平台连接，塔式起重机与平台间通道已拆除；

⑥轻量化液压顶升模架顶升前，现场各相关管理人员根据责任分工和检查情况，并签字确认后才能进行顶升操作。

2）顶升过程

采用流控技术控制液压顶升系统时，顶升过程应符合下列规定：

①各责任人应明确监护区域，并应检查各重点区域；

②隔离底部翻板应离墙 50mm，顶平台系统、挂架系统、模板系统应无异物钩挂，模板捯链链条应无钩挂；

③液压控制系统操作员应通过触控屏操作、监控液压设备运转情况，其他监护人员应监控墙面、已绑扎的钢筋墙与内外架体、大模板、挂架、附墙滚轮之间的相对运行情况；

④主立柱支腿应搁置良好，受力应对称、平稳，无偏转、歪斜等现象；

⑤当核心筒外墙面有凸出钢结构牛腿时，应将外挂架的挂架打开，并对洞口进行临时围护；待架体通过钢牛腿后，应关闭、恢复挂架至原位；

⑥内、外挂架翻板应保持密封，附墙滚轮应顶紧墙面；

3）顶升结束检查

采用流控技术控制液压顶升系统时，顶升结束检查应符合下列规定：

①内外挂架系统翻板应关闭，翻板螺栓应拧紧，翻板与墙体、翻板与翻板之间应无缝隙；

②轻量化液压顶升模架爬升、安全维护完成后，应拆除安全警戒线，恢复使用状态；

③各液压泵站电源应逐级关闭，并应对液压顶升区域的门窗进行关闭、上锁；

④底部竖向支撑限位装置受力应均匀，位置应正确；

⑤轻量化液压顶升模架各受力节点构件应无裂纹、无变形、无松动；

⑥内外吊脚手安装节点应无变形、无松动、无破损，附墙滚轮应顶紧墙面；

⑦顶平台系统、挂架系统与施工电梯应可靠连接；

⑧轻量化液压顶升模架与塔式起重机之间走道应可靠连接；

⑨在轻量化液压顶升模架完成顶升、大模板系统同步提升至 N+1 层规定标高并检查合格后，即可进入 N+1 层核心筒剪力墙结构施工的流水循环作业中。

在整个超高层建筑核心筒剪力墙结构采用轻量化液压顶升模架施工的流水循环中，除轻量化液压顶升模架顶升过程中需要现场施工人员暂时离开现场外，其他时间均可在现场进行钢筋绑扎和焊接钢构件作业，且不影响其下部合模、固定模板和浇筑混凝土等施工作业，大大提升了超高层建筑核心筒剪力墙结构施工的速度和效率。

第 4 章　机电工程施工关键技术

在过去的几十年里，我国超高层建筑机电工程已经形成了一个十分庞大的专业系统，采用了大量的新技术、新材料、新设备；这些技术不仅提高了机电工程的施工效率，同时也增加了建筑产品的舒适性与安全性。在新一代信息技术驱动下，机电工程与信息化技术、工业化技术和绿色技术相结合，通过以工程全生命周期系统化集成设计、精益化生产施工为主要手段，整合工程全产业链、价值链和创新链，实现工程建设高效益、高质量、低消耗、低排放。本章从竖井管线安装及施工、机电系统工厂化预制及安装、消防系统调试等方面总结介绍超高层建筑主要机电工程关键技术。

4.1 竖井管线安装及施工关键技术

4.1.1 技术概述

机电工程竖井区域主要是架设竖井立管，实现暖通、给水排水、供电、通信等管线布置。暖通与排烟风井通过立管向各个楼层送风、排风或排烟，给水立管可完成每个楼层日常用水的供给，排水立管可排出每个楼层的废水与污水，通过竖向桥架完成每个楼层供电以及信号的传输。布置竖井立管时需要统筹整个建筑楼层。

（1）安装空间、检修空间。例如管井内管道采取焊接方式时，需要考虑焊接操作是否方便，还需要考虑阀门和仪表的安装空间是否满足；竖井内需要留出工作人员活动空间，保证每根管道都可以检修。

（2）管道穿楼板处加套管。套管一般要大于立管管径两号。立管管道需要定位准确，定位不准会造成预埋件的位置产生偏差，给施工带来不便，造成不必要的返工，增加成本。

（3）排布合理。如部分系统立管分为高区立管与低区立管，高区立管排布在竖井里侧，低区立管排布在竖井外侧，这样有利于平层支管出入管井。

（4）支架合理美观、安装简单。例如管井中的部分系统立管随着液体或者气体供应量的变化管径也会发生变化；为了使支架安装做到各楼层一致，且不影响其他立管及支架的安装，可以采用偏心变径，使管道偏一侧安装。

（5）利用 BIM 技术绘制机电专业竖向管道及水管井结构模型，将模型整合，对竖井管线进行综合排布，确定每一根管道的点位及路由，避免返工及施工失误。

4.1.2 工艺流程

机电工程竖向管道井（简称“竖井”）安装及施工工艺流程如图 4.1-1 所示。

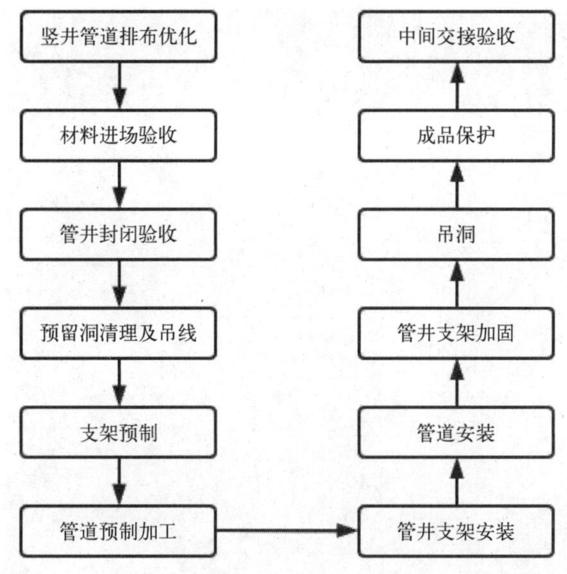

图 4.1-1　机电工程竖向管道井安装及施工工艺流程图

4.1.3　技术要点

4.1.3.1　竖井支架安装

（1）主体结构在施工时，竖向管道井垂直度可能存在偏差，所以一般采用可调节综合支架形式，如图 4.1-2 采用的牛腿加横担支架的形式；

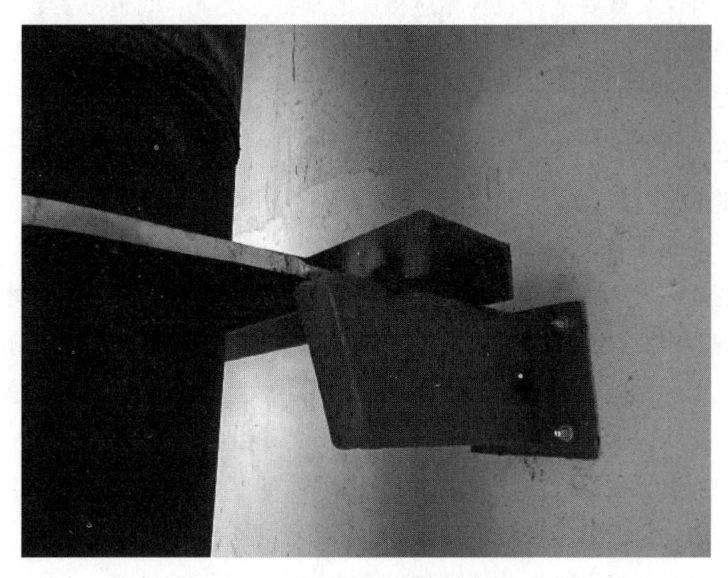

图 4.1-2　牛腿加横担支架图

（2）空调水的温度会导致空调管道热胀冷缩，所以空调冷热水管道的支架采用固定支架加活动支架的形式，如图 4.1-3 所示。

图 4.1-3　空调冷热水管道支架固定形式图

4.1.3.2　铸铁管道安装

排水铸铁管道的重量较大，且现场要求管道分段安装。为防止管道脱落，管道采取从底向上递推式安装，把管道的重量分解到承重支架上。排水立管每隔 40m 应安装承重支架，确保荷载安全释放到相应楼层的承重支架上。管道每安装一层应采用镀锌圆钢管卡对管道进行固定，防止管道固定不牢而产生安装误差。

1. 工艺流程

铸铁管道安装工艺流程为：安装准备→管道预制加工→防腐处理→卡架安装→管道安装→通水试验。

2. 施工要点

（1）安装准备。认真熟悉图纸，根据施工方案确定的施工方法和技术交底的具体措施做好准备工作。参看有关专业设备图和装修建筑图，核对各种管道的坐标、标高是否有交叉，管道排列所用空间是否合理。有问题及时与设计人员和有关人员研究解决，做好变更洽商记录。

（2）预制加工。按设计图纸绘制出管道分路、管径、变径、预留管口等施工草图，在实际安装的结构位置做上标记，按标记分段量出实际安装的准确尺寸，记录在施工草图上，然后按草图测得的尺寸预制加工，并按管段分组编号。

3. 主管安装

（1）先安装地下管线（即安装排出管），再装竖管或横支管。铸铁排水管一般采用插接连接。

（2）排水管道安装和铺设原则：先地下后地面，先大管后小管，先主管后支管。

（3）排水管装置：

1）排水管的埋深取决于室外排水管道标高和设计要求，排水管与室外排水管道通常采用管顶平接，其水流转角不小于 90°；采用排出管跌水连接且跌落差大于 0.3m。在户外埋设管道时，应保证有足够的覆盖深度，以满足防冻、抗压的要求；

2）安装支架和吊放管首先要搭设支架，将支架按照设计坡度栽植或栽植好吊卡，量准吊杆尺寸将管道托、吊牢固，横管支承件间距不大于 2m；

3）吊顶内的托吊和排水管，需要在吊顶施工前做闭水试验，按隐蔽工程办理隐蔽性检验。

4. 成品保护

管道在施工过程中，穿越结构孔洞时，严禁私自破坏结构板或梁内钢筋。确需割断钢筋时应征得设计、总包、甲方和监理现场工程师的同意后，方可施工，防止影响土建结构。

管道安装完毕后，采用塑料薄膜包裹好，防止土建施工时表面受污染。管道安装完毕、交工验收前进行刷漆工作时，一定要注意对土建已施工完墙面的保护，防止管道在刷漆时污染土建墙面。管道在施工完毕后，应及时进行管口封堵，防止杂物掉入管口内造成管道堵塞。

4.1.3.3　消防管道安装

管井内沟槽式卡箍连接管道施工，应先确保相应楼层管井处有与管井内所需安装的管道数量相配的已压槽的管道，以免安装过程中二次搬运。立管由里向外依次安装，每根立管安装时应由四人以上进行，两人在上一楼层拉住管道并听从下部安装人员指挥及时调整管道状态，使其正中对口，橡胶圈位置均匀。同一管井内的卡箍安装方向应相同，如能达到与安装高度相同时，需保证其在同一标高层面上。

1. 工艺流程

消防管道安装工艺流程包括：施工准备→预制下料→滚槽→上箍安装→水压试验。

2. 施工准备

安装前，应核对图纸，检查管道布置是否与其他专业设备冲突；核对管道预埋件、支架、套管位置、标高、坐标是否正确。

3. 预制下料

管材清扫。消防系统管道采用镀锌钢管，管材到场后，先检查镀锌层是否完好，管材是否存在凹凸、裂缝、弯曲等缺陷。管材在加工前，应进行内外清扫，以清除管道内外表面的污垢。

管材切断。按图纸尺寸，用切割机将管材切断。管材切口应平整，管口内外应无毛刺和铁渣，切口不应产生断面收缩。

4. 管道连接

（1）滚槽

采用专用设备加工沟槽，将管道切割成需要的长度，管端与轴线应垂直，切割面应平整、无毛刺。将需要加工沟槽的管道架设在滚槽机尾架上，调整管道使其处于水平状态；如果大批量加工，可设置可调节托架进行加工。

将管道端面贴紧滚槽机上面，使钢管轴线与滚槽机呈 90°。启动滚槽机，徐徐压下千斤顶，使上压轮均匀滚压钢管至预定沟槽深度为止；停机后用游标卡尺检查沟槽的深度和宽度，确认符合标准要求后将千斤顶卸荷，取出钢管。

（2）上箍

管道安装应遵循先装大口径管、总管、立管，后装小口径管、支管的原则。安装过程中不可跳装、分段装，应按顺序连续安装，以免出现段与段之间连接困难的问题，影响安装质量。

准备好已加工沟槽的管道、配件和管路附件；检查橡胶密封圈有无损伤，将其套在一根钢管的端部，将另一根钢管靠近已套上密封圈的管道端部，两端处应留一定间隙，间隙应符合标准要求。将橡胶圈套上另一根钢管端部，使橡胶密封圈位于接口中部，并在其周边涂抹润滑剂（洗洁精或肥皂水）；检查管道轴线。

在接口位置，橡胶圈外侧安上下卡箍，并将卡箍凸边卡进沟槽内。用手压紧上下卡箍的耳部，并用木榔头锤紧卡箍凸边缘处，将上下卡箍靠紧；在卡箍螺栓孔位置穿上螺栓，并均匀轮换拧紧螺栓，防止橡胶密封圈起皱，检查确认卡箍凸边全周卡入沟槽内。

（3）管道安装

将材料运至现场，核实尺寸，准备安装。

每层从上至下统一吊线安装卡件，将预制好的立管按编号分层排出，按顺序安装。在安装中，核实预留甩口的高度、方向是否正确。支管甩口应加装临时堵头，立管阀门朝向应便于操作和修理。

穿墙和穿楼板管道应在土建施工时预留套管，管道安装后，吊直找正，用卡件固定。对暗装的给水立管，应在隐蔽之前做水压试验，合格后再隐蔽。

（4）管道强度试验

管道强度试验前，应检查系统各管道接口、节点是否完善，管道支架是否牢固。管道试验时管道接头应该外露，缓慢向管道内注水，并将管路内空气排除干净。升压时应缓慢升压；室内给水管道的水压试验压力应符合设计要求，设计无明确要求时，不得小于 0.6MPa。

检验方法：给水管道系统在强度试验压力下观测 10min，压力下降不大于 0.02MPa，然后降到系统工作压力，应不渗不漏。

（5）管道冲洗

管道系统的冲洗在管道试压合格后进行。管道冲洗进水口及排水口应选择适当位置，并能保证将管道系统内的杂物冲洗干净。排水管截面积不小于被冲洗管道截面积的 60%。给水消防管道以系统最大流量、不小于 1.5m/s 的流速进行管路冲洗，直至出口处的水色和透明度与入口处目测一致为合格。

4.1.3.4　不锈钢管道安装

不锈钢管道每层从上到下统一吊线安装卡件，将预制好的立管按编号分层排开，按顺序安装；对好调直时的印记，校核预留甩口的高度、方向是否正确。直管甩口均加装好临时丝堵，立管阀门安装朝向应便于操作和修理。安装完后用线坠吊直找正，配合土建堵好楼板洞。

1. 安装要求

不锈钢管材与支架和钢制卡箍之间安装木托或橡胶垫，严禁直接与其他金属接触；不锈钢法兰片与其他金属螺栓连接时，中间加塑料垫片隔开。

2. 双卡压式连接

双卡压式连接是挤压式连接的一种，是效果较好的安装连接方式。所谓挤压式连接，是通过冷挤压手段实现管材与管件连接密封的方式，将预先套上密封圈的管材插入管件的承口，从外部对承口的连接段周向施压。压制中，承口的连接段连同插入的管材一起下凹变形后抱死锁紧，从而实现管材与管件的有效密封。

双卡压式连接充分利用了金属材料的自身有效刚性，在管和管件的连接处两端均用卡钳压接，全面抱死，大大提高了连接处的抗拉拔能力和抗旋转能力。双卡压式管道采用了先进的 O 形密封圈压缩比原理，在 U 形槽内的 O 形密封圈被压缩后，发挥其长效的弹性，从而达到永久性密封的目的。另外，双卡压式连接因为承接口的优势，能够有效预防施工时管材插不到底时而导致漏水的风险。

3. 施工流程

（1）断管

根据所需管材尺寸，薄壁不锈钢管的切割应采用无显著升温的切割方式；宜采用专用的电动切管机、手动切管器或手动管割刀进行画线切割，不锈钢管道切割如图 4.1-4 所示。切割时不要用力过大，防止管子失圆；切割口要保持与管材水平面垂直，切口无椭圆及毛刺现象，确保后续管材与管件承插到位；否则在插入的过程中会导致密封圈损坏而引起泄漏。

（2）去毛刺

切割完毕后，要采用专用工具（倒角器、锉刀等）将管端的内外毛刺彻底去除，不锈钢管口去毛刺如图 4.1-5 所示，同时将管内污物擦拭干净。否则，在后续管道安装完毕投入使用时，管内遗留的毛刺会阻挡污物的排放，污物堆积会导致氯离子超标

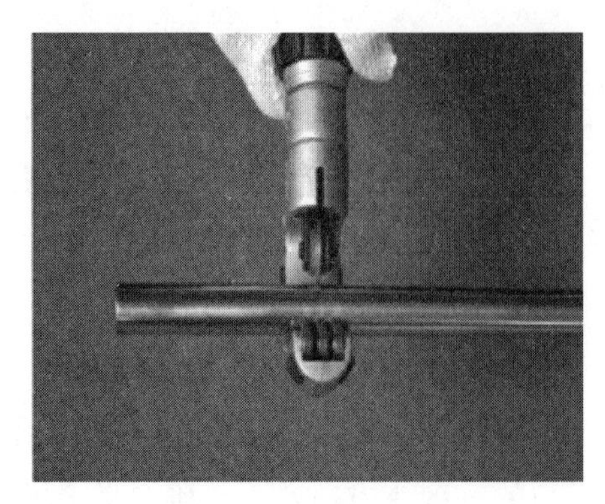

图 4.1-4 不锈钢管道切割图

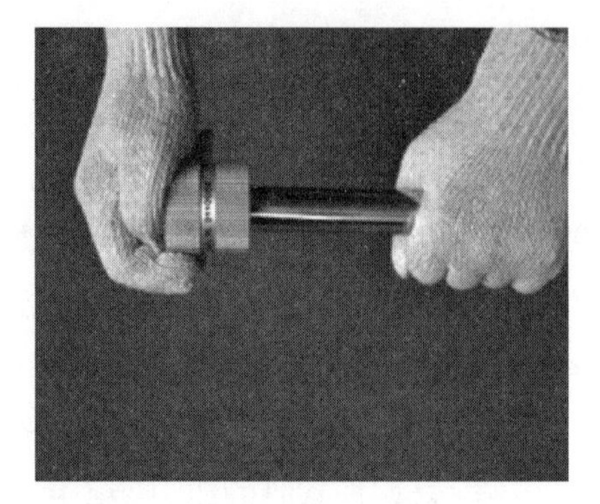

图 4.1-5 不锈钢管口去毛刺图

并破坏不锈钢产品表面的钝化膜，从而导致腐蚀漏水。

（3）标记画线

为确保不锈钢管完全插入管件本体，需在管表面画线标记，以保证插入长度，不锈钢管画线标记如图 4.1-6 所示；否则易引起管插入不到位，导致接头性能降低并引起泄漏。

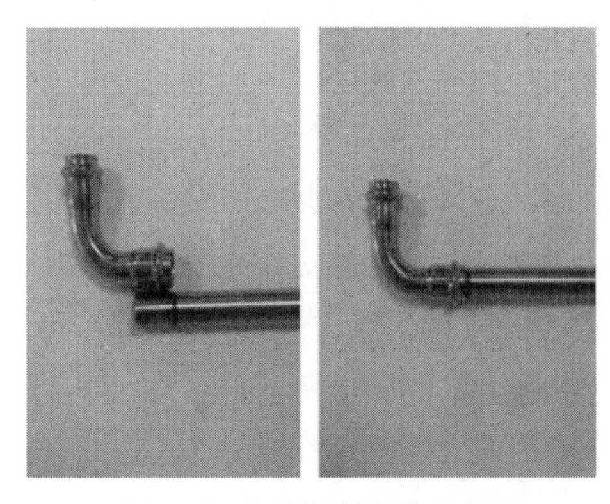

图 4.1-6 不锈钢管画线标记图

（4）装配

将管插入管件前，应确认密封圈是否正确安装在管件的 U 形槽内及管材端部的包装堵盖是否取出，确保管路内部通畅。管口不得呈椭圆形，管件及管端部应保持清洁，不得有沙粒、杂物等。插入时应缓慢地沿直线插入管件本体，并确保插入长度在标记位置上；管倾斜插入会导致密封圈损伤或脱落。如插入过紧，可在管上沾水湿润，但不得使用润滑油脂，以免油脂降低密封圈寿命。禁止在管材（件）上采取开孔、开槽等不符合质量要求的工艺，应按照建筑给水薄壁不锈钢管道安装相关规范进行施工。

（5）卡压工具的选用

薄壁不锈钢卡压式管道的安装，应使用厂家配套的卡压工具进行安装，方能保证

卡压接头连接的安全及可靠性，卡压工具如图 4.1-7 所示。

图 4.1-7　卡压工具图

（6）压接

压接前应将工具清理干净，卡压模具的凹槽与管件的端部紧靠，工具钳口与管轴心垂直。在压接前应确认管的插入长度在深度线的 1 ~ 3mm 内，压接时应缓慢增压，直到工具在受压时产生轻微振动，工具的上下钳口完全闭合后方能释放压力，结束压接过程；不锈钢压接安全距离见表 4.1-1，不锈钢管压接如图 4.1-8 所示。卡压连接时，卡压部位两侧的管材会有微小的变形，为了保证管材和管件之间的密封强度，管件与管件之间应保持一定距离。

不锈钢压接安全距离　　表 4.1-1

公称通径	安全距离（mm）
DN15 ~ DN25	20
DN32 ~ DN50	50
DN65 ~ DN100	80

图 4.1-8　不锈钢管压接图

4.1.3.5 空调立管安装

（1）在吊装空调立管端口处焊接U形接口，在呈对称分布的2块弧形钢板上各焊接1块厚度为10mm的斜支撑钢板，确保弧形钢板、斜支撑钢板与管同心；斜支撑钢板与钢托板中心对称紧密贴合，并保证斜支撑钢板底离建筑结构地坪220mm。弧形钢板与斜支撑钢板焊接立体示意及平面示意如图4.1-9和图4.1-10所示。

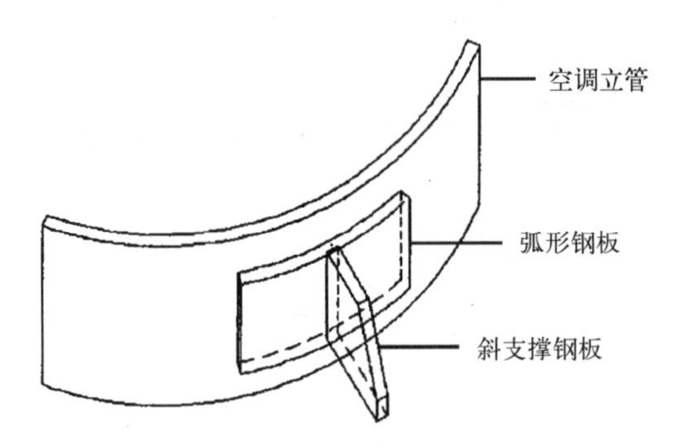

图4.1-9 弧形钢板与斜支撑钢板焊接立体示意图

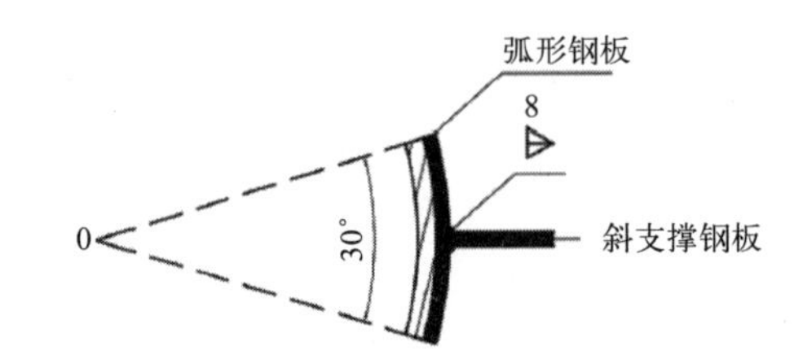

图4.1-10 弧形钢板与斜支撑钢板焊接平面示意图

（2）将空调立管与单筒慢速电动卷扬机勾连，慢慢启动单筒慢速电动卷扬机倒顺开关；施工人员平稳扶住并旋转空调立管，确保空调立管不与固定支架碰撞。在剩余呈对称分布的弧形钢板处各焊接1块厚度为10mm的斜支撑钢板，确保矩形支撑钢板与斜支撑钢板中心线垂直，并确保矩形支撑钢板与斜支撑钢板中心线垂直。对斜支撑钢板、钢托板进行双面角焊，焊缝长度为8mm，确保焊接饱满、牢固，焊缝表面清理干净。

（3）在钢托板下面放置垫木，确保垫木与钢托板中心线重合，并将钢托板与垫木固定，斜支撑钢板与钢托板、垫木连接示意如图4.1-11所示。

4.1.3.6 PVC立管安装

1. 工艺流程

PVC立管安装工艺流程为：安装准备→管道预制→排出管安装→埋地排水管道灌水试验及验收→楼板洞修正和埋设立管支架→排水立管安装→排水横管与支管安装→隐蔽横支管灌水试验及验收→管道通球试验及验收。

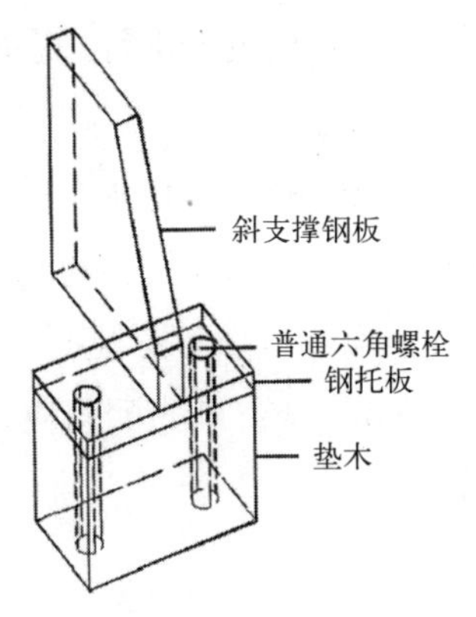

图 4.1-11　斜支撑钢板与钢托板、垫木连接示意图

2. 操作工艺

（1）根据施工图及技术交底，检查、核对预留孔洞位置和尺寸是否正确，将管道坐标、标高位置画线定位。

（2）安装托、吊排出管要先搭设架子，量准吊杆尺寸将预制好的管道托、吊牢固，横管支承件间距不大于 2m。在吊顶内的托、吊排出管，在吊顶前需做闭水试验，按隐蔽工程办理检查验收手续。

（3）安装立管时，先将管段吊正，对准下层承口将管端插入，用力应均匀；不可摇动挤入。要注意将三通口（即甩口）方向对准横管方向。

（4）安装后立即将立管固定，用不低于楼板强度等级的细石混凝土堵好立管洞口。

（5）先将预安装的横管尺寸测量记录好，按正确尺寸和安装的难易程度先预制好，然后将吊卡装在楼板上，并按横管的长度和规范要求的坡度调整好吊卡高度，再开始吊管。

（6）排水管道安装完毕，应进行充水试验，检查安装质量。试验时，先将排出管外端及底层地面上各承接口堵严，然后以一层楼高为标准往管内注水，但灌水高度不能超过 8m。对试验管段进行外观检查，若无渗漏则认为试验合格。楼层管道可打开排水立管上的检查口，选用球胆充气作为塞子堵住检查口上端试验管段，分层进行试验，以不渗、不漏为合格。

3. 质量要求

立管支架标高、伸缩节位置和 H 形管安装标高应符合施工要求。排水塑料管需装设伸缩节，防止塑料管由于温度变化致管道接口处断裂漏水，伸缩节的间距不得大于 4m。排水横管上的伸缩节位置应装设固定支架。

明装 PVC 排水管道按照要求安装阻火圈，其设置条件为：（1）立管外径大于或等于 110mm；（2）立管穿楼板时；（3）横管穿越防火墙时。立管穿越楼板时，防火套管长度不小于 500mm，阻火圈设于楼板下方。

管道安装应在土建抹灰和腻子工程结束后进行，提前与土建项目部做好充分沟通，确定施工顺序。

立管根部做高200mm、宽300mm的环形止水台或方形止水台。立管承口外侧与饰面的距离应控制在20～50mm。在立管上间隔10m设置一个检查口；如有乙字管，则在该层乙字管上部设置检查口。检查口中心距地面高度为1m，允许偏差±20mm，并高于该层卫生器具上边缘150mm。检查口的朝向应便于检修，检查口盖的垫片一般选用厚度不小于3mm的橡胶板。

4.1.3.7 竖向桥架安装

1. 施工工艺

竖向桥架安装工艺流程为：核对图纸→技术交底→准备材料机具→弹线定位→支架与吊装固定→桥架安装→保护地线安装。

2. 桥架安装

首先根据设计图沿墙壁及顶板进行弹线定位，标出固定点的位置。桥架与墙面之间固定采用膨胀螺栓；桥架安装采用竖向侧面开孔便于连接桥架内电缆，并在井内安装扁铁接地线。当直线段钢制电缆桥架超过30m，应有伸缩缝，其连接采用伸缩连接板或伸缩节。

安装时，两节桥架的接头处应严密。垂直竖井内桥架的连接，应先垂直吊线，再进行组装。桥架与桥架间螺栓、桥架连接板螺栓固定无遗漏，螺母位于桥架外侧。

4.1.3.8 竖向母线安装

（1）竖向母线垂直安装间距应不大于3600mm。

（2）垂直安装时，安装支架应与通道侧板配钻孔采用M6～M8螺栓紧固。

（3）封闭式竖向母线通道安装基本顺序为：选定竖向母线方向→固定支架→槽间用四枚螺栓紧固→相间加入竖向母线、接头板和绝缘垫→单头螺栓穿入绝缘套管→螺栓穿入母排预制孔→两端紧固→加装上下盖板→将通道固定在支架上。

（4）通道母线的安装，始、中、终端及通道壳体间应可靠地与用电设备接地网连接。

（5）安装工程结束后、送电前，应测试通道母排相间绝缘、接地绝缘电阻：1）低压型竖向母线通道绝缘电阻不小于20MΩ；2）对于6～10kV高压母线通道绝缘电阻不小于1200mΩ，35kV绝缘电阻不小于3000mΩ。

（6）送电前，6～35kV高压母线通道应做50Hz工频耐压试验和直流泄漏试验，合格后方可投入运行。

（7）投入运行的竖向母线通道，三个月内应紧固竖向母线接头螺栓，检查竖向母线接头接触情况。

（8）投入运行的竖向母线通道，每年至少进行一次下列项目的检查：①紧固各固定螺栓，尤其是竖向母线接头，观察接头是否有接触不良或过流造成的烧灼现象，并

作处理；②摇表测试绝缘程度，检查绝缘材料是否老化；③母线通道与接地网的连接；④内外部吸附的灰尘及凝水，应清除干净。

（9）竖向母线通道维护前，配电柜应先停电，并挂“有人操作、严禁合闸”标识牌，柜前应有专人监护。维护工作开始前，应验电、放电，并用接地棒将相间短路和可靠接地后，方可进行操作。

（10）竖向母线通道应放在室内干燥通风处保管，防止受潮、雨雪侵袭，防止灰尘或异物进入通道。

4.2　机电系统工厂化预制及安装关键技术

4.2.1　技术概述

近年来，我国工程项目规模日趋大型化，尤其是超高层建筑的飞速发展，加之工期普遍要求紧，在大环境下为工厂预制的推广提供了更加有利的空间。机电专业安装多处于施工过程的中后期，多数存在项目抢工期、保节点要求，对机电安装的进度、质量、安全、成本等造成较大压力。工厂化预制对于解决目前超高层建筑机电安装工程中面临的难题提供了有效方法，具有积极的工程意义和价值。其意义和价值如下：

（1）能满足业主缩短工程建设周期的要求。管道大规模地采用工厂化预制加工，能够进行组合式安装，使现场安装简便，有效减少管道现场安装工作，缩短管道安装周期。

（2）能够以较小的成本保证工程质量。工厂化预制加工技术采用流水线生产作业，预制产品的质量能够得到有效保证；又因采用室内作业，管道焊接受风、雨、雪等的影响不大，焊接质量易于控制，焊接合格率有保障。同时，提前绘制加工详图，制作精度高，质量成本也最低。

（3）对施工现场场地的依赖性较小。预制加工作业均在工厂内完成，现场加工作业大量减少；产品进场后即可进行现场安装，对于现场施工场地狭小的项目非常实用。

4.2.2　工艺流程

机电系统工厂化预制及安装工艺流程主要有：加工详图设计→预制构件加工→预制构件组合→刷漆、外包塑料薄膜→运输入场→吊装组合→验收。

4.2.3　技术要点

4.2.3.1　预制组合立管技术

1. 工艺特点

超高层建筑预制组合立管（图 4.2-1）与常规管井管道施工比较，具有以下几个特点：

（1）设计施工一体化。预制组合立管从支架的设置形式、受力计算到制作加工的详图，再到现场的施工，都由施工单位一体化管理。

（2）现场作业装配化。将现场作业的大部分工作移到了加工厂内，将预制组合立管在工厂内制作成组合单元管段，整体运至施工现场，与结构同时装配安装施工。

（3）分散作业集中化。传统的管井为单根管道，现场作业较为分散、作业条件差；而预制组合立管为整体组合单元管段，采用预制组合立管有效实现了作业集中，保证了施工质量；整体组合吊装，减少了高空作业次数，有效降低了危险性。

图 4.2–1　预制组合立管

2. 预制组合立管加工制作

（1）相关资料的准备。需要先对系统图进行深化，在此基础上制作加工详图。

（2）制作前的技术准备。确认各层管架与结构梁的固定方式，确认荷载计算、补偿量计算方式，确认各种情况下（不同管径、不同材质、保温与否等）管道、套管、支架的连接方式，确认支管的连接规范，确认给水排水、消防、空调各层所有三通支管的管道直径、位置标高、水平位置朝向等。编制作业指导书，编制管架选用计算书，编制质量、安全控制措施方案，制作预制组合深化图纸：按不同单元，不同楼层（不同节）分别绘制预制组合立管（含管架）平面图、剖面图、管架大样图（含底板、可活动承重型钢）等。

（3）制作工具的准备。采用加工车间内一台 20t 龙门式起重机完成加工厂原材料、成品、半成品的装卸、搬运工作。不锈钢管、钢板等的切割采用等离子切割机，所有不锈钢及部分碳钢管的焊接采用全位置自动焊接系统，碳钢管焊接主要采用 CO_2 半自动焊接系统，管架焊接主要采用手工电弧焊。管架钻孔采用摇臂钻床，镀锌管考虑采用碳钢管加工后二次镀锌，现场连接主要采用管道沟槽机进行沟槽连接；另外还要有砂轮切割机、手提式砂轮磨光机、摇臂钻床、电动试压泵、超声波探伤仪、水平尺等。

（4）管道的严密性检查。预制组合立管在工厂内的焊接质量检查采用探伤辅助检查，有条件的可采用水压或气压试验（如有法兰或卡箍），施工现场组装完成后整个系统采用水压试验进行检查。

（5）预制组合立管预制加工，主要包括管道加工、管架的加工、预制管架组装焊接、预制组合立管的单元组装、预制组合立管单元标识及保养、预制组合立管制作验收等。

1）管道加工

下料加工：根据图纸对管道及套管采用等离子切割机或砂轮切割机下料，以达到有关精度要求。对于不规则的工料或切口要用等离子切割机下料，一般情况下不得采用气割。

管道坡口：根据不同规格管道选择坡口、焊缝形式，坡口采用坡口机、等离子切割机、角向磨光机加工。

管道对口：采用临时支架或吊架调整中心，在没有引起两管中心位移的情况下保留开口端空间。管道对口时应外壁平齐，用钢直尺紧靠一侧管道外表面，在距焊口 200mm 另一侧管道外表面测量；管道与管件之间的对口，也要做到外壁平齐。管道对口是保证管道焊接质量及安装平直度的重要环节；壁厚、直径相等的管道对接应使内壁、外壁平齐、中心线一致；若壁厚相同直径稍有不同，内壁允许的错边量不应超过壁厚的 10%，且不大于 2mm；壁厚不同，直径相同的管道对接，要保持中心线一致。

管道焊接：管道对口完成后进行点焊，点焊厚度与第一层焊接厚度一致，但不超过管壁厚的 70%；其焊缝根部应焊透，点焊位置均匀对称。管道焊接要选择合适的管道材质的焊条及电流，焊缝的焊接层数与选用焊条的直径、电流大小、管道壁厚、焊口位置、坡口形式有关。

焊接检查：焊工应持有焊接操作证书，并全过程进行跟踪检查。管道加工完成后对焊接部位刷防锈漆，再次与查看图纸进行确认，并做好标记。

2）管架的预制加工

模具制作：管架拼装要采用模具，以保证拼装的准确性。在加工车间内根据所加工管架的大小及管架模具数量铺设一块 16mm 厚的平钢板，加工过程中对模具进行定位复核。

管架下料：根据管架大样图、零件图下料，并在型钢上标注记号；采用砂轮切割机、气割、摇臂钻床、台钻等设备加工。管道固定用 U 形圆钢抱箍、扁钢或角钢抱箍。尽量采用专业厂家产品，若采用非标产品，且无供货厂家，需采用热加工，并自制相应模具。所有管道固定与管道安装件采用镀锌件。

3）预制管架组装焊接

管架、管板及套管三者之间的位置用模具准确定位。焊接用交流焊机，焊接时先均匀点焊，固定完成后对称焊接，防止焊接变形。加工完成后再次与图纸确认，底板及套管的允许误差为 ±5mm。

4）预制组合立管的单元组装

管架及已开挖三通口的管道加工完成后，进行预制组合立管的组装。组装的关键在于控制管架之间及管道与管架之间的几何尺寸、三通口的方向等。拼装前，管道上画好固定点及方向的辅助线，便于管道定位。通过设置临时支撑架，管道吊装到支撑架上后套入管架，进行固定；如果本节有固定支架，管架套入管道后，先在管道上焊接牛腿，然后与管架进行固定。为保证现场安装顺利进行，各层管架的位置不得小于楼层标高，而且最上层管架的位置不得大于调节槽钢的调节范围。固定牢固后进行三通及法兰的焊接，三通方向应尽量设置为垂直于管架边，便于控制方向；法兰孔要对齐，并要考虑到阀门、伸缩节等安装的位置。由于管道长度较长（9～12m），小管径的管道在加工及吊装时要防止变形。采用碳钢管加工后二次镀锌的管道，应一次性加工好三通等配件；三通口预留卡箍槽，管架上的套管则在组装管道时割开重焊。管道组合完成后，检查各部分尺寸，并作好记录（管道长度的误差可以在下一段预制组合立管制作时弥补消除，但是需确保与前一节预制组合立管对口位置尺寸对应）。由于建筑结构也存在误差，管道制作时应根据施工现场测量的数据进行调整，保证与现场结构尺寸的配合，并满足预制组合立管安装的精度要求。

5）预制组合立管单元标识及保养

预制组合立管加工完成后，应进行标识和保养处理。需标识单元的节数、名称、现场安装的方向、重量，标识位置应该醒目。对管道焊缝、管架侧面等位置进行补漆，对管道的下口和支管口要进行妥善封堵；并对管道及套管进行必要的保护，管道外壁可以覆薄膜保护层。

6）预制组合立管制作验收

在单元制作的不同时段对预先设定的内容进行过程检查，杜绝缺陷进入下道工序。根据管架、支架大样图和制作要领，对完成后的预制组合管道进行系统检查验收。检查验收合格后便可进行下一个施工程序，即装车运输、吊装就位、组对焊接。

4.2.3.2 管线工厂化预制安装

在进行机房施工时，通过 BIM 技术将机房内设备及各专业管线进行综合排布，确定设备管线安装位置及标高，详细划分管道预制加工段、设置支吊架形式及安装位置；由预制工厂按照 BIM 模型转化的加工图纸加工管段及支吊架，并依据安装图纸进行编号。由物流公司送至机房现场，按照施工方案确定安装顺序，由现场施工人员依据安装图上的编号和预制件上的编号进行组装，即可高效准确地完成施工，机房工厂预制加工如图 4.2-2 所示。

1. 数据测量及整理

结合现场实际条件，确立平面基准点及标高基准线，利用激光投线仪、激光测距仪、线坠、钢卷尺等测量工具对机房结构进行复核，对机房内的设备（如制冷机组、水泵，

图 4.2-2　机房工厂预制加工

集分水器等）进出水口的管径及法兰厚度、孔距、孔径、孔数和法兰之间的间距进行复核，完成机房内所用阀门外形尺寸的复核，保证模型与现场的设备、阀门的参数一致。

2. BIM 综合设计排布

根据测量的数据对机房各专业管道进行综合排布，建立精细度达到毫米级的设备、阀门、仪表等 BIM 族；对机房内的设备、管道、支撑体系进行高精度的建模，根据现场施工空间、运输空间、管道部件组合、运输设备和吊装设备能力等，对预制管道进行拆分，并绘制机房施工平面图、管道加工大样图。BIM 综合设计排布如图 4.2-3 所示。

图 4.2-3　BIM 综合设计排布

3. 管道成品支架设计

BIM 模型调整完成后，根据各管段管道图纸，初步设计管道支架的形式，根据支架间距，计算支架之间每段管道满水时总重量，完成支架的受力分析。对照机械设计手册，完成支架型材的选用工作。建立详细的支架模型，实时调整支架布局，达到布局合理、满足施工的目的，并出具支架平面定位图，详细标注支架的安装位置及标高。

4. 工厂预制加工

图纸设计完毕后，经 BIM 设计人员对预制工厂进行技术交底，以提高施工质量、减少加工时间。可采用全自动相贯线切割机、全自动焊接机器人等先进的加工设备，保证加工的效率与质量；同时安排专人每天检查，保证出厂预制件的品质与质量。

5. 安装图纸审查

预制件加工图完成并交予工厂后，出具安装图。安装开始前，完成安装图纸的审查，包括设备定位图、支架定位图、管道平面组装图，设备进出口组装图、阀门清单、辅材清单等图纸；提前发现图纸问题，避免安装时出错。

6. 预制管道运输

预制管道运输：由预制工厂到项目的运输由厂家与物流公司完成，由室内到机房的运输用叉车配合平板车来完成，机房预制管道运输如图 4.2-4 所示。

图 4.2-4　机房预制管道运输

7. 管道模块的组装吊装

吊装开始前，需要先对吊装方案、模块定位、结构尺寸再次进行详细检查复核，保证每一个吊装点、支吊架都位置准确，保证一次性吊装完成。复核完成后，按照设计好的吊装顺序进行模块的吊装前组对，严格按照吊装方案的吊装顺序进行，每一个环节不会相互影响，保证模块的一次到位。

8. 设备口的接驳、仪表的安装及打压验收

主管和模块完成吊装后，调整主管完成设备口的对接以及各种阀门的安装，进行法兰螺栓的紧固、各种仪表的安装；检查无误后，进行满水试压，合格后进行验收。

4.2.3.3　通风管道工厂化预制加工

1. 通风管道工厂化预制基本要求

机电工程所用矩形通风管道有角钢法兰通风管道、共板法兰通风管道、德国法兰通风管道等，均可采用预制，可包含直管段、弯头、三通、小大头、天圆地方等形式。

通风管道采取工厂化预制应满足一定条件才能实现，具体包括：

（1）标准模块化。预制件采用机械化生产，需要模块具有一定的标准性，比如相同长度直管段、相同规格的管件、进出口相同规格的短管等。

（2）可批量化。机器的批量化生产在一定程度上优于人工的重复操作，质量可以保证，生产率也会提升。

（3）运输便捷性。一些大尺寸静压箱的预制尺寸需要考虑建筑物运输通道的空间，短管的长度要考虑运输的便携性，如果在运输上花费较大的代价，预制也将得不偿失。

（4）有定制性。相较于制造业，建造业的非标性程度偏高，施工现场必然无法避免定制的一些非标机电产品，有定制性的产品可以考虑预制，尤其在安装空间和操作空间有限、安全系数较高的情况下。

（5）满足加工制作要求。预制加工的产品应符合通风管道制作的规范要求，如镀锌钢板通风管道应满足最小厚度而制造，法兰制作的允许偏差、咬口形式、加固要求等不得因预制造成的偏差导致装配出现缺陷，影响成品质量。

2. 主要技术内容

管道工厂化预制加工主要有以下几项工作：深化设计、材料供应、预制加工、运输配送、现场安装以及辅助并穿插在全过程中的质量控制和安全监控。

（1）深化设计以设计院提供的设计图纸为依据，按照国家法律、法规和标准规范的规定，进行深化设计。

（2）材料供应验收按照业主或招标文件要求，选择合格、符合业主或招标文件要求的合格供应厂商，及时收集资料并及时送审，经确认后及时订货。

（3）预制加工管段加工图经确认后，交付给预制加工厂，由其按图进行加工。预制加工过程中，质量检验人员依据国家规范、设计要求、施工深化图以及预制加工图，对加工后的成品和半成品及时进行质量检验。

（4）运输配送根据施工进度计划，组织、协调现场分送、吊运准备工作，配备必要的起重设备或协调现场原有的起重设备。

（5）现场安装。根据进度计划将配送到现场的预制管线，按施工图进行合理地分配、排列，并根据规范要求先行制作支吊架，再将半成品管线安装到位。

3. 技术指标

（1）加工要点

1）准确性：应严格按照施工深化图、单线图以及现场实测尺寸绘制；

2）简要性：图纸要清晰、明确，分段合理（由主到次，由大到小，由系统到楼层依次拆分）；

3）加工管段：管段编号、配件编号、口径标注、尺寸标注要逐一对应，不得混乱；所生成的材料明细表应与加工图一一对应，一目了然；

4）可追溯性：加工图审定后，应存档，对有修改的部分，应重新绘制加工图修改版，并再次存档备查。

（2）预制加工厂配备说明

预制加工厂尽可能选择在施工现场附近，加工厂一般设置有生活区、加工区、仓库区和办公区，各区域面积根据工程规模、类别、预制加工量而定，通风管道工厂化预制加工如图 4.2-5 所示。

图 4.2-5　通风管道工厂化预制加工

4.3　消防系统调试关键技术

4.3.1　技术概述

1. 超高层建筑消防系统

超高层建筑一旦着火，会造成重大的人员伤亡和财产损失，后果十分严重。因此进行超高层建筑消防设计时，应切实贯彻“以防为主，防消结合”的消防工作方针，采取有效技术措施，确保消防安全，满足消防“自救”的要求。

与低层、多层建筑相比，超高层建筑火灾危险性大，其原因主要包括引发火灾的因素多、火势蔓延快、扑救困难、人员物资不易疏散等。

为确保超高层建筑消防安全，超高层建筑可设置火灾自动报警系统、应急照明系统、消火栓系统、自动喷水灭火系统、防排烟系统、防火卷帘门系统、消防事故广播系统、对讲系统等。

2. 超高层建筑消防设计要求

（1）建筑高度大于 100m 的民用建筑，其楼板的耐火极限不应低于 2h。钢结构防

火，采用涂抹防火涂料，包覆防火板，包覆柔性毡状隔热材料外包混凝土、砂浆或砌筑砌体等措施。

（2）超高层建筑的消防车道和登高操作场地按大型、重型消防车通行荷载进行设计，车道转弯半径不应小于 12m，超高层建筑的消防车道和城市道路的连通口不应少于 2 处。

（3）中庭周边的回廊应设置实板栏杆，中庭楼板临空边缘应设高 800mm 的挡烟垂壁。建筑内应设排烟设施，对不具备自然排烟条件的房间、走道及中庭等，应采用机械排烟方式。

（4）建筑高度大于 100m 的公共建筑，应设置避难层（间）；第一个避难层（间）的楼地面至灭火救援场地地面高度不应大于 50m，两个避难层（间）之间的高度不宜大于 50m。

（5）建筑高度大于 100m 且标准层建筑面积大于 2000m^2 的公共建筑，宜在屋顶设置直升机停机坪或供直升机救助的设施。

（6）建筑高度大于 100m 时，保温材料的燃烧性能应为 A 级。

（7）超高层建筑应设置消防软管卷盘或轻便消防水龙，并应设置自动灭火系统。

（8）超高层建筑防烟、排烟系统按避难层和区间分别设置，在楼梯间和前室宜分别设置独立的加压送风防烟系统以提高疏散空间的安全性，防烟、排烟设备间应分别独立设置。

3. 超高建筑的消防加强措施

（1）提高塔楼耐火性能。为进一步保证超高层建筑自身的抗火性，一般通过提升建筑主要构件的耐火极限来提高建筑整体的抗火能力。

（2）提高消防供水可靠性。消防供水系统采用常高压给水方式，并将消防水池设置在建筑屋顶。同时消火栓系统及自动喷水灭火系统采用独立管网和系统。

（3）提高控灭火效能。自动喷水灭火系统的洒水喷头由常规喷头提升为快速响应喷头，建筑中所有使用明火的厨房均设置厨房自动灭火装置。

（4）加强疏散指示照明。应急照明在疏散走道、楼梯间、避难层的地面最低水平照度及持续供电时间应满足规范及设计文件要求，全楼设置集中控制型消防应急照明和疏散指示系统。

（5）提高防排烟效能。消防电梯前室、合用前室、防烟楼梯间及其前室分别独立设置机械加压送风系统，每层均设置机械排烟及补风系统以增大机械排烟量。

（6）提高灭火救援效率。消防车道和登高操作场地应有明显标识，地面的耐压、承重应满足大型消防车通行要求，屋顶宜设置直升机停机坪。

（7）保证消防系统正常运行。保证消防系统正常运行的前提在于消防系统的调试，严格按照规范及设计文件要求，结合产品说明书、操作手册，进行消防系统调试。

4.3.2 消防子系统调试

1. 火灾自动报警系统及消防联动控制系统调试

(1) 火灾自动报警及消防联动控制系统

火灾自动报警及消防联动控制系统是由触发装置、火灾报警装置、联动输出装置以及具有其他辅助功能的装置组成。它能在火灾初期，通过火灾探测器将燃烧产生的烟雾、热量、火焰等物理信号变成电信号，传输到火灾报警控制器，并同时以声或光的形式通知整个楼层疏散。控制器记录火灾发生的部位、时间等，使人们能够及时发现火灾，并采取有效措施，扑灭初期火灾，最大限度减少因火灾造成的生命和财产损失。

超高层建筑，按规范要求设置火灾自动报警系统，主要包括以下要求：

1）超高层建筑，按照规范要求设置火灾自动报警系统；

2）系统组成：由报警控制主机、探测器（烟、温）、手动报警按钮、声光报警器、各种联动用中继器、消防联动控制柜火警通信设备组成；

3）设备配置位置：探测单元设置于各公共区域、办公室、设备机房、各层走道及消防电梯前室；

4）消防联动控制：主要包括水喷淋系统、消火栓系统、防排烟系统、加压送风系统、排风系统、送风及补风系统、空调新风系统等；

5）联动设施：主要包括消火栓按钮、水流指示器、安全信号阀、湿式报警阀、排烟口、加压送风口、防火阀等；

6）疏散通道上各防火门的开启、关闭及故障状态信号应反馈至防火门监控器；火灾确认后，应由消防联动控制器或防火门监控器联动控制防火门关闭。

(2) 火灾自动报警系统通电测试

1）火灾自动报警控制器通电后，应按要求对报警控制器进行以下功能检查：

①火灾报警自检功能；

②消声复位功能；

③故障报警功能；

④火灾优先功能；

⑤报警记忆功能；

⑥电源自动切换和备用电源自动充电功能；

⑦备用电源的欠压和过压报警功能；

2）上电登记，主要检查以下内容：

①检查机器声、光工作是否正常；

②上电登录地址数与实际地址数是否相符；

③检查故障、报警功能；

④检查火灾优先功能；

⑤检查报警记忆功能；

⑥排除“故障点”与“火警点”；

⑦电源自动切换和备用自动充电功能；

⑧备用电源的欠压和过压报警功能；

⑨检查探测器、手动报警按钮、消火栓按钮等报警设备，进行模拟试验；

3）对消防控制室图形显示装置下列主要功能进行检查并记录：

①图形显示功能：建筑总平面图显示功能、保护对象的建筑平面图显示功能、系统图显示功能；

②消防控制室图形显示装置应接收并显示火灾报警控制器发送的火灾报警信息、故障信息、隔离信息、屏蔽信息和监管信息；

③消防控制室图形显示装置应接收并显示消防联动控制器发送的联动控制信息、受控设备的动作反馈信息；

④消防控制室图形显示装置显示的信息应与控制器的显示信息一致。

2. 消防末端设备测试

（1）烟感探测器测试：对系统内每个烟感探测器进行加烟测试，观察探测器上报警确认灯是否亮起，核对主机面板报警显示是否正确，核对楼层显示器上显示是否正确；

（2）温感探测器测试：对系统内每个温感探测器进行加温测试，观察探测器上报警确认灯是否亮起，核对主机面板报警显示是否正确，核对楼层显示器上显示是否正确；

（3）手动报警按钮测试：用测试钥匙对系统内每个手动报警按钮进行测试，观察手动报警按钮上报警灯是否亮起，核对主机面板报警显示是否正确，核对楼层显示器上显示是否正确；

（4）输出模块测试：在主机显示面板上通过菜单逐个启动输出模块，观察指示灯是否亮起，检查被控对象是否动作；

（5）输入模块测试：使被监控对象动作，观察输入指示灯是否亮起，核对主机面板报警显示是否正确，核对楼层显示器上显示（如设置等）是否正确；

（6）消防电话：接通电源，使消防电话总机处于正常工作状态，对消防电话总机主要功能进行检查并记录，包括自检功能、故障报警功能、消声功能、电话分机呼叫电话总机功能、电话总机呼叫电话分机功能；在消防电话插孔内逐个插入手提消防电话，与电话主机进行通话测试；对消防电话分机进行呼叫电话总机功能及接收电话总机呼叫功能等主要功能检查并记录；

（7）消防广播：对消防广播模块逐个进行启动、测试。消防广播在火灾发生时，应能在消防控制中心将火灾事故广播，播放范围内最远点的播放声级应高于背景噪声15dB。

3. 消防水系统调试

（1）超高层建筑消防供水系统。

超高层建筑室内消防供水系统应分析比较多种系统的可靠性，采用安全可靠的消防给水形式。当采用常高压消防给水系统，但高位消防水箱无法满足上部楼层所需的压力和流量时，上部楼层应采用临时高压消防给水系统，该系统高位消防水箱的有效容积应满足规范要求。超高层建筑高压消防给水系统的高位消防水箱应设置为独立的两座，每座应有一条独立出水管向消防给水系统供水。分区供水形式应根据系统压力、建筑特征和安全可靠性等综合因素确定，可采用消防水泵并行或串联、减压水箱和减压阀减压的形式。但当系统工作压力大于2.4MPa时，应采用消防水泵串联或减压水箱分区供水形式。当建筑高度超过消防车供水高度时，应在设备层等方便操作的地点设置手抬泵或移动泵接力供水的吸水和加压接口。

超高层建筑消防喷淋系统及消火栓系统根据建筑高度进行系统竖向分区。一般在避难层内的消防转输水箱及中、高区室内消防水泵联合供水。低区室内消防水系统以避难层内的消防转输水箱作为高位消防水箱，安装高度需满足低区最高处最不利点的静水压要求。中区室内消防水系统一般可以选择由天面的高位消防水箱设专用出水管至系统供水管满足中区最高处最不利点消火栓处的静水压要求。

（2）消防管网压力实验。

注水并排气，水注满后关闭排气阀，连接试压泵开始强度试验。试压时应分级逐级加压，先升压到试验压力的50%，稳压10min；观察管道无渗漏，压力表读数不降，再以试验压力的10%为步距，以此类推，直至升到试验压力停止试压泵；关闭试压泵出口的阀门，开始计时，并安排人员对管道进行全面检查，到了规定的稳压时间后，如果管道没有变形或渗漏，且压力表读数下降值不超过判定强度时为合格，否则为不合格；不合格时，应找到问题所在并修复后重新进行试验。超高层建筑消防供水系统较为复杂，需严格按照设计参数进行压力实验。

（3）消防水系统手动、自动调试。

1）系统供电正常，与系统配套的火灾自动报警系统处于正常工作状态；

2）消防水泵及稳压泵调试：

①自动或手动启动消防水泵能在5s内投入正常运行，且压力满足设计文件要求；

②主泵与备用泵之间应互为备用，一台出故障，另一台能立即投入使用；

③消防水泵控制柜均为双回路供电，主电源出现故障备用电源能立即投入使用，当主电源恢复正常时备用电源能自动停电，转入正常供电状态；

④稳压泵，通过试验阀放水，模拟启动条件稳压泵能立即启动，达到系统设计压力时，稳压泵能停止运转；

⑤消防水泵一般有一块电接点压力表，目的是当管网压力降到一定限值时，消防水泵立即启动，消控中心应能收到水泵启动信号；

⑥火灾时，消防水泵应按工频直接启动；当功率较大时，宜采用星三角和自耦降压变压器启动。消防水泵准工作状态的自动巡检应采用变频运行，定期人工巡检应工频满负荷运行并出流。当工频启动消防水泵时，从接通电路到水泵达到额定转速的时间不宜大于 30s。电动驱动消防水泵自动巡检时，巡检功能应满足巡检周期不大于 7d 的要求且应能按需要任意设定；以低频交流电源驱动消防水泵，使每台消防水泵低速转动时间不少于 2min。消防水泵控制柜一次回路的主要低压器件宜有巡检功能，并应检查器件的动作状态；当有启泵信号时应立即退出巡检进入工作状态。发生故障时应有声光报警，并应有记录和储存功能。自动巡检时应设置电源自动切换功能的检查。

（4）对消防水箱、池液位探测器的低液位报警功能进行检查并记录。调整消防水箱、池液位探测器的水位信号，模拟设计文件规定的水位，液位探测器应动作；消防联动控制器应接收并显示设备的动作信号、设备的名称和地址注释信息。

4. 防排烟系统调试

（1）超高层建筑防排烟系统设计要求：

1）不满足自然排烟条件的地上房间（如商铺、健身房、电影厅等）、内走道及高度大于 12m 的中庭（或门厅）设置机械排烟；

2）超高层建筑楼内走道竖向排烟系统需分段设置；

3）核心筒内的防烟楼梯间及其前室或合用前室按规范要求设置加压送风系统；

4）楼内核心筒疏散楼梯间、合用前室，竖向以避难层为界分段分别设置加压送风系统，加压送风机分别设于避难层或屋顶；通过风口控制以确保分区需要的加压送风量；

5）封闭式避难空间设置机械加压送风系统。

（2）防排烟系统手动、自动调试：

1）风机试运转前要求：

①电动机转向正确：油位、叶片数量、叶片安装角、叶顶间隙、叶片调节装置功能、调节范围均应符合设备技术文件的规定，风机管道内不得留有任何污杂物；

②叶片角度可调的调风机，应将可调叶片调节到设备技术文件规定的启动角度；

③盘车应无卡阻现象，并关闭所有人孔门。

2）防烟排烟系统试运转前，应检查和调节好防火阀、排烟阀的动作状态；检查和调整送风口或排风口内的风阀、叶片的开度和角度；检查管道和风机连接部分的严密性；检查设备运转的轴承部位及需要润滑的部位，添加适量润滑剂。

3）试运转前，应开启防火阀，将送、排烟口的调节阀全部开启。试运转中，应对每个排烟风口测试，核查各排烟风口的风量、整个系统的风压以及风机的转速，应符合设计排烟风口风量、系统的风压、风机转速的要求。系统和风口的风量应平稳，最末端排烟风口的风量应保证不小于设计风量的0.03倍，全系统的实测风量与设计总风量的偏差应不大于0.01倍。

4）如排烟系统与空调系统为同一（兼用）系统，调试时应分别按排烟和空调两种工作功能进行试运转，系统试运转的时间不少于2h。排烟系统的工作方式应达到排烟系统的设计要求，空调系统的工作方式应达到空调系统的设计要求。排烟系统试运转时应关闭空调系统的有关设备、部件，空调系统试运转时应关闭排烟系统的有关设备、部件。

5）排烟系统带有报警及联动系统时，应在报警联动系统全部完成后，才可进行联动试验。联动试验时，应与电工密切配合，使排烟系统及其报警、联动系统能有效地运行。

6）系统开通后即可进行系统测试，边测试边调整。测试结果不符合相应设计要求时，应调整排烟口的调节阀开度等，以达到设计要求。

7）用热电偶风速仪或齿轮风速仪测定风口的风量及风机出口的风量；测定时应尽量使测头或风轮贴近风口的格栅或网格，以便测定数据的精确性。

8）防排烟系统测试：

①手动操作消防联动控制器总线控制单元电动送风口、电动挡烟垂壁、排烟口、排烟阀、排烟窗、电动防火阀按键，检查对应的受控设备是否可灵活启动；

②手动操作消防联动控制器直接手动控制单元的加压送风机开启、停止控制按钮，对应的风机控制箱、柜应控制加压送风机启动机停止操作；

③应对排烟风机入口处的总管上设置的280℃排烟防火阀的动作信号反馈功能进行检查并记录：排烟风机处于运行状态时，关闭排烟防火阀，风机应停止运转；

④对加压送风系统的联动控制功能进行检查并记录，使报警区域内符合联动控制触发条件的两只火灾探测器，或一只火灾探测器和一只手动火灾报警按钮发出火灾报警信号；消防联动控制器应按设计要求发出控制电动送风口开启、加压送风机启动的启动信号，点亮启动指示灯；相应的电动送风口应开启，风机控制箱、柜应控制加压送风机启动；

⑤消防控制器图形显示装置及消防联动控制器应接收并显示受控设备的动作反馈信号，显示动作设备的名称和地址注释信息。

5. 电气火灾监控系统调试

（1）对剩余电流式电气火灾监控探测器的监控报警功能进行检查并记录，应按设计文件规定进行报警值设定；应采用剩余电流发生器对探测器施加报警设定值的剩余

电流，探测器的报警确认灯应在 30s 内点亮并保持；

(2) 对测温式电气火灾监控探测器的监控报警功能进行检查并记录，应按设计文件规定进行报警值设定；采用发热试验装置给监控探测器加热至设定的报警温度，探测器的报警确认灯应在 40s 内点亮并保持；

(3) 对电气火灾监控设备的自检功能、操作级别、故障报警功能、监控报警功能、消声功能、复位功能等主要功能进行检查并记录；监控设备应显示发出报警信号探测器的报警值，并指示报警部位。

6. 消防设备电源监控系统调试

(1) 对消防设备电源监控器的自检功能、消防设备电源工作状态实时显示功能、主备电源的自动转换功能、故障报警功能、消声功能、消防设备电源故障报警功能、复位功能等主要功能进行检查并记录；

(2) 模拟各类为消防设备供电的交流或直流电源（包括主、备电）发生中断供电等故障时，消防电源监控器实时显示电压、电流值及故障点位置，同时发出声光报警信号并记录故障信息。

7. 火灾应急照明及安全疏散指示系统调试

(1) 火灾应急照明及疏散指示灯的应急转换功能测试

模拟交流电源供电故障，应顺利转换为应急电源工作，转换时间不大于 5s。

(2) 应急工作时间及充放电功能测试

转入应急状态后，记录应急工作时间，测量工作电压。应急工作时间应不小于 90min，灯具电池放电终止电压应不低于额定电压的 80%，并有过充电、过放电保护。

(3) 应急照明照度测试

在应急状态下使应急照明灯打开 20min 后，用照度计在通道中心线任一点及消防控制室和发生火灾后仍需工作的房间测其照度，应急疏散照明的照度值需满足规范及设计要求。

(4) 疏散指示照度测试

用照度计在灯前 1m 处的通道中心点测其照度，其值满足规范及设计要求。

(5) 非火灾状态下系统控制

1) 非火灾状态下，系统正常工作模式为主电源为灯具供电，系统内所有非持续型照明灯为熄灭状态，持续型照明灯的光源为节电点亮模式；

2) 在非火灾状态下，系统主电源或楼层等的正常照明断电后，系统的控制设计应符合下列规定：集中电源或应急照明配电箱应连锁控制其配接的非持续型照明灯的光源可应急点亮、持续型灯具的光源由节电点亮模式转入应急点亮模式，灯具持续应急点亮时间应符合设计要求；系统主电源恢复后，集中电源或应急照明配电箱应连锁其配接灯具的光源恢复原工作状态；灯具持续点亮时间可达到设计文件规定的时间，且系统主电源仍未恢复供电时，集中电源或应急照明配电箱应连锁其配接灯具的光源熄灭。

（6）火灾状态下系统控制

1）火灾确认后，应急照明控制器应能按预设逻辑手动、自动控制系统应急启动，具有两种及以上疏散指示方案的区域应作为独立的控制单元，且需要同时改变指示状态的灯具应作为一个灯具组，由应急照明控制器的一个信号统一控制。高危险场所灯具光源应急点亮的响应时间不应大于 0.25s，其他场所的响应时间不应大于 5s。

2）应急照明控制器接收到火灾报警控制器的火灾报警输出信号后，应自动执行以下控制操作：控制系统所有非持续型照明灯的光源应急点亮，持续型灯具的光源由节电点亮模式转入应急点亮模式；控制 B 型集中电源转入蓄电池电源输出、B 型应急照明配电箱切断主电源输出；A 型集中电源应保持主电源输出，待接收到其主电源断电信号后，自动转入蓄电池电源输出；A 型应急照明配电箱应保持主电源输出，待接收到其主电源断电信号后，自动切断主电源输出，应急照明及疏散指示灯各种情况下的点亮状态如图 4.3-1 所示。

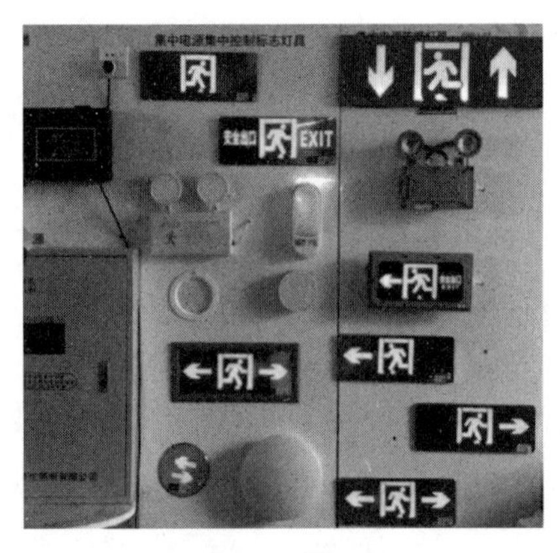

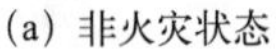
（a）非火灾状态

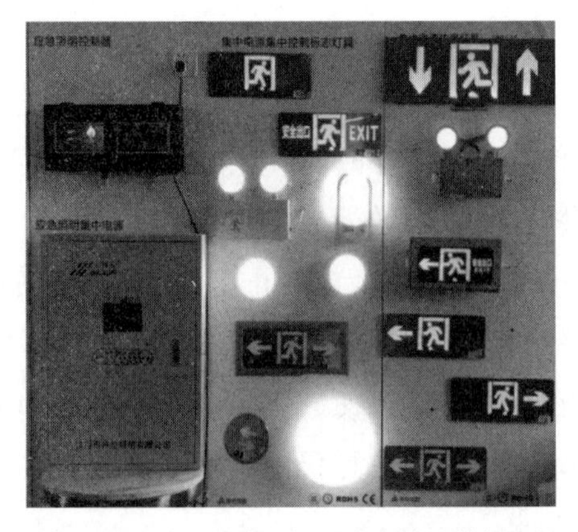

（b）消防联动、手动强启、主机强启、断电强启

图 4.3-1　应急照明及疏散指示灯各种情况下的点亮状态

8. 防火卷帘门控制系统调试

（1）检查各楼层卷帘门控制器主板接线，检查各个防火卷帘门的限位开关是否调试到位；对各个卷帘门控制器进行现场手动操作试验，确定单台控制器正常工作。

（2）帘板平均升降速度测试：测试卷帘从上始点至全闭的时间，卷帘内幅高不超过 2m 时，手动或电动启闭的平均升降速度均为 2 ~ 6m/min；卷帘内幅高 2 ~ 5m 时，电动启闭的平均升降速度为 2.5 ~ 6.5m/min，手动启闭的平均升降速度为 3 ~ 7m/min；卷帘内幅高超过 5m 时，手动或电动启闭的平均升降速度均应为 3 ~ 9m/min。

（3）手动控制功能调试时，手动操作防火卷帘控制器上的按钮和手动按钮盒上的按钮，可控制防火卷帘的上升、下降、停止。

（4）自动控制功能调试时，当防火卷帘控制器接收到火灾报警信号后，应输出控制防火卷帘完成相应动作的信号，并应符合下列要求：

1）控制分隔防火分区的防火卷帘由上限位自动关闭至全闭；

2）防火卷帘控制器接到烟感火灾探测器的报警信号后，控制防火卷帘自动关闭至中位（1.8m）处停止，接到感温火灾探测器的报警信号后，继续关闭至全闭；

3）防火卷帘半降、全降的动作状态信号应反馈到消防控制室。

（5）自重下降功能调试时，应将卷门机电源设置于故障状态，防火卷帘应在防火卷帘控制器的控制下，依靠自重下降至全闭。切断卷门机电源，按下防火卷帘控制器下降按钮，检查防火卷帘动作、运行情况。

9. 防火门监控系统调试

（1）对常开防火门监控模块的启动功能、反馈功能进行检查并记录。操作防火门监控器，使监控模块动作；监控模块应控制防火门定位装置和释放装置动作，常开防火门应完全闭合；监控器应接收并显示常开防火门定位装置的闭合反馈信号、释放装置的动作反馈信号，显示发送反馈信号部件的类型和地址注释信息。

（2）对常闭防火门监控模块的防火门故障报警功能进行检查并记录。测试时应使常闭防火门处于开启状态，监控器应发出防火门故障报警声、光信号，显示故障防火门的地址注释信息。

4.3.3　消防联动测试

1. 消防联动测试前应具备的条件

（1）消防联动测试前，首先确保各消防系统已全部施工完毕，单机试运转已符合要求；装修等非消防工程已基本结束或已进入修缮扫尾阶段；

（2）确认现场各回路的报警点主机已全部登录完毕并无故障显示；

（3）对现场各火灾探测设备逐个进行加烟、加温或手动试验，其报警灵敏度、响应时间等参数均应满足规范要求。

2. 消防联动测试要求及联动方式

（1）消防系统联动测试要求

按楼层和防火分区逐个测试，在楼层或防火分区内随机触发一个烟感探测器或感温探测器，形成消防报警系统一次报警信号，检查与非消防类风机联动被控设备、与消防类风机联动被控设备、消防卷帘、门禁系统的联动情况。随后，再触发该楼层或防火分区内的另一个探测器，或在消防报警主机上按下火灾确认按钮，检查电梯、电源、防火卷帘、消防广播及警铃的联动情况。

（2）消防系统联动测试方式

消防系统联动测试方式如图 4.3-2 所示。

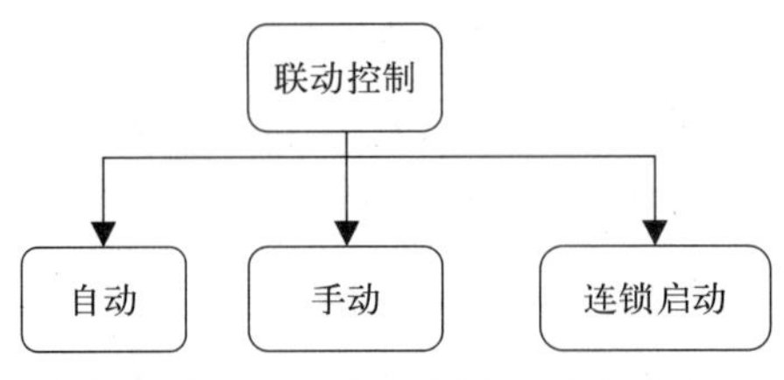

图 4.3-2　消防系统联动测试方式

3. 室内消火栓系统报警联动控制

（1）消防水泵的联动试验

各回路选取一定数量的消火栓进行试验，通过消控中心手动按钮直接操作，消防水泵均应可靠启动；消防水泵启动时，在一层选择两个相邻的消火栓和屋顶的试验消火栓进行试射，其喷射强度应符合消防规范要求。消火栓泵启动逻辑示意图如图 4.3-3 所示。

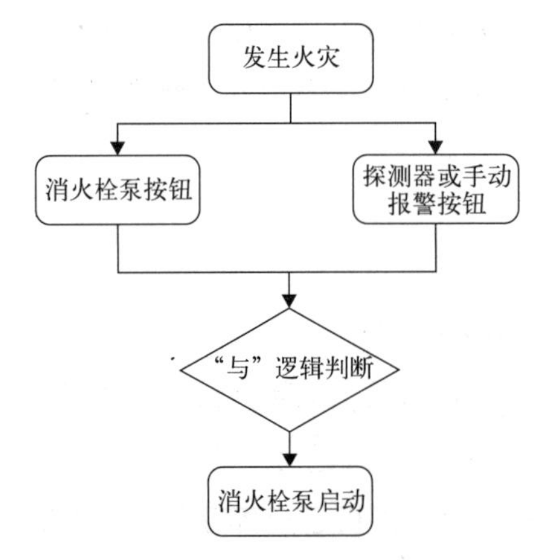

图 4.3-3　消火栓泵启动逻辑示意图

（2）室内消火栓系统自动控制

当消防报警联动控制主机处于自动状态时，如果消火栓按钮与同一防护区域内的任一火灾探测器或手动报警按钮的报警信号同时报警，自动启动消防水泵。

当建筑物内无火灾自动报警系统时，消火栓按钮应作为直接启动消防水泵的开关，可直接启动消防水泵。

（3）室内消火栓系统连锁启动

高位水箱出口的流量开关动作信号、消防水泵出水主管上的压力开关动作信号，

均需直接连锁启动消防水泵方式，如图 4.3-4 所示。

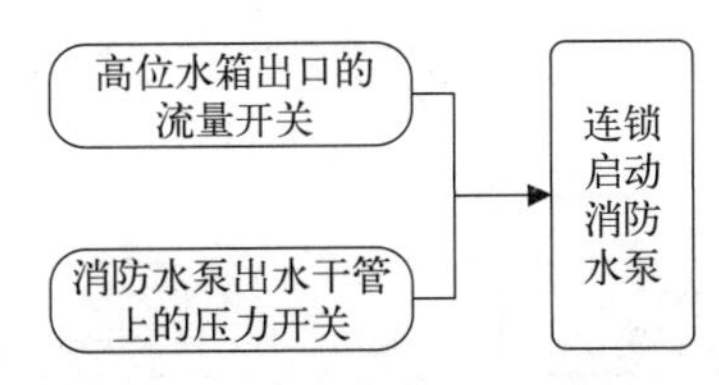

图 4.3-4　连锁启动消防水泵方式

消火栓按钮、高位水箱出口的流量开关、消防水泵出水主管上压力开关的动作信号，以及消防水泵的启停和故障信号，均应反馈至控制中心的消防报警主机及消防控制器图形显示装置。

（4）消防水泵和消防车同时加压补水测试

测试最不利楼层连接消火栓最大有效出枪数、水枪有效射程、持续时间最不利点消火栓压力、消防车泵流量、消防车泵压力等数据。连通大型商业综合体的超高层建筑，需同步测试最高、最低和最远端消火栓加压反应时间和出枪数量。

实地测试步骤和方法：以消防水泵和消防车同时加压补水供水方式为例，在最不利楼层（一般为天面，未设天面的可为最高避难层）设置 1 名指挥员、1 名记录员、6 名操作员。室内消火栓提前连接好水枪并进行编号，设置测压水枪，需水枪均保持闭合状态，准备就绪后，现场指挥员通知消防控制室和消防车加压补水，操作员根据现场指挥员指令依次射水，记录员记录好消防车泵流量、压力数据，以及测压水枪有效射程、压力变化数据。

4. 湿式自动喷水灭火系统报警联动控制

（1）喷淋泵的联动试验

1）对各层的末端放水装置逐个进行放水试验，湿式报警阀、水流指示器均应可靠动作，同时消控中心应有信号显示并联动喷淋泵启动。通过消控中心手动按钮直接操作，喷淋泵均应可靠启动。

2）消防水泵可以在控制中心（消防控制室）远程手动启动，也可以在现场消防水泵控制箱（柜）上直接启动。

3）消防水泵控制箱（柜）的启动、停止按钮，应采用专用线路直接连接至设置在消防控制室内的（消防联动控制器）手动控制盘，可在消防控制室直接手动控制消防水泵的启动、停止。

4）各连锁部件的连接线路，以及连锁部件至消防水泵控制箱（柜）的线路，应采用专用线路直接连接；所有连锁启动信号，不应受消防报警联动控制系统处于自动或手动状态的影响。

5）喷淋泵启动逻辑如图 4.3-5 所示。

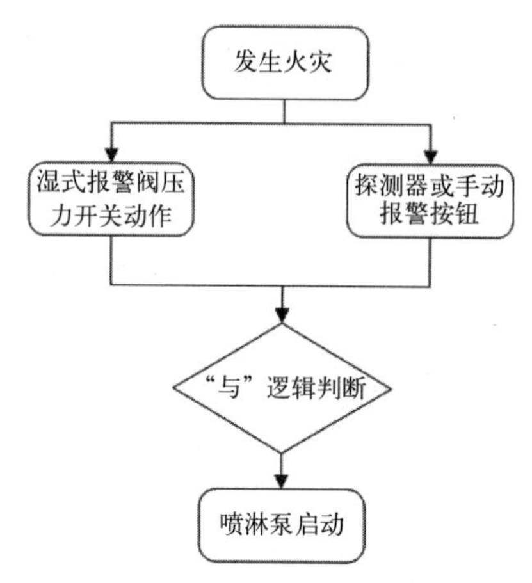

图 4.3-5　喷淋泵启动逻辑

（2）湿式自动喷水灭火系统自动控制

当消防报警联动控制主机处于自动状态时，如果报警阀压力开关的动作信号与该报警阀防护区域内任一火灾探测器或手动报警按钮的报警信号同时报警，自动启动消防水泵。

（3）湿式自动喷水灭火系统连锁启动

1）湿式自动喷水灭火系统连锁启动方式如图 4.3-6 所示。

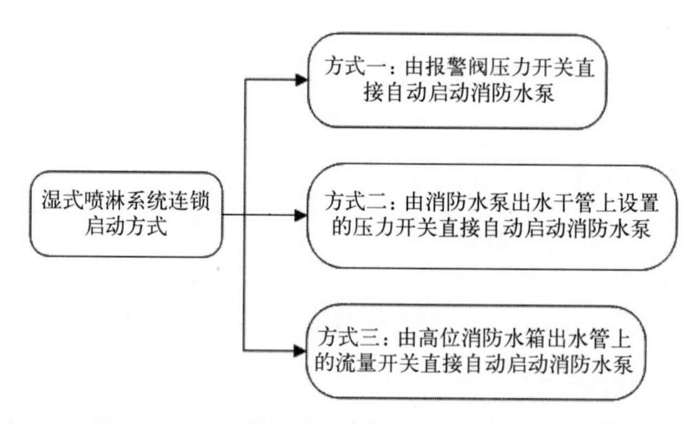

图 4.3-6　湿式自动喷水灭火系统连锁启动方式

2）湿式自动喷水灭火系统的火灾探测部件为闭式喷头，湿式自动喷水灭火系统应在开放一支洒水喷头后自动启动。

3）湿式报警阀的压力开关直接连锁消防水泵启动，并不完全依赖火灾报警系统。湿式自动喷水灭火系统连锁动作状态如图 4.3-7 所示。

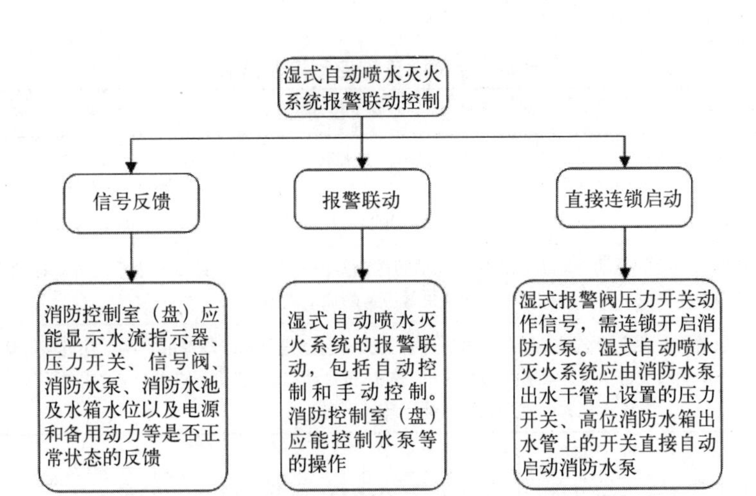

图 4.3-7　湿式自动喷水灭火系统连锁动作状态

（4）消防水泵和消防车同时加压补水测试

测试内容：末端试水装置静水压力、末端试水工作压力，放水水泵启动时间、湿式报警阀工作压力，消防车泵流量、消防车泵压力等；如有防火分隔水幕、防护冷却水幕消防设施的，需测试重点防火分隔设施完整性。

测试步骤和方法：在最不利楼层（一般为最高层）的末端试水装置处，设置 1 名指挥员、1 名记录员、2 名操作员。在确认全部就位后，现场指挥员通知消防控制室和消防车加压补水，待加压稳定后，操作员根据现场指挥员指令打开末端试水装置。记录员做好末端试水装置静水压力、末端试水工作压力、放水水泵启动时间、湿式报警阀工作压力、消防车泵流量、消防车泵压力等数据记录，其他供水方式的测试步骤和方法参照进行。

5. 防排烟系统联动试验

（1）火灾发生时，排烟风机通过排烟管道（风道）排烟口，将房间、走道等空间的火灾烟气排至建筑物外；正压送风机通过管道（风道）送风口，向着火楼层及相邻楼层楼梯间、电梯前室区域送风；

（2）排烟风机和送风机的启动、停止按钮，应采用专用线路直接连接联动控制器的手动控制盘，并应直接手动控制排烟风机、送风机的启动、停止；

（3）排烟口、排烟阀、排烟防火阀开启和关闭的动作信号，排烟风机、送风机的启动和停止信号，电动防火阀关闭的动作信号，以及挡烟垂壁上升到位（上限位）和下降到位的信号（下限位）均应反馈至消防联动控制器；

（4）防排烟系统的联动控制包括自动、手动、连锁启动控制方式，见表 4.3-1；

（5）当火灾确认后，担负两个及以上防烟分区的排烟系统，仅打开着火防烟分区的排烟口或排烟阀，其他防烟分区的排烟口或排烟阀应呈关闭状态；

自动、手动、连锁启动控制方式　表 4.3-1

控制方式	说明
自动控制	在自动控制方式下，同一防烟分区内两只独立的火灾探测器报警，或一只火灾探测器与一只手动报警按钮报警，火灾自动报警系统应在 15s 内联动开启相应防烟分区的全部排烟阀、排烟口、排烟风机、挡烟垂壁和补风设施，并应在 30s 内自动关闭与排烟无关的通风、空调系统，60s 以内挡烟垂壁应开启到位
手动控制	机械排烟系统的手动控制方式，应能在消防控制室内的消防联动控制器上手动控制挡烟垂壁、排烟口、排烟阀的开启或关闭及排烟风机、送风机等设备的启动或停止
连锁启动	连锁启动是一种直接多线启动的方式，不应受火灾自动报警系统故障的影响。在机械排烟系统中，系统中任一排烟阀或排烟口开启时，排烟风机、补风机自动启动；排烟风机入口处的排烟防火阀，应在 280℃时自行关闭，并应连锁关闭排烟风机和补风机

（6）常闭排烟口或排烟阀的开启信号应作为排烟风机、送风机启动的联动触发信号，连锁开启排烟风机和送风机；并应向消防控制主机发出报警信号，联动开启同一防烟分区的其他常闭排烟口或排烟阀；

（7）根据系统联动控制逻辑设计文件的规定，对电动挡烟垂壁、排烟系统的联动控制功能进行检查并记录；电动挡烟垂壁、排烟系统的联动控制功能应符合下列规定：

1）应使防烟分区内符合联动控制触发条件的两只烟感火灾探测器发出火灾报警信号；

2）消防联动控制器应按设计规定控制电动挡烟垂壁下降，控制排烟口、排烟阀、排烟窗开启，控制空气调节系统的电动防火阀启动，点亮启动指示灯；

3）电动挡烟垂壁、排烟口、排烟阀、排烟窗、空气调节系统的电动防火阀应动作；

4）消防联动控制器应接收并显示电动挡烟垂壁、排烟口、排烟阀、排烟窗、空气调节系统电动防火阀的动作反馈信号，显示设备的名称和地址注释信息；

5）消防联动控制器接收到排烟口、排烟阀的动作反馈信号后，应发出控制排烟风机启动的信号；

6）风机控制箱、柜应控制排烟风机启动；

7）消防联动控制器应接收并显示排烟分机启动的动作反馈信号，显示设备的名称和地址注释信息；

8）消防控制器图形显示装置应显示火灾报警控制器的火灾报警信号、消防联动控制器的启动信号、受控设备的动作反馈信号，显示的信息应与控制器的显示信息一致；

（8）实地测试：

实地测试内容：排烟系统的响应时间、联动风机情况、风速。连通大型商业综合体的超高层建筑，还需同步测试综合体中庭的排烟启动方式及启动时间。

实地测试步骤和方法：安排 1 名记录员测试送风口面积、排烟口面积，操作员根据现场指挥员指令利用烟感测试枪触发烟感报警，记录员做好烟感报警后防排烟系统响应时间、送风口风速、排烟口风速等数据记录；再计算出理论排烟量、送风机械能力、

排烟机械能力的数据。

6. 其他设施系统联动试验

(1) 电梯追降的联动试验

1) 对各区块的电梯逐个进行火灾模拟试验（烟感、温感、手报、排烟阀等动作），经火灾确认后电梯应能追降在首层。

应使报警区域符合电梯、非消防电源等相关系统联动控制触发条件的火灾探测器、手动火灾报警按钮发出火灾报警信号；消防联动控制器应按设计文件的规定发出控制电梯停于首层或转换层的信号，切断相关非消防电源。

2) 测试内容：手动控制情况下，消防电梯从最高处坠降的时间，消防电梯运载人员及器材的数量，以及上升过程中更换目标楼层后电梯响应情况。

测试步骤和方法：设置 1 名指挥员、1 名记录员、15 名操作员，在手动控制情况下，操作员根据现场指挥员指令按下按钮，记录员做好消防电梯从最高处坠降的响应时间的记录。在现场指挥员指令下，试装人员依次进入消防电梯，待电梯超载报警后记录人员数量。在现场指挥员指令下，依次放入两盘 80 水带，待电梯超载报警后记录水带数量。消防模式下，指挥员控制消防电梯至顶楼，电梯上行过程中更换目标楼层，记录电梯响应情况。

(2) 防火卷帘门的联动试验

对各防火分区内的防火卷帘门逐个进行火灾模拟试验（烟、温感同时报警或手动报警、排烟阀等动作），经火灾确认后，火灾层及相邻层的防火卷帘门应能顺利关闭。

测试内容：防火分区设置情况、防火卷帘门控制方式以及启动关闭时间。

测试步骤和方法：在防火卷帘门处设置 1 名指挥员、1 名记录员、2 名操作员。操作员根据现场指挥员指令利用烟感测试枪触发烟感报警，测试防火卷帘门一次降至地面以及降至离地 1.8m 处所需时间，另一名操作员利用高温触发温感报警，利用秒表测试二次下放所需时间。操作人员根据现场指挥员指令按下手动按钮，记录员记录防火卷帘降至地面所需时间。

(3) 消防电源切断、点亮事故应急照明的联动试验

对各防火分区逐个进行火灾模拟试验（烟感、温感、手报、排烟阀等动作），经火灾确认后，火灾层及相邻层的非消防电源（空调、动力、普通照明等）应全部被切断，同时点亮相应的事故应急照明。

(4) 火灾事故广播的联动试验

对各防火分区逐个进行火灾模拟试验（烟感、温感、手报、排烟阀等动作），经火灾确认后，火灾层及相邻层的火灾事故广播应被打开，并开启指导人员疏散的消防广播，测试其广播音量；区域内所有的火灾声光警报器和扬声器交替工作，应符合消防规范的要求。

7. 消防控制室综合测试

测试内容：火灾自动报警系统自检测试和联动测试、消防应急广播播报和引导功能测试、最不利点通信装备测试，消防电源主、备电切换功能测试以及消防控制室联动功能测试。

测试步骤和方法：在消防控制室设置1名指挥员、1名记录员，在建筑最不利点（一般为消防水泵房）设置1名操作员，选择5个不同楼层（含最高层和地下最低层）各设置1名操作员，在确认全部就位后，现场指挥员通知消防控制室值班人员，对火灾自动报警控制器进行自检和复位功能测试，记录员做好设备是否正常运行的记录。

自检完成后，指挥员通知最高层操作员，启动同一防烟分区内的1个手动火灾报警按钮，触发1个烟感探测器。记录员做好防排烟系统、应急广播、应急照明、防火卷帘门等设施是否联动，以及非消防电源是否切断的记录。指挥员在通知值班人员对火灾自动报警控制器进行消声和复位后，组织进行通信装备测试，依次通知最不利点的楼层操作员，使用消防专用电话与控制室通话，反馈所在楼层消防应急广播播报情况、记录员同步做好通话质量和内容记录。

指挥员通知配电房切断建筑主电源，记录员记录主、备电源切换功能情况、切换响应时间以及发电机组发电能力。

（1）火灾自动报警系统虚拟灭火过程演示如图4.3-8所示；

（a）烟雾触发烟感探测器报警并发出信号

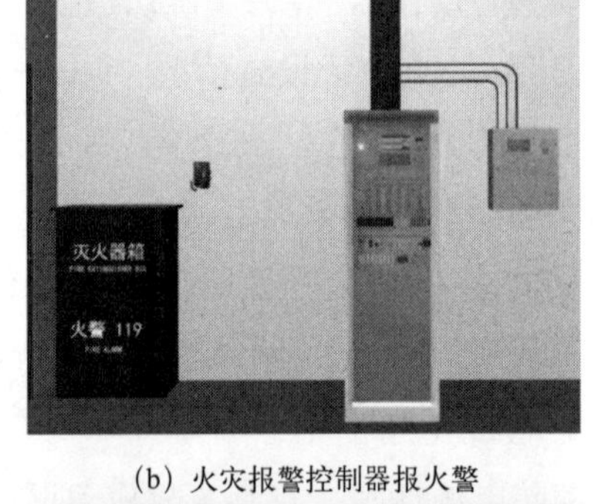

（b）火灾报警控制器报火警

（c）第二个探测器触发全楼声光报警及广播

（d）电梯迫降到首层

图4.3-8　火灾自动报警系统虚拟灭火过程演示（一）

（e）联动打开相应防烟分区排烟风口

（f）联动开启对应的排烟风机及送风机

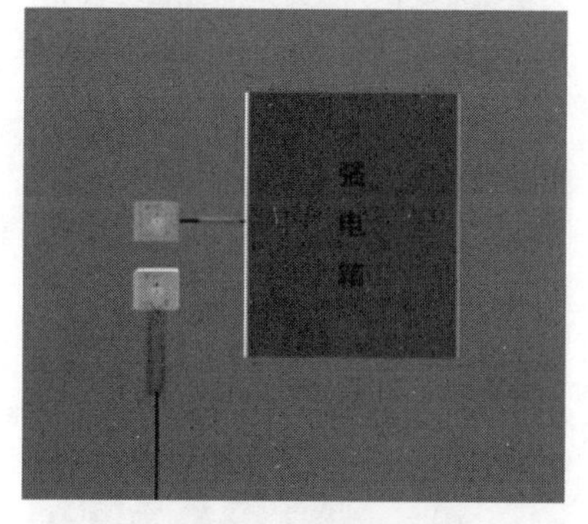

（g）联动切断非消防电源

（h）打开应急照明系统进行智能疏散

（i）联动关闭防火分区防火门

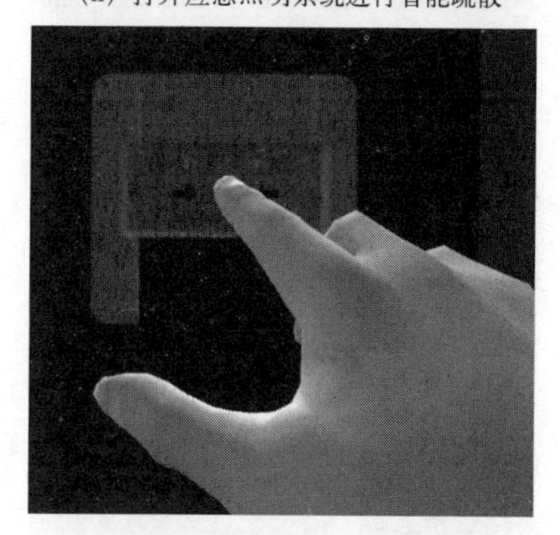

（j）消防员赶到现场按下消火栓按钮

（k）联动消防水泵开启

（l）消防员打开消火栓灭火

图 4.3-8　火灾自动报警系统虚拟灭火过程演示（二）

（2）自动喷淋系统灭火过程演示如图 4.3-9 所示。

（a）地库车辆着火烟雾报警

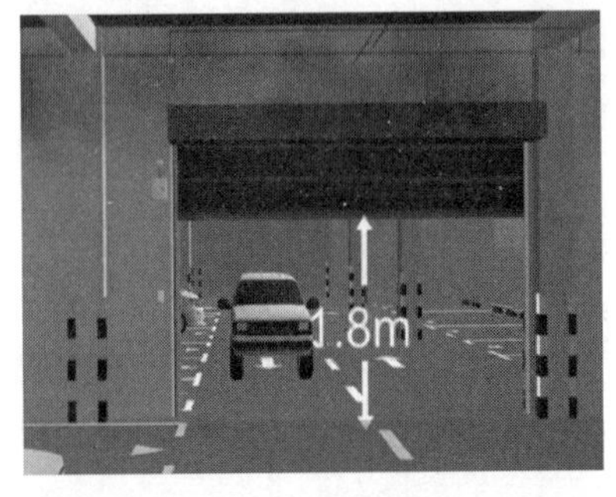

（b）卷帘自动关闭至中位（1.8m）处停止

（c）感温探测器报警联动关闭至全闭

（d）温度上升至喷头破裂洒水灭火

（e）火灾区域水流指示器信号反馈

（f）管网压差湿式报警阀报警压力开关动作

（g）联动喷淋泵开启

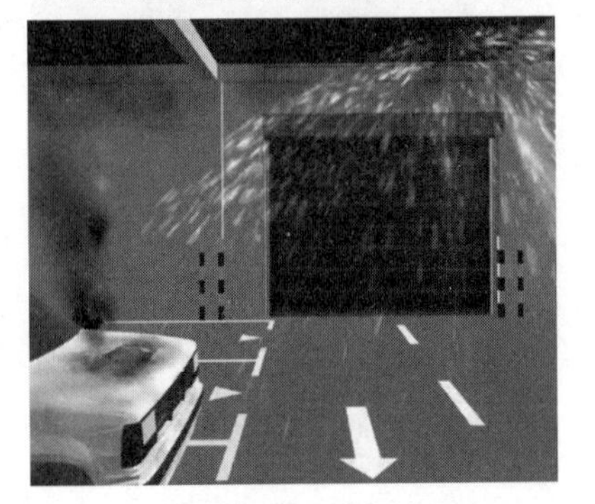

（h）补充水压扑灭火灾

图 4.3-9　自动喷淋系统灭火过程演示

8. 气体灭火系统联动测试

对每个气体灭火保护区逐个测试。首先，在气体灭火保护区内触发烟感探测器，检查该楼层的火灾一次报警联动是否正确。然后，在气体灭火保护区内触发二次报警，待收到气体喷放信号后，检查相关风阀、防火阀、门、窗是否关闭，并检查该楼层的火灾确认后的联动是否正确。延时期间，手动操作防护区域内设置的现场停止按钮，灭火控制器应停止正在进行的操作。消防控制器图形显示装置应显示灭火控制器的启动信号、停止信号，且显示的信息应与控制器的显示一致。不管系统处于自动还是手动控制状态，气体灭火的手动控制始终有效。

（1）有管网气体灭火系统工作原理如图 4.3-10 所示，系统示意图如图 4.3-11 所示，系统安装示意如图 4.3-12 所示。

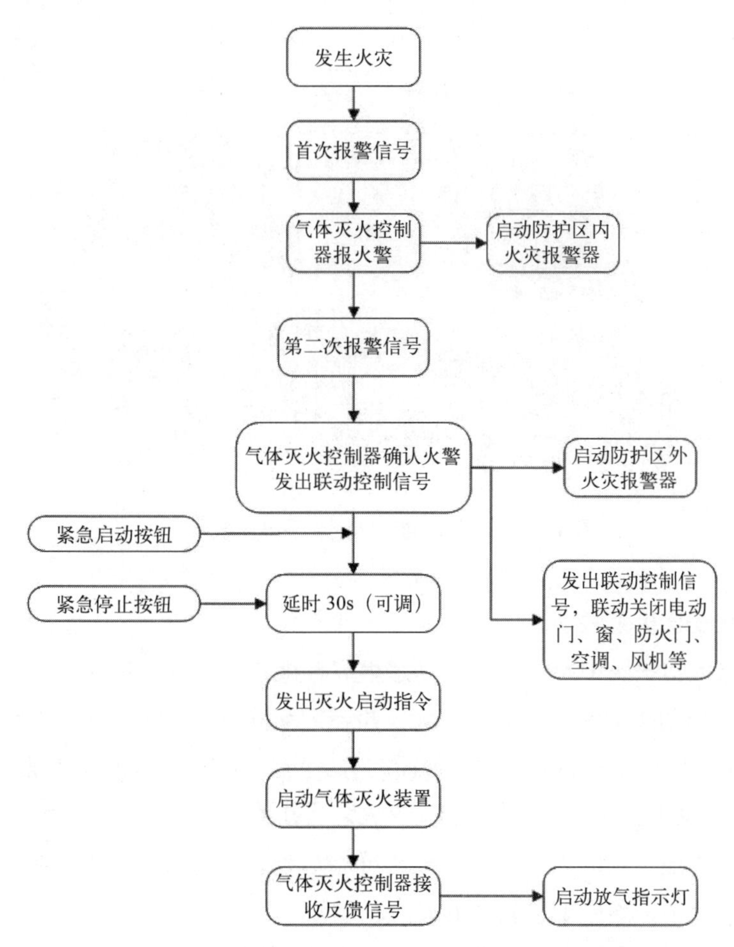

图 4.3-10　有管网气体灭火系统工作原理及示意图

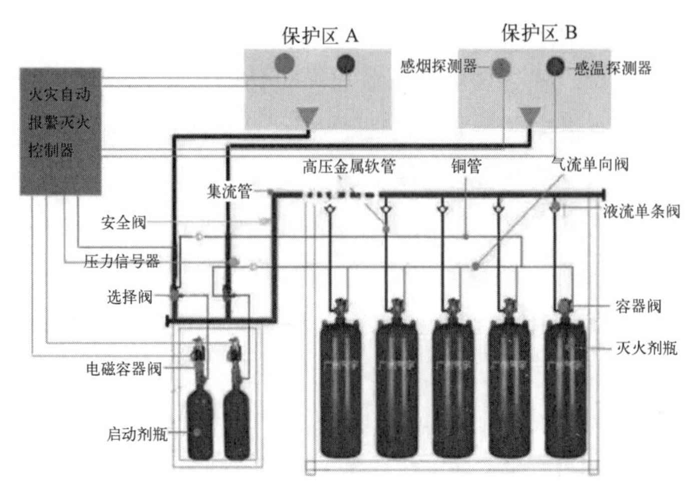

图 4.3-11　有管网气体灭火系统示意图

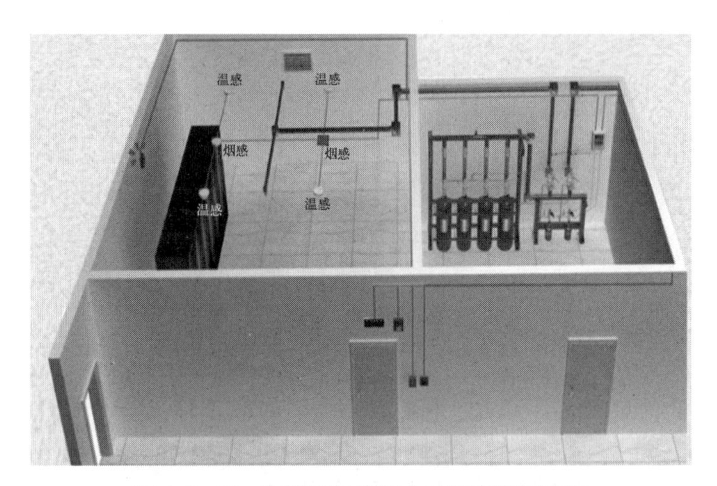

图 4.3-12　有管网气体灭火系统安装示意图

（2）烟温复合报警联动。

在气体灭火防护区中，一般布置烟感火灾探测器和感温火灾探测器。当某个探测器发出报警，启动防护区内的火灾声光警报器；当另一个不同类别的火灾探测器发出报警，则确认火警信息，启动防护区外面的火灾声光警报器，同时发出联动控制信号，延时 0 ~ 30s 后发出灭火启动指令，启动灭火装置并关闭风阀及风机。在一些特殊场所，可能需要布置其他类别的火灾探测器，还可能是布置手动报警按钮，这时可以把不同的火灾探测器分类，参照烟温复合的方式联动。

（3）两个独立的火警信号联动。

在一些特殊情况下，也可以由两只独立的火灾探测器的报警信号确认火警，或由一只火灾探测器与一只手动报警按钮的报警信号确认火警。当第一个火警信号发出时，启动防护区内的火灾声光警报器；当另一个火警信号发出时，则确认火警信息，启动

防护区外面的火灾声光警报器，同时发出联动控制信号，延时 0 ~ 30s 后发出灭火启动指令，启动灭火装置并关闭风阀及风机。

（4）气体灭火的机械应急操作。

机械应急操作是指通过手动操作驱动气体瓶组的电磁驱动装置来启动灭火。当系统自动和手动都失效，确认防护区人员都已撤离的情况下，可以拉开对应防护区的驱动气体瓶组电磁驱动装置的保险销，按下电磁驱动装置上部的启动按钮，直接启动。在没有气体驱动瓶组或电磁驱动装置手动失效的情况下，也可手动打开选择阀，再手动打开灭火剂瓶组容器阀，启动灭火。

（5）管网式七氟丙烷气体灭火系统联动演示如图 4.3-13 所示。

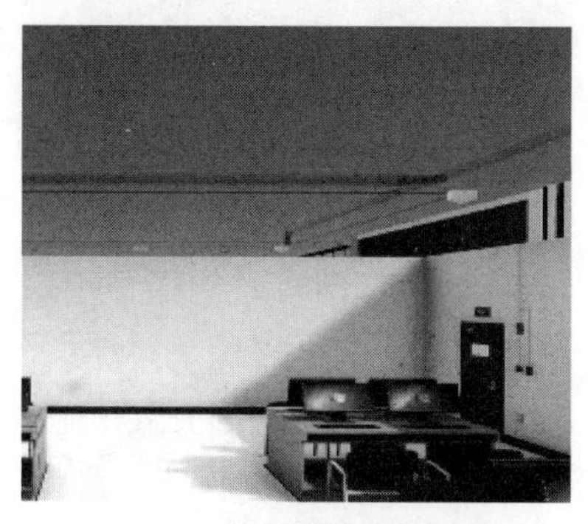

（a）防火区发生火灾

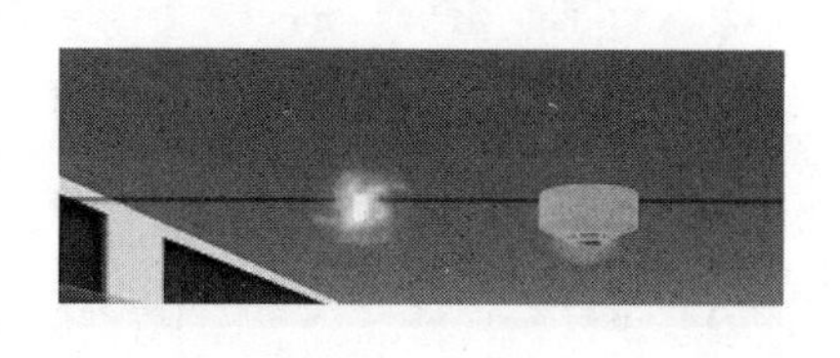

（b）烟感探测报警并发出信号

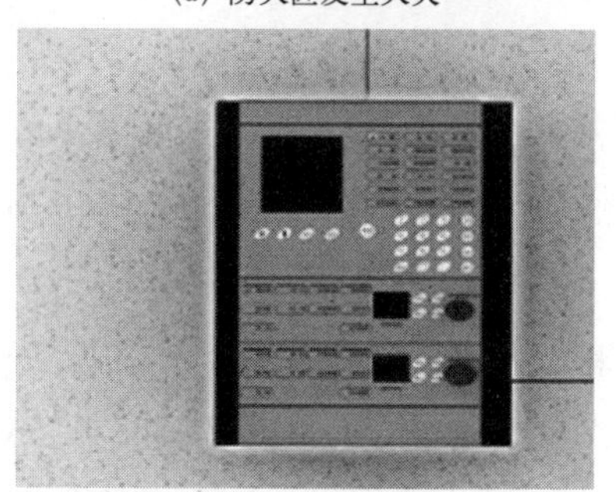

（c）气体报警主机发出报警信号

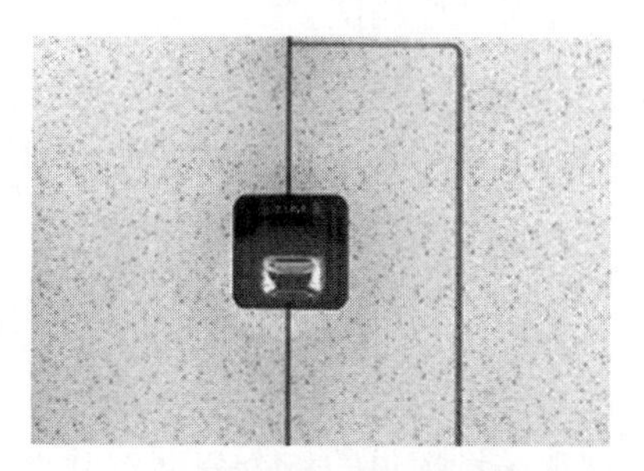

（d）启动防护区域的声光报警

（e）随着温度不断上升，触发感温探测器报警

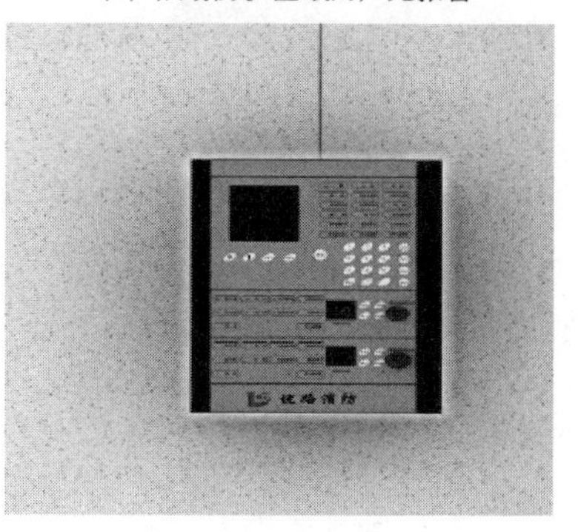

（f）联动关闭通风机门窗

图 4.3-13　管网式七氟丙烷气体灭火系统联动演示（一）

(g) 倒计时结束，打开气体灭火

(h) 经管网输送灭火剂到火灾区域

(i) 放气勿入灯点亮，防止人员进入

(j) 超压（100Pa）时泄压口自动打开

图 4.3-13 管网式七氟丙烷气体灭火系统联动演示（二）

9. 灭火救援设施测试

测试内容：重型水罐消防车通道通行、承载能力，消防车登高操作场地车辆行进以及停靠和举升救援能力，消防救援窗开启和人员疏散能力和屋顶直升机停机坪消火栓情况。

测试步骤和方法：安排 1 名记录员利用米尺测试消防通道和登高作业场地的长度、宽度、坡度、与建筑外墙距离。在地面设置 1 名指挥员、1 名记录员、2 名操作员，操作员根据现场指挥员的指令分别驾驶重型水罐消防车、登高平台消防车来测试工作期间场地与建筑之间是否存在障碍物，操作登高平台消防车对消防救援窗人员疏散能力进行测试并记录相关数据。

4.4 减振降噪施工关键技术

4.4.1 技术概述

机电工程减振降噪是指对机电设备及其管道进行减振、隔声、消声、吸声的处理，阻隔噪声的来源，阻断振动噪声的传播途径，旨在降低机电设备及其管道产生的振动、

噪声对工作、生活和周边环境的不利影响，降低外部振动对仪器仪表、机器设备的不利影响。

减振措施分为主动隔振和被动隔振。主动隔振是指对振动源采取的隔振措施；被动隔振是指对受振动影响的仪器、仪表、机器等设备采取的隔振措施。均可通过在物体与基础之间装设弹性支承来实现。

降噪措施主要包括隔声措施、消声措施、吸声措施。隔声措施是利用隔声材料把噪声围闭在一定的空间内，声波入射到隔声材料上，其中一部分被反射，一部分被吸收，一部分透过结构辐射出去；通过尽量减少声能透射结构辐射出去，降低隔声空间外的声压级而达到降噪的目的。消声措施是指设备的管网系统或进、出风口处，采用消声治理措施，使设备噪声得到有效衰减又能保证气流正常通过。吸声措施是指在隔声结构内设置吸声材料，声波入射到吸声材料时，由于摩擦和黏滞阻力以及导热性能，部分声能转化为热能而消耗掉；可降低在隔声结构空间内由于混响声而叠加的声压级，一般可降低 3 ~ 5dB（A）的混响声，同时还可有效加强隔声结构的隔声量。

本技术适用于风机、空调机组、空气压缩机、水泵、冷凝器、冷冻机组、密闭式冷冻设备、冷却塔、热泵、换热器、发电机、变压器、换气装置、管路系统等机电设备及其管路系统的减振降噪系统施工。设备减振现场图见图 4.4-1。

图 4.4−1　设备减振现场图

4.4.2　工艺流程

减振措施的施工流程主要为：确定减振目标及应用对象→减振器选型计算→减振器现场交底→减振器现场安装调试。减振措施的施工流程图如图 4.4-2 所示。

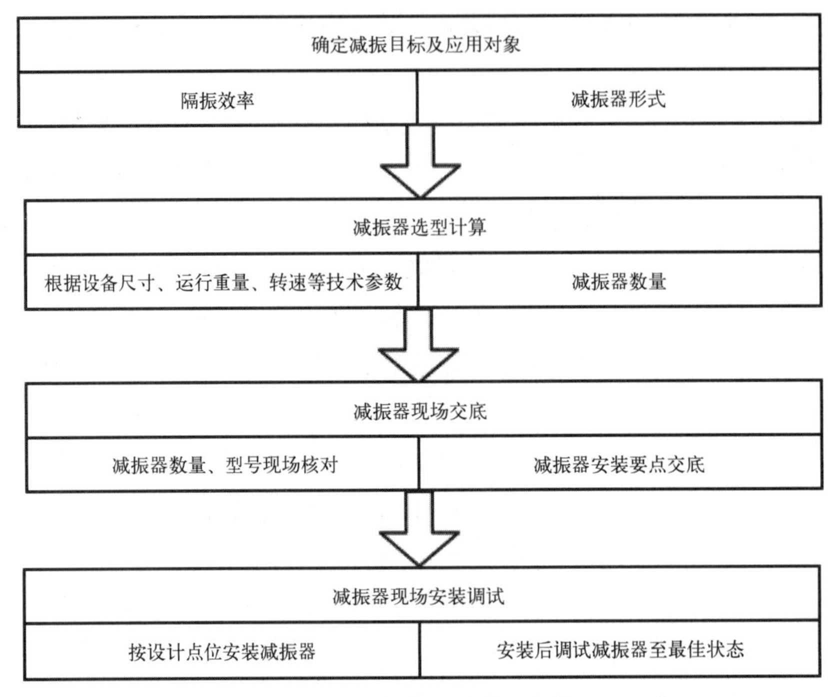

图 4.4-2 减振措施的施工流程图

隔声措施施工流程主要为：确定隔声目标及应用区域→落实隔声材料选型及规格→落实隔声措施施工要点→隔声措施现场安装调试。隔声措施施工流程图如图 4.4-3 所示。

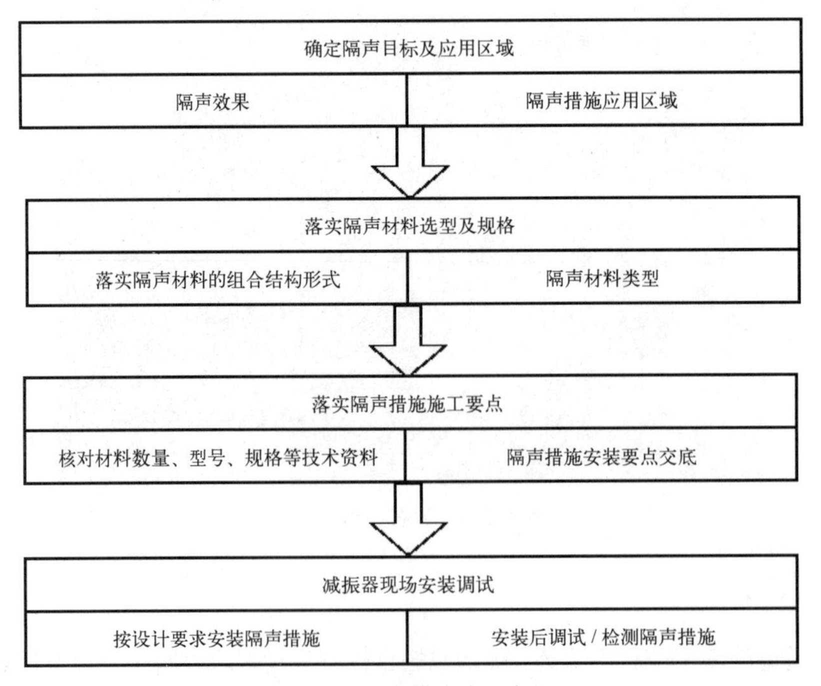

图 4.4-3 隔声措施施工流程图

消声措施施工流程主要为：确定消声目标及应用对象→消声材料选型计算→落实消声措施施工要点→消声措施现场安装调试。消声措施施工流程图如图 4.4-4 所示。

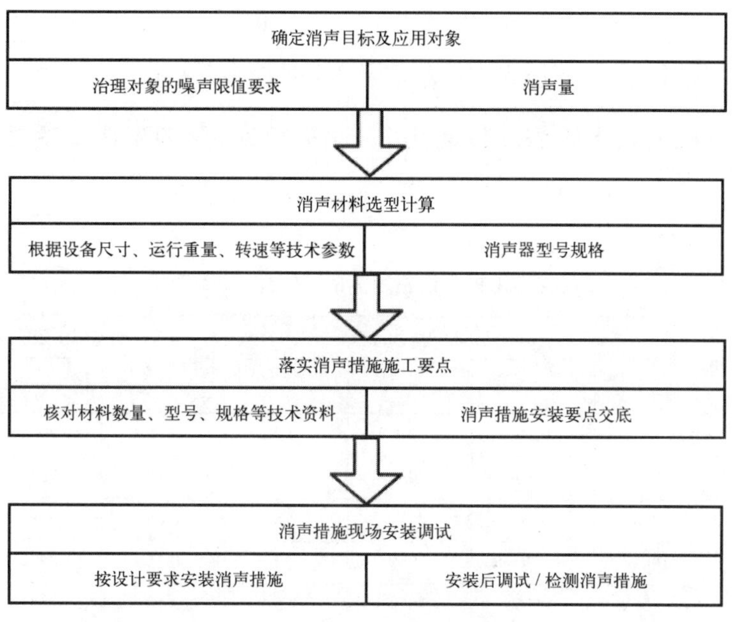

图 4.4-4　消声措施施工流程图

吸声措施施工流程主要为：确定吸声措施技术参数及应用区域→吸声材料选型→落实吸声措施施工要点→吸声措施现场安装检修。吸声措施施工流程如图 4.4-5 所示。

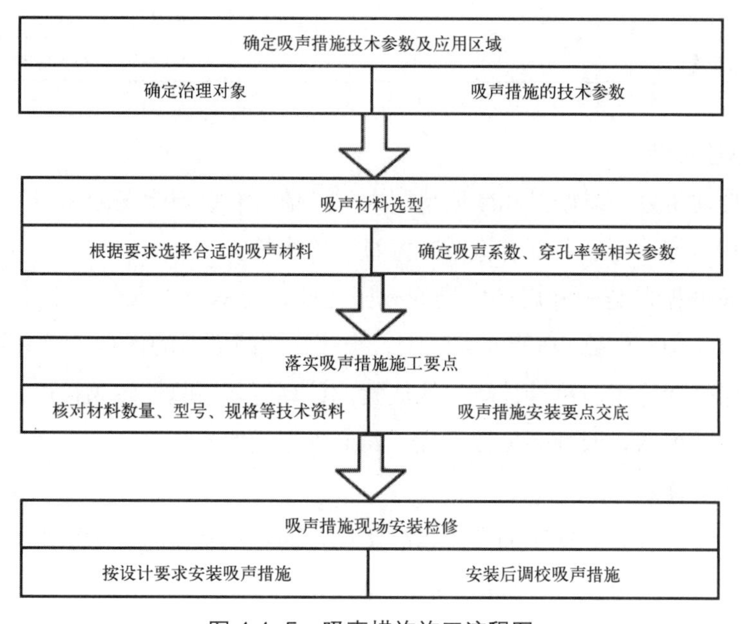

图 4.4-5　吸声措施施工流程图

4.4.3 技术要点

1. 减振系统的选用

当通风、空气调节、制冷装置、水泵以及发电机等设备及其管网的振动噪声靠自然衰减不能达标时，应设置减振元件，或采取其他减振措施。

各种常用机电设备所需的传递比 T、隔振效率 η、频率比$\frac{f}{f_0}$参考值，可参照表 4.4-1。

各种常用机电设备所需的 T、η、$\frac{f}{f_0}$参考值　　表 4.4-1

序号	类型		地下室、工厂			两层以上建筑的楼层		
			T	η	$\frac{f}{f_0}$	T	η	$\frac{f}{f_0}$
1	风机		0.30	70%	2.2	0.10	90%	3.5
2	泵	≤ 3kW	0.30	70%	2.2	0.10	90%	3.5
		> 3kW	0.20	80%	2.8	0.05	95%	5.5
3	往复式冷冻机	< 10kW	0.30	70%	2.2	0.15	85%	3.0
		10 ~ 40kW	0.25	75%	2.5	0.10	90%	3.5
		40 ~ 110kW	0.20	80%	2.8	0.05	95%	5.5
4	离心式冷冻机		0.15	85%	3.0	0.05	95%	5.5
5	密闭式冷冻设备		0.30	70%	2.2	0.10	90%	3.5
6	冷却塔		0.30	70%	2.2	0.15 ~ 0.20	80% ~ 85%	2.5 ~ 3.0
7	发电机		0.20	80%	2.8	0.10	90%	3.5
8	换气装置		0.30	70%	2.2	0.20	80%	2.8
9	管路系统		0.30	70%	2.2	0.05 ~ 0.10	90% ~ 95%	3.5 ~ 5.5

2. 常见减振材料

减振元件通常分为减振器和减振垫两大类。前者有金属弹簧减振器、橡胶减振器、空气弹簧减振器等，而后者则有橡胶减振垫、软木等。

金属弹簧减振器是一种用途广泛的减振元件，能承受十几公斤至十几吨的荷载，静态压缩量可从 10mm 到 100mm 或以上。金属弹簧减振器的优点主要有：

（1）力学性能稳定，设计计算方法成熟，计算值与试验值较为接近；

（2）固有频率低，低频隔振效果优于其他隔振元件；

（3）便于更换；

（4）使用年限长，能抵抗油类、水的侵蚀，而且不易受温度的影响；

（5）加工、制作方便，大量生产时，特性变化很小。

金属弹簧减振器的缺点主要有：

(1) 阻尼比很小，共振时放大倍数可达 100 倍左右，故常需加用阻尼材料；

(2) 容易传播高频振动，应采用阻尼较大的材料（如橡胶垫等）串联。

橡胶减振器可用于中、小型机电设备和仪器等，其特点主要有：

(1) 几何形状可自由选用，可有效利用空间，并可自由选择三个方向上的弹簧常数；

(2) 可有效抑制共振时的振幅；

(3) 借助橡胶的弹性率和内部结构，使其弹簧常数在相当大的范围内变动；

(4) 高频隔振较好，具有良好的减噪特性；

(5) 固有频率低于软木、毛毡等，但高于金属弹簧减振器、空气弹簧减振器；

(6) 橡胶受外界影响比钢更为敏感。热、光、氧和臭氧对橡胶特别有害，使橡胶产生老化；油和汽油也对橡胶有害，特别是天然橡胶，而合成橡胶的抗油性能良好。

空气弹簧减振器是采用内封压缩空气的可挠密闭容器，利用其体积弹性而起到减振作用。空气弹簧减振器的特点主要有：

(1) 刚度可根据需要选用，可达到很低的固有频率，为 0.7 ~ 3.5Hz；

(2) 刚度可随荷载而变化，但固有频率却不变；

(3) 具有非线性特性，并可设计成比较理想的曲线；

(4) 能适应多种荷载需要；

(5) 高频隔振性能良好；

(6) 可设节流孔，起到阻尼作用；

(7) 不同荷载下保持一定的工作高度，或在同一荷载下，具有不同的高度。

3. 管路系统的减振方案

(1) 合理布置管道的坡度走向，特别是空调供回水系统中水平输送距离较长的情况下，应合理设置自动排气装置，减少水击或水锤的产生；

(2) 在穿越隔声要求较高的场所时应采用减振支吊架，减少运行过程中由于管道振动产生的噪声；

(3) 排水管道系统中，宜采用多透气设置工艺，局部水平管段较长处，也应增设透气点，保证排水畅通，消除虹吸现象产生的噪声；

(4) 在泵房管道安装过程中，管道与传动设备连接时，除应采用软连接的连接工艺外，也应采用减振支吊架，以降低由于设备产生的噪声通过管道传播的可能性；

(5) 管内水流速率不得超过规范要求或设计的流动速率；若水管内水流流动速率高于规定要求时，需进行隔声包层处理；

(6) 机房内管道是振动和噪声最容易传播的固体媒介，所以其减振降噪施工尤为重要，一般选用阻尼弹簧减振器来达到减振降噪的目的；阻尼弹簧减振器挠度可选 25mm、50mm、75mm，减振器选型需在机房管路深化设计完成后核实以下参数后进行计算选型：

1）管道的口径及长度；

2）管道安装现场对隔振效率的要求；

3）管道支吊架的安装位置图，支吊架的间距应满足规范要求。

在深化设计完成管路布局后，再对机房管道支吊架的减振器进行计算后确定。

4. 机电设备的减振方案

机电设备运行产生噪声是一个非常重要的问题，将直接影响建筑的使用环境，应重视机电设备的噪声控制工作。

吊装设备的减振原理：对于吊装设备，物体上下运动，所受阻力来自物体的惯性，而不是弹簧，并且阻力为 $X = A\sin(2\pi ft)$（A 为振幅，f 为频率，X 为由中心点向上或向下移动的距离，t 为时间）；因此克服来自弹簧刚度的力为 $F=KX$（K 为弹簧刚度）。物体上下运动产生的惯性力为 ma（质量乘以加速度），来自运动的惯性阻力与运动频率成正比，频率越高惯性力越大。但是不管频率高低，弹簧的力量都是不变的。因此，两个反方向的力在某一特定的运动频率时必定相互抵消，弹簧力与惯性力相互抵消 F_S（弹簧）$= F$（惯性），振动就会降低。需要注意的是，如果系统的自然频率与弹簧的自然频率相吻合，则会产生共振。

振动传导率定义为经减振器传导系统的力与系统运动产生的力之比。假设隔振体系为一单自由度体系：

$$T_R = \frac{1}{\left(\frac{f}{f_0}\right)^2 - 1}$$

式中：T_R——振动传导率；

f——设备振动频率；

f_0——减振器自然频率。

当频率比 $\frac{f}{f_0} \approx 1$ 时，设备产生共振；当频率比 $\frac{f}{f_0} = \sqrt{2}$ 时，设备无隔振效果；当频率比 $\frac{f}{f_0} > \sqrt{2}$ 时，传递比＜1，设备有隔振效果；但当频率比 $\frac{f}{f_0} \geqslant 5$ 后，传递比的变化已经很小，减振效果不再有显著改善；因此实用的频率比常在 2～4 之间。

吊装的风机、空调机组、风机盘管等设备，将在甲方确定设备详细技术参数后进行减振选型计算校核。对于周边为敏感区或吊装在敏感区上方的机电设备，减振处理措施如下：

（1）通风空调系统的减振方案

1）坐地安装的排风机组、新风机组、空调机组、制冷机组及厨房排油烟机组应安装合适的减振器进行减振处理，并且其减振器应根据设备重量、转速、功率及安装位置等条件进行选型。安装减振器之前，在风机设备底部的周边需要安装钢框架作为设备底座，用于分布安装减振器。

2）吊装式的排风机组、新风机组及厨房排油烟机组应安装合适的吊式弹簧减振器进行减振处理，并且其减振器应根据设备重量、转速、功率及安装位置等条件进行选型。

3）风管与风机设备的连接应采用柔性管接头，其柔性部分长度不小于 150mm。

4）机房范围内所有风管支吊架和机房外的第一个风管支吊架应安装合适的弹簧减振器。若风机设备位于机房外或屋面上，则与其连接的风管也应对 20m 范围内风管支吊架安装合适的弹簧减振器。

5）所选用的减振器隔振效率应达 95% 或以上。

6）所有管道穿越墙身及楼板的孔洞应妥善密封。

（2）给水排水系统的减振方案

1）卧式水泵机组应安装合适的减振器进行减振处理，并且其减振器应根据设备重量、转速、功率及安装位置等条件进行选型。安装减振器之前，在水泵设备底部需要安装一个混凝土基座，其重量至少为水泵设备运行重量的 1.5 倍以上，并且与地面至少有 50mm 以上的距离。

2）立式水泵机组、换热机组采用防剪切型橡胶减振垫进行减振处理。在立式水泵设备底部的周边需要安装一个钢框架作为设备底座，用于分布安装橡胶减振垫。

3）设置在避难层且下层为敏感区的不锈钢水箱，宜采用橡胶减振垫进行减振处理。

4）水泵设备与水管的连接应采用柔性软接头。

5）机房内的所有水管和机房外 20m 范围内的水管宜安装合适的弹簧减振器，管径 200mm 以上的水管宜额外增加橡胶减振托架。

6）所选用的减振器隔振效率应达 95% 或以上。

7）所有管道穿越墙身及楼板的孔洞应妥善密封。

（3）电力系统的减振方案

1）发电机组应安装合适的减振器进行减振处理，并根据设备重量、转速、功率及安装位置等条件进行选型；

2）排烟管道及其消声器应安装合适的弹簧减振器；

3）变压器采用防剪切型橡胶减振垫进行减振处理；

4）变压器与母排的连接应采用柔性接头；

5）所选用的减振器隔振效率应达 95% 或以上；

6）所有管道穿越墙身及楼板的孔洞应妥善密封。

（4）冷却塔的减振方案

1）冷却塔机组应安装合适的高变形量弹簧减振器进行减振处理，并根据设备重量、转速、功率及安装位置等条件进行选型；

2）屋面上距离冷却塔机组 20m 范围内的水管应安装合适的弹簧减振器；

3）水管内的最大水流速度应满足相关规范的限值要求；

4）若冷却水管和冷冻水管途经噪声敏感区域（如办公室、会议室等），则其途经的水管在噪声敏感区域内应进行隔声包层处理；

5）所选用的减振器隔振效率应达 90% 或以上；

6）所有管道穿越墙身及楼板的孔洞应妥善密封。

5. 减振元件的安装和其他要求

减振元件的布置应符合下列规定：

（1）减振器的刚度中心与减振体系的质量中心宜在同一铅垂线上；

（2）减振体系的质量中心与扰力作用线之间的距离宜减少；

（3）减振器宜布置在同一水平面内；

（4）减振器布置时，应预留安装、维修和更换空间。

减振元件的安装应符合下列要求：

（1）机电设备宜锚固在惰性块上，惰性块边部与锚固螺栓洞边（即机脚边部）之间至少相距 10cm。减振元件通常不需要锚固在地板上（除非有很大的动态力），可以直接放在地板上，或选用底部有 2 ~ 5mm 厚橡胶垫的减振器。

（2）当减振器顶部需与混凝土基座搭接时，可把减振元件直接固定在混凝土基座预埋件上，也可用螺栓与钢架紧固。必要时可用地脚螺栓与地坪或楼板连接，但需防止振动短路。

（3）安装后应校准机电设备是否水平，对于水平要求较高的设备，可用垫铁调整。

（4）保持设备的稳定性。重心较高的设备可用惰性块来降低重心。狭长的设备可放大基座尺寸和弹性支承的间距，以增加其稳定性。

（5）橡胶减振元件，应有防油措施。

（6）安装时对减振元件的不利影响要加以防止，例如不得用撬棒，以免损坏减振元件。

（7）减振元件一般不能直接放置在土壤上，因为振动会动摇基础，导致其下土壤压实而下沉。如控制传至土壤的加速度小于 0.2g，可避免出现显著下沉现象。

（8）温度、油类会影响弹性支承的特性，故在温度变化较大、油污较多的环境下，应选择耐候性能好、抗油污的减振元件。

6. 隔声措施

不同材料的隔声量取决于板材的面密度，隔声量随着板材面密度的增加而递增；理论上面密度增加 1 倍，隔声量增加 6dB。同一隔声板材，其隔声量随频率增加而增加。如果隔声设备中仅通过增加板材的面密度来增加隔声量，将会使降噪设备重量大

增，导致成本升高及安装难度增大。因此选择合适的隔声板材是隔声处理中的一个重点。选用薄板隔声材料时，由于薄板共振频率及临界频率都处于主要声频带中，容易出现共振及吻合效应，导致隔声量的下降。

常见隔声措施是在噪声源外围增设浮筑地板、隔声地台、隔声墙、隔声天花、隔声屏障、隔声罩等隔声设备，提高围护结构对噪声源的阻隔效果，减少噪声透射到敏感区或外部环境中。

（1）浮筑地板系统

浮筑地板系统是指在原结构楼板上铺设一层 50mm 厚胶粒层 / 胶垫层，可在胶粒空腔铺设 50mm 厚 32K 玻璃棉增强隔声效果，在胶粒层上铺设 2mm 厚钢模板及隔离层（如防水卷材、油毡纸等），在隔离层上浇筑 150mm 厚钢筋混凝土层（配筋由结构专业设计确定）。

浮筑地板系统将在原结构楼板上增加 375kg/m^2 的荷载（以 200mm 厚浮筑地板系统为例），需设计预留足够的荷载施加及安装空间。若周边为敏感房间或区域，可在设备区域（一般向设备各边外延 0.5 ~ 1m）或整个机房内做浮筑地板系统，配合设备及管道减振，浮筑地板系统能起到二级减振作用，从而提升楼板隔声效果。

（2）隔声地板系统

高层、超高层建筑的楼板较为轻薄，一般的走动、拖拉桌椅等撞击楼板的人为活动而产生的撞击声会对下层办公、住宅、酒店等敏感空间造成影响。撞击声是物体在建筑结构上撞击，使之产生振动，沿着结构传播并辐射到空气中形成的噪声。由于撞击声产生的能量较大，而振动在结构中传播的衰减量非常小，所以撞击声产生的振动能沿着连续的结构传得很远，影响范围很广。

光裸楼板的撞击声隔声性能随楼板厚度增加而有所改善，但达不到 10dB 的改善量。因此，应采取隔声地板系统来改善楼板的撞击声隔声性能，使之达到设计目标。隔声地板系统是由结构楼板上的弹性层、浮筑层和饰面层组成，浮筑层一般由钢筋混凝土浇筑而成（具体需根据实际情况而定）。隔声地板能够增强楼板的隔声量和降低撞击声等级，为下层房间 / 区域提供舒适、安静的声环境。

（3）隔声墙系统

隔声墙是由挂装在原建筑墙体上的减振隔离器、50mm 龙骨空腔内填吸声棉（密度不小于 32kg/m^3）及双层 12mm 厚石膏板 / 其他板材（密度不小于 700kg/m^3）共同组成。

隔声墙上的减振隔离器能有效减少传播到建筑结构上的振动和噪声，配合原建筑墙体，能有效增加整面墙体的空气隔声性能。隔声墙系统一般应用在与敏感房间共用墙体的机电设备房内，增强此墙体的隔声性能。

（4）隔声天花系统

由龙骨结构、双层 12mm 厚石膏板 / 其他板材（密度不小于 700kg/m^3）通过独立的支撑件连接减振器悬挂在建筑天花板上。隔声天花系统的减振器能有效减少传播到建筑结构上的振动和噪声，配合原建筑天花板，能有效增加天花板的隔声性能。

（5）隔声屏障、隔声罩系统

建筑首层、裙楼、屋面往往会设置室外机、冷却塔、热泵、风机等机电设备，其噪声会影响邻近塔楼的敏感房间、敏感区域及周边环境，因此需要对这些机电设备进行降噪处理。

在声源和接收者之间需设置一个构件，使声波传播大部分衰减消耗在此构件上，从而减少接收者所在区域范围内的噪声影响，这样的构件就属于隔声屏障。而采用多组隔声屏障将其通过钢架固定支撑，把一个或多个机电设备都围蔽起来，在通风口采用消声器或消声百叶来满足散热、通风需求，这种结构就是隔声罩。根据噪声源的位置、声环境保护目标、声源与目标之间的距离、高差及周边的地面、障碍物等情况，确定对机电设备采用隔声屏障或隔声罩系统进行隔声处理。

7. 消声措施

（1）消声器设计要点

在通风与空调系统的管路设计时，应考虑系统的消声设计，并合理考虑安排机房的位置，采用必要的隔声、消声措施，消减机房噪声对邻近房间和环境的影响，以减少系统消声的负担。在条件允许的情况下，机房要远离要求安静的房间，尤其是对于低速系统，由于管路加长，噪声自然衰减较大，可能不需要消声措施即可满足要求。

安静条件要求不同的房间，应分别对待，最好不要共用同一个系统。如果由于各种因素需共用同一系统时，应在它们之间采用有效的消声措施，防止产生串声问题，否则将破坏系统的其他消声措施。

管路系统设计及流速控制，原则上应尽可能使气流均匀流动，逐步减速，避免急剧转弯和速度回升引起涡流产生再生噪声，尤其是在主管道与进入使用房间的支管连接处。管路中的流速应从主管道到支管道直接进入房间的风口逐步减速，经过消声器后的流速应严格控制，使之比经过消声器前的流速低，否则气流再生噪声回升，将破坏其消声效果。有消声要求的系统，主管道内流速不宜超过 8m/s；有较严格消声要求的系统，主管道内流速不宜超过 5m/s，支管道流速不大于 3m/s，送回风口流速不应大于 1 ~ 2m/s。

有隔声要求的相邻房间之间的送回风支管的距离应适当加长，如送回风是同一管路系统，更需注意采用消声措施来避免相邻房间之间的串声，必要时分成两路系统，否则系统的噪声控制将被破坏。

（2）常用消声器类型

由于空气动力设备噪声源种类甚多，其配用的消声器也各不相同。常见的消声

器有阻性消声器、抗性消声器、共振消声器，其结构形式及消声性能均视声源设备而定。

阻性消声器的形式很多，如管式、片式、蜂窝式、折板式、声流式、小室式、弯头式等。阻性消声器的性能主要取决于吸声材料的种类、吸声层厚度及密度、气流通道的断面尺寸、通过气流速度及消声器的有效长度等因素。其中管式消声器，因其结构最简单，使用最广泛；而消声弯头一般作为消声器消声量不足时的辅助消声措施。为了防止机房噪声外泄或环境噪声干扰室内而又不显著影响室内通风与采光，消声百叶和消声窗也是适宜的降噪措施。

抗性消声器也称扩张式或膨胀式消声器，由扩张室及连接管串联组成，形式有单节、多节、外接式、内接式等多种。抗性消声器是利用声波通过截面的突变（扩张或收缩），使沿管道传递的某些特定频段的声波反射回声源，从而达到消声的目的，其作用犹如一个声学滤波器。抗性消声器具有良好的低频或低中频消声性能，由于不需要多孔吸声材料，故宜在高温、高湿、高速及脉动气流环境下工作。

共振消声器由一段开有若干小孔的管道和管外一个密闭的空腔构成，从声学原理上，共振消声器也属于抗性消声器的范畴。小孔和空腔组成一个弹性振动系统，当入射声波的频率与其固有频率相等而激起共振时，由于克服摩擦阻力消耗声能而达到消声的目的。

当单独采用阻性消声器、抗性消声器或共振消声器无法满足消声要求时，可选用复合式消声器。复合式消声器是将阻性与抗性或共振消声器组合设计在一个消声器中，因此具有较宽的消声频率特性，在噪声控制工程中得到广泛应用。

8. 吸声降噪措施

在隔声结构内设置吸声材料，声波入射到吸声结构时，由于摩擦和黏滞阻力以及导热性能，部分声能转化为热能而消耗掉，可降低在隔声结构空间内由于混响声而叠加的声压级，一般可降低 3 ~ 5dB（A），同时还可以有效的加强隔声结构的隔声量。吸声处理后的平均吸声降噪量一般参照下式计算：

$$\Delta L_{\mathrm{p}} = 10\lg\frac{\alpha_2}{\alpha_1}$$

式中：ΔL_{p}——吸声处理后的平均吸声降噪量（dB）；

α_2——处理后的平均吸声系数；

α_1——处理前的平均吸声系数。

常见的吸声降噪措施为在机电设备房内或机电设备箱体内壁安装吸音材料或喷涂吸音材料。应根据项目实际情况，选择合适并满足设计目标的吸声降噪措施。

4.5 永临结合施工关键技术

4.5.1 技术概述

超高层建筑因其高度优势，在竖向可合理分段安排施工工序，因此超高层建筑永临结合在成本投入和节约工期方面有着很大的潜力。超高层建筑永临结合主要包括：超高层建筑消火栓系统永临结合、排水系统永临结合、通风系统永临结合、照明系统永临结合、电梯系统永临结合、供配电系统永临结合等。

4.5.2 技术策划

1. 严把材料质量关

永临结合施工中，要严格控制使用材料的质量。施工的材料要按照永久设施的材料质量进行要求，同时要避免在使用过程中对永久设施造成破坏和污染。

2. 做好前期准备工作

在施工的过程中，要想实现永临结合，工程的设计意图及使用功能需要熟悉。在深度解读设计的基础上进行永临结合施工的策划和实施。

3. 把握好施工过程中的关键环节

施工的主要流程需进行严格管控，所有永临结合项目应履行验收程序。

4. 做好永临结合成品保护

永临结合设施在施工期间可能造成污染、破坏，因此需做好成品保护工作。

4.5.3 技术要点

4.5.3.1 消火栓系统永临结合施工技术

超高层建筑不仅建筑高度高且单层建筑面积大，为保证施工安全，需要设置大量的临时消火栓系统。超高层建筑临时消防及施工用水采用永临结合方法，可有效节约工期和项目成本，符合国家提倡的“绿色建筑、节能环保”相关要求。

1. 永临结合前期准备工作

（1）永临结合需求分析

主要任务是结合项目实际情况，对施工现场临时消防需求进行分析，进行初步规划。

（2）永临结合深化设计

结合现场初步规划，与项目的正式消防水系统进行结合，利用正式消防转输泵房及消防管网，局部设置临时管道及阀门，形成永临结合消防水系统技术方案和图纸，

永临结合消火栓系统如图 4.5-1 所示。确认其涉及的区域，完成相应区域的深化设计后，出具永临结合消防水系统施工图纸。消火栓系统永临结合实施方式主要有：

1）永临结合管道选用核心筒楼梯间前室消火栓系统，随核心筒结构上升管道往上安装，楼梯间前室位置也方便日后系统维护。

2）选用核心筒楼梯间前室消火栓立管不少于 2 根，提前进行 2 根消火栓立管施工作为临时消防水用水主立管。

3）暗敷式消火栓箱可采用永临结合，但消防水带、水枪等设施后期验收时应进行更换。

4）明敷式临时消火栓，装饰阶段宜采用正式消火栓。在永临结合深化设计过程中，尽可能选用暗敷式消火栓立管系统，减少投入。

图 4.5-1　永临结合消火栓系统

5）消防水泵永临结合，需提前深化设计，确定消防水泵基础。超高层建筑消防系统大多采用分级供水形式，对各区段的供水泵及转输水泵的控制要求较为严格，因此在施工期间消防水泵的控制要求也应达到正式水泵的要求。

2. 永久消火栓系统的成品保护

（1）消火栓箱的成品保护

临时消火栓箱门封堵，非火灾情况严禁使用，发生火灾时砸碎消火栓箱的玻璃，使用消火栓进行灭火。

（2）管道及阀门的成品保护

管道和阀门外敷电伴热带加 B1 级橡塑保温（外缠保温专用胶带），达到防冻和成品保护的目的。

3. 消火栓系统永临结合优势分析

(1) 节约工期

超高层建筑面积大，消防系统庞大，消防联动调试至少需要 3 个月时间。竣工验收时，消防专项验收成为关键线路，需按照节点完成。塔楼消火栓立管数量多，利用永临结合方案，塔楼提前进行 2 根消火栓立管施工，大幅缩短了关键线路中关键工作的施工时间。

(2) 避免漏水隐患

常规临时消防立管安装前在结构楼板预留套管，每层需 2 个结构预留洞；在立管未安装前，楼层内积水会通过预留洞流出，严重影响现场施工环境。如施工非临时管道，减少结构预留洞口、预留套管，立管可居中布置，套管内按照非临时工程进行封堵，既保证美观，又确保不渗不漏，避免了漏水隐患。

(3) 杜绝消防用水的真空期

常规项目后期，因其他工序工作面的需求，临时消防水管需要拆除，而非临时消防系统在未完成消防联动调试的情况下无法正常使用，导致现场消防用水存在真空期，给项目带来了巨大的安全隐患。利用消火栓系统永临结合的方案，只需在永临管道切换接驳点位置切换即可避免。

(4) 节约成本

消火栓系统永临结合施工技术大大减少了临时材料的使用量以及安装、拆除所需的人工，显著节约施工成本。

(5) 质量可控

临时消防系统仅服务于项目的施工阶段，后期需拆除，使用的材料品质不高、施工过程管控不严，往往要经过反复维修、拆改，耗费人力、物力并影响施工进度。消火栓系统永临结合施工技术采用正式材料，施工过程严格执行的验收流程，质量可得到保障。

4.5.3.2 排水系统永临结合施工技术

超高层建筑地下室面积大、层数多，因此对于建筑物的排水系统提出更高的要求。以往在建工程采用临时排水、排污系统的做法在实用性、经济性等方面存在不足，亟需开发更经济、合理的排水及排污技术，排水系统永临结合施工技术便是解决此问题的合理方案。

在工程施工的过程中，地下室各层尤其是地下室最底一层将会有大量积水存在，多区域积水无法集中自动抽排，需设置潜污泵进行多点位抽排。特别在雨季中大量积水，反复抽排，耗费人工且提高潜污泵的设备投入成本。这种人工抽排的方式往往不及时，让室内长期处于积水、潮湿状态，导致无法施工或者影响已完工程质量，如腻子空鼓，墙白脱落，机电管线及配件过早生锈。地下室重点防水区域排水分析和方案

的选择和优化可参考表 4.5-1 和表 4.5-2。

地下室重点防水区域排水分析　　表 4.5-1

序号	地下室排水来源分析	所占比例
1	自坡道流入雨水	30%
2	施工生产用水排水	30%
3	结构窗井空洞	20%
4	墙外积水渗漏	10%
5	其他	10%

方案的选择和优化　　表 4.5-2

<table>
<tr><th>序号</th><th colspan="2">项目</th><th>内容</th></tr>
<tr><td>1</td><td colspan="2">方案描述</td><td>通过正式的压力排水系统，在排水集水坑内安装排水泵，将废水排至室外管路</td></tr>
<tr><td>2</td><td rowspan="2">方案描述</td><td>集水</td><td>（1）地下室各楼层的废水通过正式立管将各层排水汇集至对应集水坑；
（2）雨水通过环形坡道雨水沟和正式雨水立管汇集至雨水集水坑；
（3）核心筒内电梯基坑积水通过导流管排至对应集水坑</td></tr>
<tr><td>3</td><td>排水</td><td>集水坑内的废水和雨水通过正式排水管道及正式排水泵排至市政管道（市政未开通前排至临时室外管道）</td></tr>
</table>

1. 雨污收集排放技术要点

（1）地基与基础工程施工完成后，把雨水通过排水管网引流至集水井，通过已连接好的压力排水管道排至室外排水沟，沉淀后排至市政污水管网，起到清理地下室积水的作用；

（2）雨污收集排放路线：作业面雨污废水→排水立管→引流至雨水收集主管→地下室集水井→雨水利用排放（排入市政管网）；

（3）技术的核心是将正式排水及排污系统最大限度地应用于施工阶段，局部设置临时的管道及阀门，满足需求的同时，大量减少后续拆除工作量；

（4）平层的废水通过各层设置的正式地漏及正式立管将各层排水汇集至底层集水坑；雨水通过环形坡道雨水沟和正式雨水立管汇集至雨水集水坑；核心筒内电梯基坑积水通过导流管排至对应集水坑；

（5）底层集水坑内的废水和雨水通过正式排水管道及正式排水泵在首层出户排至市政管道。

2. 地下室排水技术要点

利用正式排水系统（管道及地漏）汇水至相应集水坑，再通过集水坑内临时泵及正式压力排水管道排至首层；首层局部设置临时管道与室外临时管道相连并设置防倒流措施；排至室外排水沟，沉淀后排至市政污水管网，地下室排水系统永临结合示意图如图 4.5-2 所示。

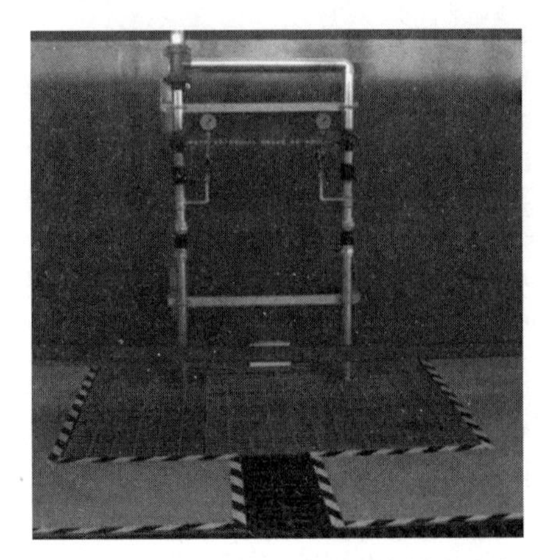

图 4.5-2　地下室排水系统永临结合示意图

3. 注意事项

（1）提前启动排污泵的招标计划，在主体结构施工完成后进行安装，以满足现场排水要求；

（2）提前做好排水立管，清扫作业面雨废水至排水立管，在排水管管口设置截污篦子，拦截雨废水中杂质，避免雨废水收集管堵塞；

（3）加强对泥浆的管理以及集水井的清理工作，避免损坏正式排污泵；

（4）派专人进行管理，加强正式排污泵的成品保护工作。

4.5.3.3　通风系统永临结合施工技术

超高层建筑的地下室，在施工阶段会设置临时施工加工场地、施工材料的储备仓库及机具的周转场所。因正式机电系统未投入使用，因而会存在空气流通差、灰尘多、环境潮湿等状况，进而影响施工生产和材料的存储。以往多数会采用简易的风管及临时通风设备进行通排风处理，后期再进行拆除，此方案虽然能达到改善空气流通及环境潮湿的效果，但在人工及材料方面都存在一定的浪费，临时管线及设备也达不到实际的运行效果，且不利于正式管线的施工。

永临结合通风系统主要是用作装饰装修阶段地下室的排风，避免因地下室潮湿对粗装修以及安装的各管道造成锈蚀影响，同时改善地下室作业工人的空气环境。

1. 通风系统永临结合技术要点

（1）永临结合通风系统利用原设计中的排风系统进行排风，依靠负压差和空气的流动性进行自然补风，从而实现地下室局部或全面的通风换气，以此改善地下室环境，为施工生产创造条件。

（2）将 BIM 技术应用至永临结合通风系统中，解决临时管线布置和机电专业的空间交叉、管网碰撞的问题，减少临时系统拆改工作量。

（3）永临结合技术最大限度地使已安装的正式通风系统投入临时施工中，减少临

时风管使用量，同时减少临时通风系统占用空间对后期安装的影响。且工程运行管理人员在施工期即可参与通风系统的运行管理，为后期运维积累管理经验，可节约成本，缩短工期。

（4）提前规划地下室施工加工场地及材料的储备仓库区域。按照正式通风图纸，提前策划安装的风机，以实现尽量少地安装风机，并且满足现场排风的要求。

（5）根据规划提前完成风机房附属设施的施工，完成对应区域水平及风井里的风管施工，注意 BIM 技术的运用，防止后期管网碰撞。

（6）安装正式排风机，利用临时供电系统和正式排风管通过排烟井道进行机械排风，以保证材料加工区域的空气质量。

2. 临时通风系统运行管理

（1）根据空气品质和潮湿程度，适时开启风机；一般情况下隔层开启风机，以半天为周期调换开启。当室外空气干爽时，可全部开启以排除地下室潮气；当室外空气相对湿度较大时，可以全部停止运行，具体开启运行时间结合现场灵活掌握。

（2）注意风机的成品保护，专人负责维护，以免因风机长时间运行造成线路的过载，可以结合时间继电器使用，实现风机的定时开启。

3. 通风系统永临结合方案对比

超高层建筑通风系统永临结合的实施，优点突出，可有效解决地下室的空气质量问题，改善地下室施工环境，为生产加工和材料保管提供良好的条件，也为地下室的施工创造便利条件。通风系统永临结合方案对比见表 4.5-3。

通风系统永临结合方案对比　　表 4.5-3

序号	项目	临时通风系统方案	永临结合通风系统方案
1	成本消耗	较高	较小
2	维护成本	成本高	成本低
3	建设及转换	困难	较简单
4	机电施工周期	较短	' 长
5	成品管道更换	可能涉及	不涉及
6	安全性	满足相关规范要求	满足相关规范要求

4.5.3.4　照明系统永临结合施工技术

临时照明免布管免裸线技术是对施工现场临时照明线路敷设的一种改进方法，主要原理是利用主体施工阶段电气预埋管敷设临时照明线路，实现永临结合，照明系统永临结合工程图如图 4.5-3 所示。这种方法可解决电线、电缆乱拉乱扯及容易受到机械伤害，以及临时照明线路漏电等问题，提高临时照明安全用电的可靠性，减轻现场临时照明的管理负担，节约线管、电线、灯具。

图 4.5-3　照明系统永临结合工程图

1. 照明系统永临结合实施流程

照明系统永临结合实施流程如图 4.5-4 所示。

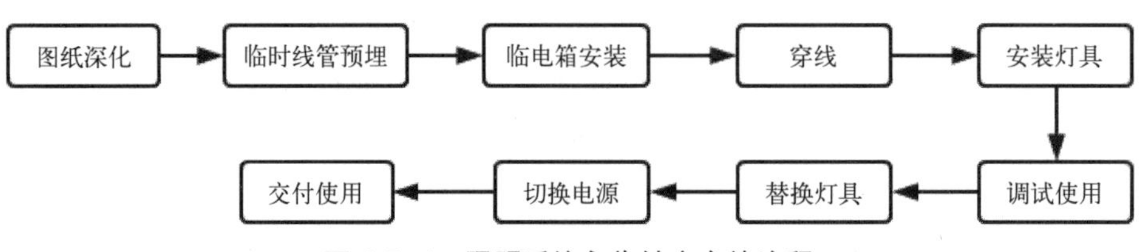

图 4.5-4　照明系统永临结合实施流程

2. 设计策划阶段

在编制临时用电施工组织设计时，提前考虑施工现场需要安装临时照明的部位、临时照明布置方式，画出临时照明平面图；进行照明系统永临结合策划，画出照明系统永临结合平面图。

3. 实施阶段

（1）配管阶段，在主体施工阶段严格按照设计图纸进行线管预埋；

（2）穿线阶段，根据照明系统永临结合平面图进行施工，所穿导线应与工程设计导线规格型号一致，导线最终将保留在管内作为正式工程使用；

（3）照明灯具安装阶段，宜安装吸顶灯，采用节能灯具；

（4）临时照明配电箱的设置，需结合永久照明配电箱的规格位置设置，目的是便于对后期的照明系统接入永久照明配电箱，根据施工要求，在每一个单元至少设置一个临时配电箱，以满足施工的需要。

4. 注意事项

（1）电线品牌、规格按照设计、合同以及规范要求采购，并进行正常的报检、复检程序方可使用；

（2）电线敷设过程按照规范要求，管口处加塑料护口，避免将电线划伤；

（3）不能超出电线的载流量，要提前进行线路电流的计算。

5. 照明系统永临结合优点

（1）安全性高

临时用电主线缆及照明系统均采用暗埋方式施工，安全系数高；二级箱位置相对固定，便于维护管理，满足安全文明施工要求。

（2）减少工序

楼层内临时照明主要设置在公共走廊、楼梯间等位置，采用正式线缆代替临时线缆，合理利用正式电气预留预埋管进行照明线缆敷设；在后期机电施工很大程度上缩短了工期，可把控进度。

（3）节约成本

照明线路随主体进度一次安装到位，减少拆除、重复安装工作费用，减少线路穿板、墙面二次收口费用。

（4）适用范围广

适用于现浇混凝土结构主体及装饰阶段临电照明系统施工。

4.5.3.5　电梯系统永临结合施工技术

超高层建筑电梯数量较多，且有部分电梯不到顶层。在具备正式电梯安装作业时，提前将正式电梯安装并验收，作为装饰装修材料垂直运输的工具，不仅可减少室外运输电梯的投入，而且可避免因室外运输电梯对外立面的施工造成工期上的延误。

1. 电梯临时配合施工使用前相关措施

（1）电梯在临时配合施工使用前，指定专人负责电梯的临时使用，委托电梯供应商、安装单位或其他单位，由持电梯特种操作证的专人负责操作运行；

（2）电梯在临时配合施工使用前，认真检查各停层候梯厅的光线照度，以防因光线不足导致在使用过程中碰擦电梯轿厢的现象出现；

（3）各层候梯厅应保持畅通，不允许堆放物品，更不应在此进行如人工拌料等各类施工的工序操作；

（4）各层地坪与电梯地面应处在同一地平线上；

（5）电梯临时使用前，对电梯轿厢采取临时全方位保护措施，宜用木板固定轿厢地面铺垫，轿厢四周防护宜采用硬性材料防护；

（6）电梯在临时配合施工使用前，应仔细检查每层水阀等开关设置位置及完好情况，以防发生水浸事件，并落实相关单位的责任制度。

2. 电梯临时配合施工使用注意事项

（1）严禁井道进水，并采取相应预防措施；

（2）电梯供电电缆及供电方式应单独列开，包括临时电缆供电，严禁与其他设施设备混用；

（3）电梯处于运行状态时，不得随意拉闸断电；

（4）机房内应有永久性照明；

（5）机房内应配备消防设施；

（6）不得拆除轿厢的轿壁衬板护围；

（7）轿厢地板和厅门外地面应铺设厚橡皮、泡沫塑料等材料保护，以防建筑材料落入电梯井道或损伤轿厢门槛；

（8）运行完毕应停在顶楼，尽量避免因施工用水对电梯造成破坏；

（9）各楼层停层面需有完好醒目的楼层标识。

3. 电梯行驶中应注意事项

（1）轿厢的载重量应不超过额定载重量；

（2）乘客电梯不能经常作为载货电梯使用；

（3）禁止装运易燃、易爆的危险物品，如遇特殊情况，需经同意、批准并严加安全保护措施后装运；

（4）严禁在层门开启情况下，先按检修按钮来开动电梯作一般行驶，禁止按检修、急停按钮来消除正常行驶中的选层信号；

（5）禁止利用轿顶安全窗，轿厢安全门的开启来装运长物件；

（6）电梯在行驶中，应劝阻乘客勿靠在轿厢门上。

4. 电梯成品保护

施工使用过程加强对电梯的保护管理至关重要，使用过程中需注意电梯成品保护，尤其是电梯下槛位置设置的硬防护，避免车造成变彩或杂物堆积影响电梯感应灵敏度。砌筑止水台，避免雨水、施工用水倒灌，安排专门人员进行电梯管理工作，正式电梯成品保护工程图如图 4.5-5 所示。

图 4.5-5　正式电梯成品保护工程图

第 5 章　幕墙工程施工关键技术

幕墙是建筑物外围护结构的一种形式。幕墙一般不承重，形似挂幕，又称为悬挂墙。幕墙的特点是装饰效果好、质量轻、安装速度快，是外墙轻型化、装配化较理想的形式，因此在现代大型和高层建筑上得到广泛应用。建筑幕墙按面板材料可分为玻璃幕墙、人造板材幕墙、石材幕墙等，按其结构形式又可分为构件式、单元式、点支承、全玻璃等；尤其是超高层建筑幕墙设计时，要考虑幕墙自重、地震作用、风荷载等不同带来的技术特殊性。本章结合工程实践重点总结构件式玻璃幕墙分段施工、大体量金属幕墙施工、基于三维激光扫描的幕墙逆向施工、曲面单元体幕墙弧形高适应环形轨道吊装超高层建筑幕墙工程施工关键技术，为类似工程施工提供借鉴。

5.1 构件式玻璃幕墙分段施工关键技术

5.1.1 技术概述

构件式玻璃幕墙分段施工是超高层建筑玻璃幕墙安装时常用的一种方法，是把幕墙分成若干段同时施工，最后统一收口的施工工艺。超高层建筑构件式玻璃幕墙施工图如图 5.1-1 所示。

图 5.1-1　超高层建筑构件式玻璃幕墙施工图

5.1.2　工艺流程

超高层建筑构件式玻璃幕墙施工工艺流程为：测量放线→连接件安装→立柱安装→立柱校正→横梁测量定位→横梁安装→防火层安装→面板安装→铝合金装饰条安装→注胶密封→清洁收尾。

5.1.3　技术要点

1. 测量放线

按土建提供的中心线、水平线、进出位线、50 线，经安装人员复测后，放钢线。为保证不受其他因素影响，上、下钢线每 2 层一个固定支点，水平钢线每 10m 一个固定支点。由水平仪检测，进出位线与中心线放线相同，每层楼由水平仪检测，相邻支座水平误差应符合设计标准，以满足幕墙正常的三维调整功能。

放线从关键点开始，先放吊线（垂线）；放线时要注意风力大于 4 级时不宜放线，同时高层建筑一般采用仪器放线而不能采用铁线吊线的方法。然后放水平线，用水准仪（有时也可用水平管）进行水平线的放线，一般的铁线放线采用花篮螺栓收紧，施工现场测量放线如图 5.1-2 所示。

图 5.1-2　施工现场测量放线

2. 连接件安装

对于连接件采用焊接方式安装在埋件上的幕墙系统，其工艺流程主要包括：熟悉施工现场→寻准预埋件对准立柱线→拉水平线控制水平高度及进深位置→预装→检查→固定→防腐→记录。

3. 立柱安装

立柱安装在幕墙安装工程中由于其工程量大、施工不便、精度要求高而占有极其重要的地位。如果立柱安装完，则整个工程进度都比较容易控制；其施工质量直接影响幕墙的安装质量，因此采取合理的立柱安装工艺非常重要。施工现场立柱安装工程图如图 5.1-3 所示。

立柱安装工艺流程为：水准仪找平→拉水平线控制水平→立柱与连接件临时固定→调整→检查→最终固定。

（1）以中心轴线为基准轴，按照设计图纸位置要求向两侧排基准立柱；

（2）按照作业计划将要安装的立柱运送到指定位置，对号就位，同时注意其表面的保护；

（3）将立柱与连接件连接，连接件再与主体埋件连接，在立柱安装就位后做临时固定，待整体框架安装调试无误后，将连接螺栓、连接件连接；

（4）立柱通过不锈钢螺栓安装在连接件上；

（5）立柱安装后，对照上步工序测量定位线，对三维方向进行初调，误差小于 1mm，待基本安装完后在下道工序中进行全面调整；

（6）立柱与主体、预埋件连接时应按要求调整立柱位置并固定。

图 5.1-3　施工现场立柱安装工程图

4. 立柱校正

立柱安装用螺栓固定后，对安装完的整个立柱进行校正；校正的同时也要对主框安装工序进行全面验收，对此道工序的反复验收奠定了整个幕墙质量的基础。所以在幕墙施工中立柱安装所花的时间最多，技术也最复杂，其精度要求也最高，幕墙最后

的效果大部分由立柱来决定。

立柱校正工艺流程：放基准线→打水平线→建立基准面→校尺→测量误差→调整平面误差→调整垂直误差→调整间距（分格）误差→用经纬仪检查误差→定位→组织验收→记录验收结果→有关部门签证。

5. 横梁测量定位

立柱安装保护完毕后，即可进行横梁安装准备。除材料准备外还有施工准备，即对横梁的测量定位与放线。横梁测量定位目的是对建筑误差进行调整，为保证室内与室外对幕墙的美观要求，故对幕墙的垂直分格（横梁位）做适当调整，一般调整以层为单元，测量定位后才能放线、安装。

横梁测量定位工艺流程：水准仪找平→测量层高误差→分析误差→调整误差方案（报批）→调整→绘制横梁安装垂直剖面图→放线→检查。

6. 横梁安装

横梁安装包括两个部分：一是横梁角码安装；二是横梁安装。

横梁安装工艺流程：施工准备→检查各材料质量→就位安装→检查。

（1）横梁与立柱间采用角码和螺栓连接；

（2）将横梁安装在立柱的预定位置上，并连接牢固；

（3）同一层的横框安装应由上向下进行；安装完一层高度时，应进行检查、调整、校正、固定，使其符合质量要求；

（4）横梁龙骨应以层为单位进行安装，安装顺序整体上是从下往上进行。

立柱横梁装配示意图如图 5.1-4 所示。

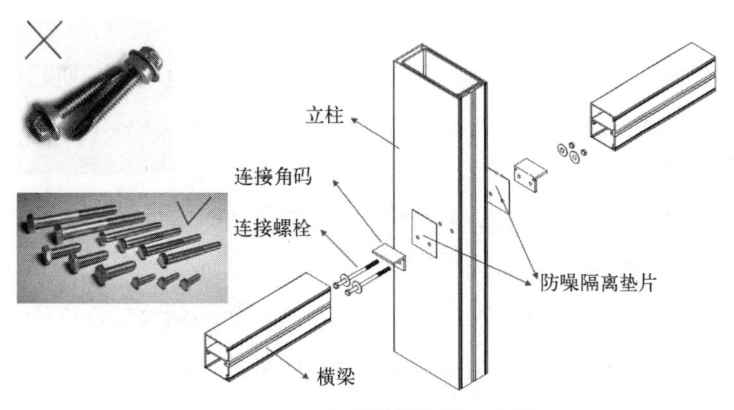

图 5.1-4　立柱横梁装配示意图

7. 防火层安装

防火层是依据现行国家标准《建筑设计防火规范》GB 50016，为防止层间窜火而设计的，主要是用镀锌钢板加工制作而成。安装时用射钉、螺钉连接在主体结构与幕墙结构上，将上下两层隔开，在板内填塞防火材料。

防火层安装工艺流程：准备工作→整理防火板、防火岩棉板并对位→试装→检查工器具→打孔→上钉→就位打射钉→填塞防火材料→检查安装质量。

防火层的安装要求防火棉的支撑板要安装牢固，防火棉填充要密实。固定防火保温材料用锚钉牢固，防火保温层应平整，拼接处不应留缝隙，以满足阻燃隔烟的要求。

防火层安装实物图如图 5.1-5 所示。

图 5.1-5　防火层安装实物图

8. 面板安装

玻璃板块是由车间加工，然后在工地安装的。由于工地不宜长期贮存玻璃，故在安装前要制订详细的安装计划，列出详细的玻璃供应计划，这样才能保证安装顺利进行及方便车间安排生产。

面板安装工艺流程：施工准备→检查验收玻璃板块→将玻璃板块按层次堆放→初安装→调整→固定→验收。

（1）玻璃板块均在工厂内制作，玻璃和铝合金框架的粘接部位应使用规定的溶剂和工艺净化表面。注胶和固化过程需在符合要求的环境、时间、气候条件下进行，并在其固化前禁止搬动和上墙安装。玻璃安装前应将表面尘土和污物擦拭干净；热反射玻璃安装应将镀膜面朝向室内，非镀膜面朝向室外。

（2）安装工作按区由幕墙的顶部开始向下安装。

（3）玻璃上墙后，应及时用螺钉固定，并及时密封。

面板安装如图 5.1-6 所示。

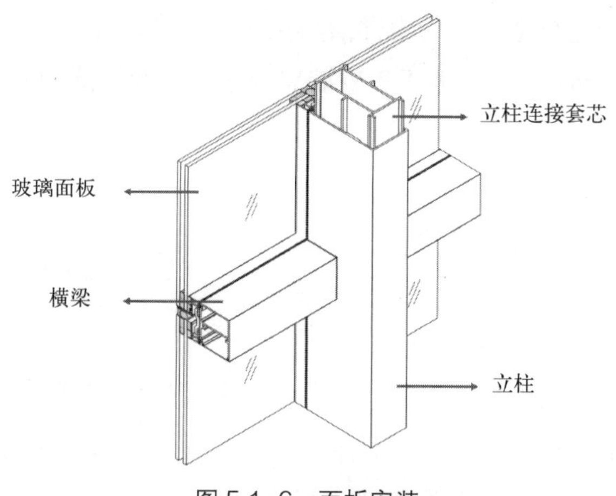

图 5.1-6　面板安装

9. 铝合金装饰条安装

(1) 面板安装完成后，开始进行铝合金装饰条的安装工作，铝合金装饰条通过螺栓固定安装；

(2) 铝合金装饰条安装前，应事先在工厂内加工完成并检查验收合格后，再运输至施工现场进行安装；

(3) 铝合金装饰条均分布于可视部位，对建筑的外观效果起到重要作用；施工过程中，应做好成品保护工作，以免发生变形、污损而影响工程质量。

10. 注胶密封

面板安装调正后即开始注密封胶，该工序是防雨水渗漏和空气渗透的关键工序。

注胶密封工艺流程：上道工序检查验收→清洁注胶缝→填塞垫杆→粘贴刮胶纸→注密封胶→刮胶→撕掉刮胶纸→清洁饰面层→检查验收。

控制标准：在幕墙板块之间嵌缝处填充泡沫棒，注入硅酮耐候密封胶。

(1) 耐候硅酮密封胶的施工厚度应大于 3.5mm，施工宽度不应小于施工厚度的 2 倍；较深的密封槽口底部应采用聚乙烯发泡材料填塞；

(2) 耐候硅酮密封胶在接缝内应形成相对两面粘结，并不得三面粘结。

11. 清洁收尾

清洁收尾是工程竣工验收前的最后一道工序，虽然安装已完工，但为求完美的饰面质量，此工序亦不能马虎。

(1) 玻璃表面（非镀膜面）的胶丝迹或其他污物可用刀片刮净并用中性溶剂洗涤后用清水冲洗干净；镀膜面处的污物不得大力擦洗或用刀片等利器刮擦，只可用溶剂、清水等清洁；

(2) 玻璃幕墙的构件、玻璃和密封胶等应制定保护措施，不得发生碰撞变形、变色、污染和排水管堵塞等现象；

（3）清洗玻璃和铝合金构件的中性清洁剂应进行腐蚀性检验，中性清洁剂清洗后应及时用清水冲洗干净；玻璃幕墙工程安装完成后，应制定清扫方案。

5.2 大体量金属幕墙施工关键技术

5.2.1 技术概述

金属幕墙是一种新型的建筑幕墙，是将玻璃幕墙中的玻璃更换为金属板材的一种幕墙形式。由于金属板材优良的加工性能、色彩的多样及良好的安全性，能完全适应各种复杂造型的设计，可以任意增加凹进和凸出的线条，而且可以加工各种形式的曲线线条。大体量金属幕墙施工技术，主要指通过骨架连接，最终完成金属饰面板安装的施工技术，铝板幕墙工程图如图 5.2-1 所示。

图 5.2-1 铝板幕墙工程图

5.2.2 工艺流程

大体量金属幕墙施工流程为：测量放线→埋件安装→过渡件焊接→龙骨安装→防火材料安装→金属板安装→注胶密封→饰面清洁。

5.2.3 技术要点

1. 测量放线

（1）测量定位

按土建提供的中心线、水平线、进出位线、50 线，复核土建方移交的基准线，对

相关基准线复测后，放钢线。为保证不受其他因素影响，上、下钢线每层设一个固定支点，水平钢线每 10m 设一个固定支点。由水平仪检测，进出位线与中心线放线相同，每层楼由水平仪检测，相邻支座水平误差应符合设计标准，以满足幕墙正常的三维调整功能。

（2）放线操作要领

放线从关键点开始，先放吊线（垂线）；风力大于 4 级时不宜放线，高层、超高层建筑一般采用仪器放线而不能采用铁线吊线的方法。然后放水平线，用水准仪（有时也可用水平管）进行水平线的放线，一般的铁线放线采用花篮螺栓收紧。

（3）测量操作要领

根据放线后的现场情况，对实际施工的土建结构进行测量。测量时注意：

1）多把米尺同时测量时，要考虑米尺的误差，即测量前要校尺；

2）测量点要统一，测量结果要随时记录，记录清单要清楚明了。

2. 埋件安装

幕墙埋件分为预置埋件和后置埋件。预置埋件是在建筑结构施工过程中，在混凝土浇筑前，按照幕墙设计分格要求，将幕墙埋件定位安装在结构上，通过混凝土浇筑将埋件固定。后置埋件是指在结构完成后，根据幕墙分格定位，使用锚栓将埋板安装在结构混凝土表面。

预置埋件是幕墙与主体结构连接的结构件之一，预埋件制作、安装的质量直接影响幕墙与主体结构的连接功能，其安装的精确程度也直接影响幕墙施工的精度及外观质量。所以作为幕墙安装施工的第一项作业，预埋件的制作和安装都是直接影响整个幕墙的施工、安装及整体效果的重要因素。

在施工现场找准预埋区域，在施工时应先按要求检查埋件的埋设牢固性和位置准确性。要求标高偏差不大于 10mm，与幕墙垂直方向前后距离偏差不大于 10mm，平行方向的左右偏差不大于 10mm。有关人员对全部预埋件进行检查、校正，对不合格或尺寸误差较大以及漏埋的预埋件进行调整和补充。

后补埋件以及后置埋件在安装立柱之前应做拉拔实验，后置埋件锚栓采用化学锚栓，一般要求化学锚栓的拉拔力大于锚栓承载力设计值的 2 倍，强度合格后方可安装立柱或者立柱。

3. 过渡件焊接

检查埋件安装合格后，可进行过渡件的焊接施工。焊接时，过渡件的位置一定要与墨线对准。应先将同水平位置两侧的过渡件点焊，并进行检查；再将中间的各个过渡件点焊上，检查合格后，进行满焊。

4. 龙骨安装

在幕墙安装过程中，骨架安装由于其工程量大、施工难度大、精度要求高等特点，因而需要重点关注。

(1) 立柱安装

立柱安装完成，则整个工程进度和质量都较易控制，它的施工质量直接影响幕墙的安装质量，因此采取合理的立柱安装工艺非常重要。

立柱与主体、预埋件连接时应按要求调整立柱位置并固定。

(2) 横梁定位安装

立柱安装保护完毕后即可进行横梁安装准备。除材料准备外还有施工准备，即对横梁的测量定位与放线。横梁测量是对建筑误差的调整，为保证室内与室外对幕墙的美观要求，故对幕墙的垂直分格（横梁位）要做适当调整；一般调整以层为单元，测量定位后才能放线、安装、焊接固定。

铝板龙骨示意图如图 5.2-2 所示。

图 5.2-2　铝板龙骨示意图

5. 防火材料安装

龙骨安装完毕，可进行防火材料的安装。安装时应按图纸要求，先将防火镀锌板固定（用螺栓或射钉），要求牢固可靠，并注意板的接口。然后铺防火棉，安装时注意防火棉的厚度和均匀度，保证与龙骨料接口处饱满，且不能挤压，以免影响面材。最后进行顶部封口处理，即安装封口板；安装过程中要注意对玻璃、铝板、铝材等成品的保护，以及内装饰的保护。

6. 铝单板安装

铝单板安装前应将铁件或钢架、立柱、避雷、保温、防锈全部检查一遍，合格后将相应规格的面材搬入就位，然后自上而下进行安装。

(1) 铝单板安装应按施工规划和施工进度进行铝单板的加工；铝单板按进度加工完成后，应按立面编号分类装箱，并附装箱清单；

（2）按施工要求将装饰面板运至施工面附近，并注意摆放有序、稳定可靠、防止倾覆；

（3）在铝单板搬运、吊装过程中，应竖直搬运，不宜将铝板饰面上下平抬搬运，避免铝单板挠曲变形；

（4）应先进行定位画线，确定铝单板面板在外平面的水平、垂直位置；并在框格平面外设控制点，拉控制线控制安装的平面度和各组件的位置；

（5）根据设计及施工实际情况，确定铝单板幕墙的底边位置，在两条竖直线之间拉一条水平线；

（6）铝单板安装过程中，依据设计规定的螺钉数量进行安装；安装过程中不但要考虑平整度，而且要考虑分格缝的大小及各项指标，安装精度需控制在误差范围内。

铝板安装示意图如图 5.2-3 所示。

图 5.2-3　铝板安装示意图

7. 注胶密封

注胶密封主要在铝单板嵌缝位置，采用泡沫棒和密封胶进行密封。其工艺流程为：上道工序检查、验收→粘贴美纹纸→塞泡沫棒→注密封胶→刮胶→撕掉美纹纸→清洁饰面层→检查验收。

（1）注胶前应用二甲苯或含工业乙醇的干净毛巾擦净铝板注胶的部位；

（2）注胶前在需注胶的部分粘贴保护胶纸，注意胶纸与胶缝要平直；

（3）注胶时要持续均匀，操作顺序一般是：先注横向缝后注竖向缝，竖向胶缝宜自上而下进行。胶注满后，应检查里面是否有气泡、空、断缝、夹杂，若有应及时处理；

（4）密封胶要一次性注好；密封胶修饰好后，应迅速将粘贴在铝板或型材上的胶带撤掉，待密封胶固化后，做好清洁工作及防护标识。

铝板注胶示意图如图 5.2-4 所示。

图 5.2-4 铝板注胶示意图

8. 饰面清洁

（1）在安装面层材料及注耐候胶时，应边施工边清理，对铝板幕墙及其构件表面黏附物应及时清除。

（2）铝单板安装完成后，应制定保护措施；板块不得出现变形、变色、污染现象。

（3）铝单板安装完成后制定可行的清洁方案，明确使用清洁剂的型号、规格、机具的数量、日期、时间等。清洁剂应符合要求，不得产生污染和腐蚀；清扫时应避免损伤铝合金表面及妨碍其他分项工程。

（4）铝单板安装完后，用中性清洁剂对幕墙表面及外露构件进行清洗。清洗铝单板和金属构件的中性清洁剂，清洗前应进行腐蚀性检验，证明对铝单板和铝合金等无腐蚀作用后方能使用，清洁剂清洗后应及时用清水冲洗干净。

5.2.4 技术要求

1. 材料要求

（1）金属幕墙采用的铝合金板材表面处理层厚度及材质应符合现行国家标准《建筑幕墙》GB/T 21086 的有关规定；

（2）金属幕墙应根据幕墙面积、使用年限及性能要求，分别选用铝合金单板（简称“铝单板”）、铝塑复合板、铝合金蜂窝板（简称“蜂窝铝板”）。铝合金板材应达到国家相关标准及设计的要求，并有出厂合格证；

（3）氟碳树脂涂层应无起泡、裂纹、剥落等现象；

（4）铝单板应符合现行国家标准《一般工业用铝及铝合金板、带材 第 1 部分：一般要求》GB/T 3880.1、《变形铝及铝合金牌号表示方法》GB/T 16474、《变形铝及铝合金状态代号》GB/T 16475 的规定，幕墙用纯铝单板厚度不应小于 2.5mm，高强合金铝单板不应小于 2mm；

（5）金属幕墙工程中使用的材料需具备相应的出厂合格证、质保书和检验报告；

(6) 金属幕墙工程中使用的铝合金型材，其壁厚、膜厚、硬度和表面质量等应达到设计及规范要求；

(7) 金属幕墙工程中使用的钢材，其厚度、长度、膜厚和表面质量等应达到设计及规范要求；

(8) 金属幕墙工程中使用的面材，其壁厚、膜厚、板材尺寸、外观质量等应达到设计及规范要求；

(9) 金属幕墙工程中使用的硅酮结构密封胶、硅酮耐候密封胶等密封材料，其相容性、粘结拉伸性能、固化程度等应达到设计及规范要求，幕墙硅酮耐候密封胶的性能见表 5.2-1，结构硅酮密封胶的性能见表 5.2-2。

幕墙硅酮耐候密封胶的性能　　表 5.2-1

项目	性能
	金属幕墙用
表干时间	1 ~ 1.5h
流淌性	无流淌
初期固化时间（≥ 25℃）	3d
完全固化时间 [相对湿度≥ 50%，温度（25±2）℃]	7 ~ 14d
邵氏硬度	20 ~ 30 度
极限拉伸强度	0.11 ~ 0.44MPa
撕裂强度	3.8N/mm
施工温度	5 ~ 48℃
污染性	无污染
固化后变位承受能力	25% ≤ δ ≤ 50%
有效期	9 ~ 12 个月

结构硅酮密封胶的性能　　表 5.2-2

项目	技术指标	
	中性双组分	中性单组分
有效期	9 月	9 ~ 12 月
施工温度	10 ~ 30℃	5 ~ 48℃
使用温度	-48 ~ 88℃	
操作时间	≤ 30min	
表干时间	≤ 3h	
初步固化时间（25℃）	7d	
完全固化时间	14 ~ 21d	
邵氏硬度	35 ~ 45 度	
粘结拉伸强度（H 形试件）	≥ 0.7MPa	

续表

项目	技术指标	
	中性双组分	中性单组分
延伸率（哑铃形）	≥ 100%	
粘结破坏（H形试件）	不允许	
内聚力（母材）破坏力	100%	
剥离强度（与玻璃、铝、石材）	5.6 ~ 8.7N/mm（单组分）	
撕裂强度（B模）	4.7N/mm	
抗臭氧及紫外线拉伸强度	不变	
污染和变色	无污染、无变色	
耐热性	150℃	
热失重	≤ 10%	
流淌性	≤ 2.5mm	
冷变形（蠕变）	不明显	
外观	无龟裂、无变色	
完全固化后的变位承受能力	12.5% ~ 50%	

2. 质量要求

（1）预埋件和铆固件：位置、施工精度、固定状态、有无变形、防锈涂料是否完好；

（2）连接件：安装部位、加工精度、固定状态、防锈处理以及垫片是否安放完毕；

（3）构件安装：安装部位，加工精度，安装后横平竖直、大面平整，螺栓、铆钉安装固定，色调、色差、污染、划痕等外观质量，雨水泄水通路、密封状态，防锈处理；

（4）五金件安装：安装部位、加工精度、固定状态、外观；

（5）金属板安装：安装部位、安装精度、水平及垂直度、大面平整度；

（6）密封胶嵌缝：注胶有无遗漏，施工状态，胶缝品质、形状、气泡，外观、色泽，周边污染；

（7）金属幕墙安装后应进行气密性、水密性和风压性能的检验，各项指标应达到设计及规范要求；

（8）清洁：清洗溶剂是否符合要求、有无遗漏未清洗的部分、有无残留物。

3. 质量标准

（1）钢材：金属幕墙工程所使用的钢材应现场进行厚度、长度、膜厚和表面质量的检验；

（2）金属板面材：金属幕墙工程使用的金属面板材应进行壁厚、膜厚、板材尺寸、折弯角度、折边高度和表面质量以及加强肋的检验；

（3）硅酮结构密封胶、硅酮耐候胶及密封材料：金属幕墙工程使用的硅酮结构密封胶、硅酮耐候密封胶在使用前，应到指定检测中心进行相容性测试和粘结拉伸试验；

（4）节点的检验抽样：每幅幕墙应按各类节点总数的 5% 进行抽样检验，且每类节点不应少于 3 个；锚检应按 5‰ 抽样检验，且每种锚栓不得少于 5 根；

（5）对已完成的幕墙金属框架，应提供隐蔽工程检查验收记录，当隐蔽工程检查记录不完整时，应对该幕墙工程节点拆开检查；

（6）幕墙竖向和横向板材的安装允许偏差见表 5.2-3；

（7）金属幕墙安装允许偏差和检验方法见表 5.2-4。

幕墙竖向和横向板材的安装允许偏差　　表 5.2-3

项目	尺寸范围	允许偏差（mm）	检查方法
相邻两竖向板材间距尺寸（固定端）	—	±2.0	钢卷尺
两块相邻的石板、金属板	—	±1.5	靠尺
相邻两横向板材间距尺寸	间距≤ 2000mm 时	±1.5	钢卷尺
	间距 >2000mm 时	±2.0	
分格对角线差	对角线≤ 2000mm 时	≤ 3.0	钢卷尺或伸缩尺
	对角线 >2000mm 时	≤ 3.5	
相邻两横向板材水平标高差	—	≤ 2	钢板尺或水平仪

金属幕墙安装允许偏差和检验方法　　表 5.2-4

项目		允许偏差（mm）	检验方法
幕墙垂直度	幕墙高度≤ 30m	10	用经纬仪检查
	30m< 幕墙高度≤ 60m	15	
	60m< 幕墙高度≤ 90m	20	
	幕墙高度 >90m	25	
幕墙水平度	层高≤ 3m	3	用水平仪检查
	层高 >3m	5	
幕墙表面平整度		2	用 2m 靠尺和塞尺检查
板材立面垂直度		3	用垂直检测尺检查
板材上沿水平度		2	用 1m 水平尺和钢直尺检查
相邻板材板角错位		1	用钢直尺检查
阳角方正		2	用直角检测尺检查
接缝直线度		3	拉 5m 线，不足 5m 连通线，用钢直尺检查
接缝高低差		1	
接缝宽度		1	用钢直尺和塞尺检查

5.3　基于三维激光扫描的幕墙逆向施工关键技术

5.3.1　技术概述

超高层建筑幕墙结构因为自身特异的造型，造成利用传统全站仪方式进行误差测量时会出现许多问题。施工现场垂直交叉多、材料设备多，导致结构遮挡多、部分空间狭小构件无法进行测量，利用全站仪进行测量的误差不易控制，工程量也大。同时，传统的三坐标检测速度慢、效率低，难以加快生产的步伐。

随着三维扫描技术的发展，三维扫描工程逆向技术使产品检测方面有了新的突破。三维激光扫描技术是通过扫描获取建筑物的三维点云数据，在对数据进行处理的基础上，实现数据的应用；在超高层复杂建筑的应用可以有效地进行实体扫描、质量检查、拟合分析、逆向建模、方案制定与修改等。应用三维激光扫描仪对成品扫描后，能立即导入三维 CAD 软件，与原有标准的图档进行比较，精度结果就可一目了然。三维激光扫描仪扫描范围广、精度高，通过合理设置站点可以避免误差积累、工作量大等问题，且可以一次性测量的构件更多，测量速度更快，效率更高。

5.3.2 工艺流程

应用逆向施工技术，在幕墙的生产、加工、施工等过程中进行逆向作业。通过数据的对接、共享实现信息的流动、应用，不仅是 BIM 技术的核心工作，也是三维激光扫描技术的核心内容。BIM 模型设计数据与三维激光扫描的现场点云数据的结合应用，实现了虚拟与现实的完美结合。

（1）在施工阶段，通过 BIM 与三维激光扫描的现场点云数据的结合的应用，进行逆向深化设计、点云模型修改、BIM 模型创建、指导幕墙逆向施工，解决现场施工质量问题，完成预期目标。BIM 与三维逆向施工流程如图 5.3-1 所示；

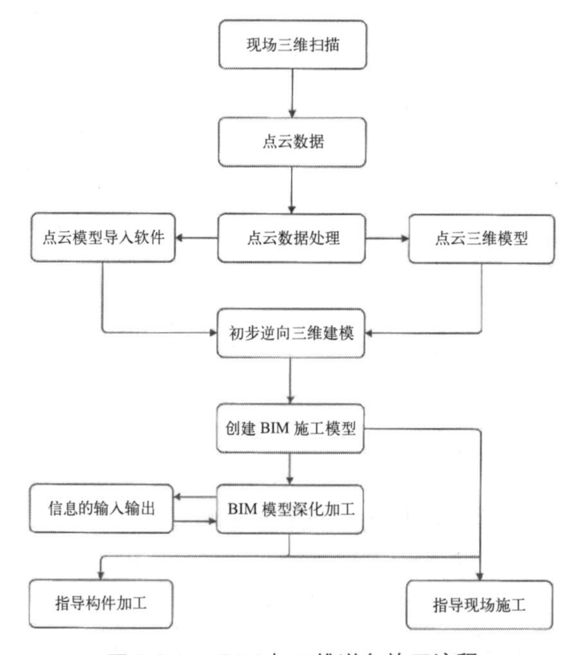

图 5.3-1 BIM 与三维逆向施工流程

（2）在三维扫描仪采集到现场实际数据的基础上，进行数据信息处理，对建筑物多站点点云数据进行拼接，建立点云三维模型；通过数据格式的转化，导入软件精度等级为 LOD100 幕墙表皮模型，然后根据现场实际数据进行幕墙功能系统的深化建模；

（3）运用软件进行 LOD300 模型的创建，进行碰撞检查、施工模拟等；在对幕墙 BIM 模型深化到 LOD400 的基础上，通过添加、提取详细的信息指导幕墙生产加工，实现精细化的施工管理，确保施工质量一次成优，节约成本、保证工期。

5.3.3　技术要点

1. 塔楼现场扫描

根据工程实际结合每层不同平面形式、不同面积，分别定制不同的扫描方案。

（1）采用三维激光扫描仪对塔楼进行分阶段扫描。水平结构外边线的扫描作业，由于扫描仪扫描范围的限制，采用地面扫描无法获取精确的点云数据信息。为得到有效的扫描信息，通过自主研发的可移动悬挑式数据采集操作平台，计算确定悬挑操作平台长度，选取 12 个站点进行扫描，塔楼扫描仪站点位置如图 5.3-2 所示，扫描仪悬挑操作平台如图 5.3-3 所示。可从不同角度最大限度地获得塔楼水平结构边线的实体信息，也实现了两个站点之间 30% 的重合区域便于后期的点云模型拼接。

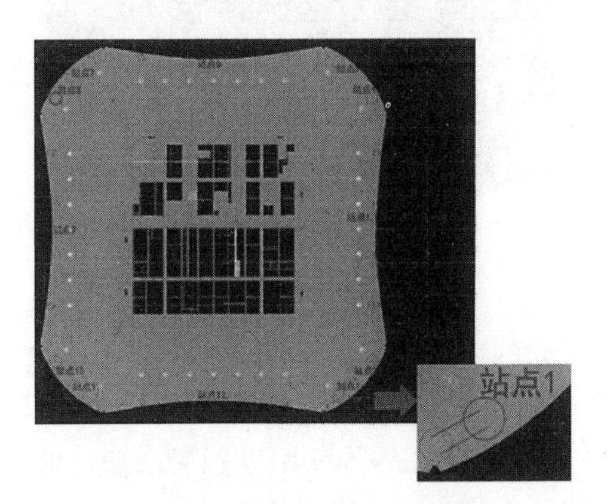

图 5.3-2　塔楼扫描仪站点位置

图 5.3-3　扫描仪悬挑操作平台

（2）在对 12 个站点进行扫描的过程中，首先将三维扫描仪放置在指定位置，保证最大的扫描视点；在塔楼的各层设置扫描标靶，选取视点范围，确定扫描精度。在扫描过程中，为了得到精确信息，应确保扫描区域内无杂物和人的出现而造成视线遮挡，扫描得到的原始数据应与被测物体表面的空间位置点云数据完全对应。

2. 点云数据处理

（1）分站点扫描之后得到的每层楼的信息是零碎的，为了得到完整信息，应对数据进行处理。三维激光扫描非接触法获取的点云数据非常庞大，需按照一定的操作流程进行数据处理。

（2）点云拼接是对12个站点的点云数据进行拼接整合，扫描完成的原始云数据如图5.3-4所示。通过相关软件自动选取相邻两站点中三个扫描球控制点进行拼接，拼接完成之后，多次抽样，归并重合部分的点云信息，精简数据，避免冗余。

（3）由于扫描的对象信息与需要获取的对象信息之间存在误差，在扫描塔楼边线新信息的同时，会把一些不需要的信息带进去，增加了数据量并导致信息出现偏差。去除掉不必要的点、有偏差的点及错误的点方可进行下一步操作，也有利于后期模型应用。

（4）去噪后的点云数据经过光顺、插补、精简，得到精确的现状塔楼边线轮廓，处理后的塔楼点云轮廓线如图5.3-5所示；通过模型格式转换，导入软件进行逆向建模。

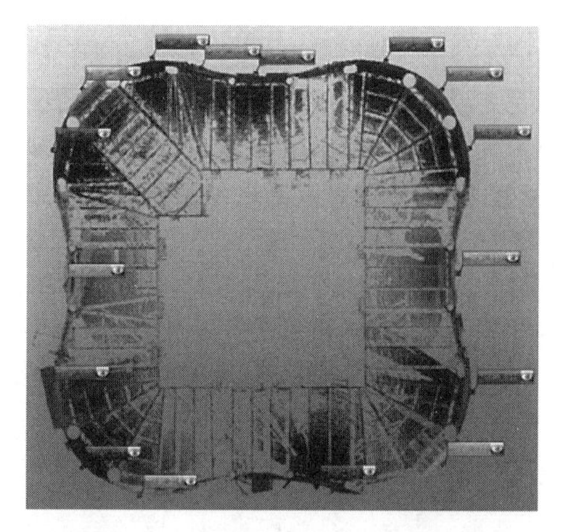

图5.3-4　扫描完成的原始云数据图

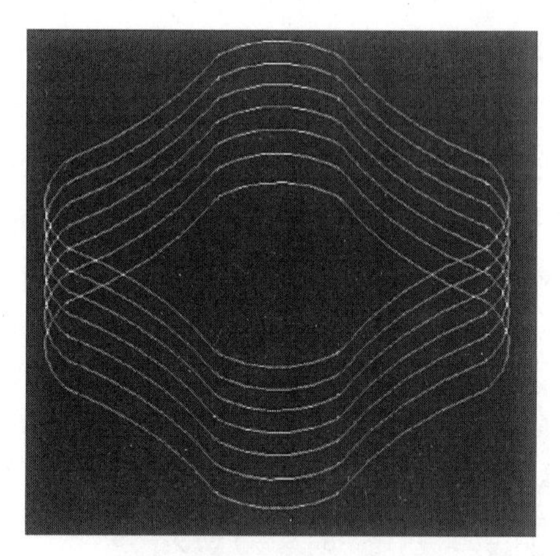

图5.3-5　处理之后的塔楼点云轮廓线

3. BIM逆向建模

（1）逆向建模的过程是根据现场扫描的数据以及处理之后的点云模型，与土建、钢结构专业模型匹配，把现场的实际数据添加到理想状态下的BIM模型之中，修正土建、钢结构模型使之与实际相吻合。在此基础上进行幕墙模型的建模工作，处理之后的塔楼边线BIM模型导入软件进行幕墙表皮模型的创建。

（2）按照塔楼实际轮廓进行幕墙边线精确定位，同时对8个V形口的曲线变化进行定位，建立LOD100模型。当Rhino创建的模型不满足BIM模型要求，缺少必要的工程信息时，需通过数据转换导入Revit软件对幕墙进行深化，输入物理、功能等信息，逐步完成碰撞检查、生产加工、指导施工等不同精度模型的创建。

（3）塔楼每个楼层共有九种不同类型的板块系统，利用软件创建不同类型板块的自适应点族文件，通过族文件内置参数的变化，在BIM模型中自动计算出板块的尺寸变化，自动调整板块大小。

4. 模型深化及应用

（1）在线框模型、表皮模型的逆向建模及不同软件间数据转换完成后，利用BIM软件进行模型深化。塔楼幕墙板块类型多，曲面旋转造型导致板块的翘曲点占幕墙总数比例高塔身幕墙翘曲点分布见图5.3-6。在线模的基础上利用Revit软件参数化设计功能创建LOD300模型的精度无法体现出的龙骨、主材以及其他外部尺寸的具体信息数据。

（2）审图工作完成后，在LOD300基础上进一步深化模型。主要是对模型中构件的信息以及加工数据进行深化，增加幕墙开孔、端切等数据，完成LOD400模型创建，模型具备幕墙型材、构件加工条件。V扣独立单元LOD400模型如图5.3-7所示。

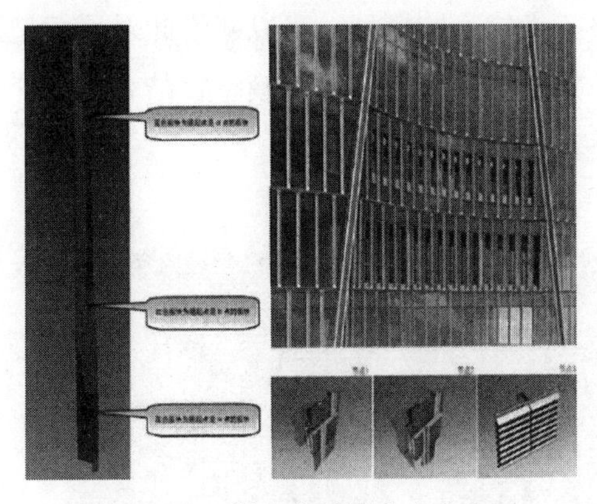
图5.3-6 塔身幕墙翘曲点分布图

图5.3-7 V扣独立单元LOD400模型

5. 裙楼现场扫描

裙楼系统采光顶针对钢结构完成曲面复测，采用三维激光扫描完成结构扫描和点云建模。

（1）通过现场踏勘，确定数据采集方法，包括控制点设立、测站设置位置、标靶布设位置和特征点采集位置，并在现场作出标记；

（2）采用全站仪及RTK定位系统等测量技术手段，建立采光顶钢结构测绘的基础控制点，为后续数据采集提供测量基准和数据拼接连接点；

（3）架设三维激光扫描仪，布置好标准球，在不同位置获取采光顶钢结构点云数据，扫描做到完全覆盖。

6. 点云拼接与影像配准

（1）将采集的点云数据进行处理，主要是多站点扫描数据的合并，精确配准。通过剪切得到需要的点云数据，并制作系列正射投影图像，或云面片切割，以便绘制采光顶钢结构图件、构件图件等。采光顶钢结构点云数据模型如图5.3-8所示。

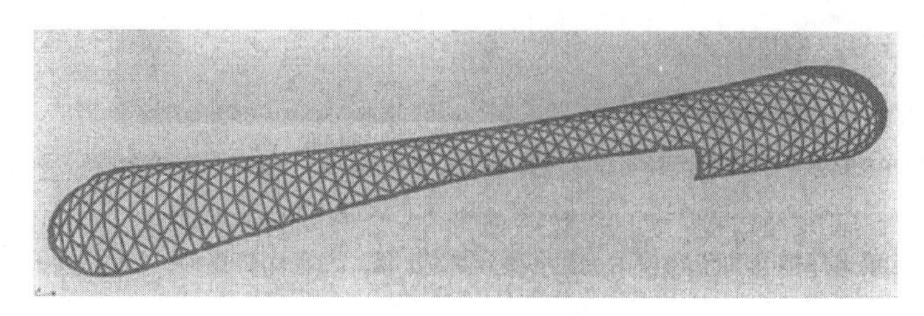

图 5.3-8　采光顶钢结构点云数据模型

（2）点云数据预处理后进行点云密度调整、补修，待调整完毕后进行点云模型封装。经过点云数据的预处理，除去噪点的干扰，并对拟合后的点云进行处理，缩小模型的占用空间。采光顶钢结构点云数据图像如图 5.3-9 所示。通过 RealWorks 软件建模、分析、数据处理，与犀牛、Revit 等建模软件共同对点云封装模型进行处理，创建实体模型。结合现场控制点位，建立具有完整三维信息的模型，可以基于此对后续施工的调整、材料的下单以及现场精确测量给予指导。根据点云封装模型，结合三维建模软件，建立与现场结构完全相符、坐标完全对应的实体模型。

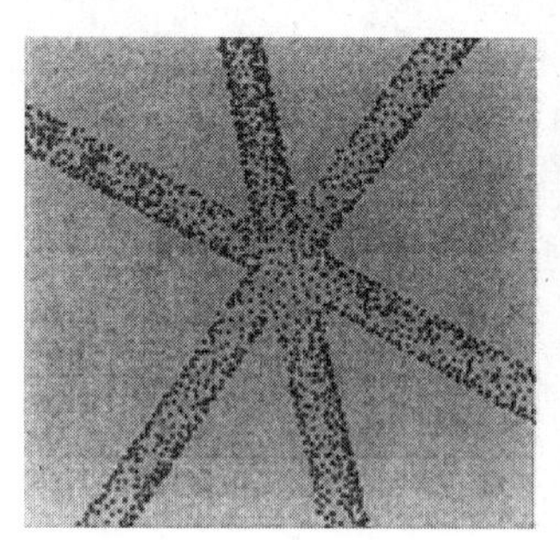
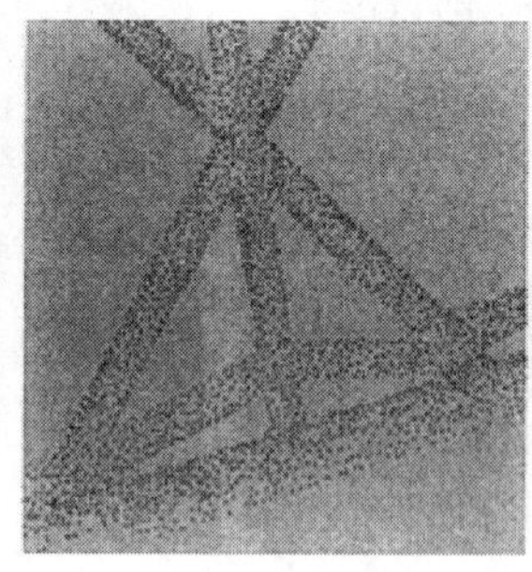
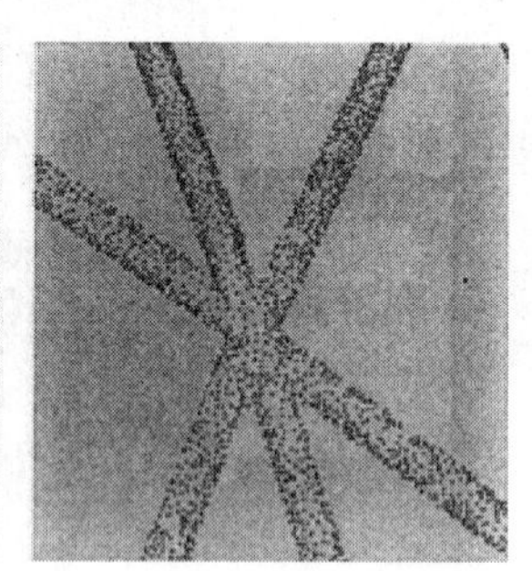

图 5.3-9　采光顶钢结构点云数据图像

7. 模型对比

（1）根据拼接之后的扫描点云数据以及近景测量数据，建立高精度的现场实际三维模型，与原设计模型进行比对。通过模型比对找出偏差超过允许值的钢构件进行现场整改调整，在不改变建筑外形设计效果的前提下，部分通过三维模型微调，吸收部分钢结构偏差。根据对比软件完成实体模型及理论模型对比，输出偏差报告，指导现场的调整与修改。

（2）根据偏差报告的分布以及显示红色位置，从模型中可快速找出需要改动杆件的位置数据，整理成对应列表，指导现场施工。快速定位改动杆件示意图如图 5.3-10 所示。

（3）经现场施工整改，将主体钢结构调整至幕墙构件能够消化的误差范围内，表示其结构满足幕墙安装的精度要求。

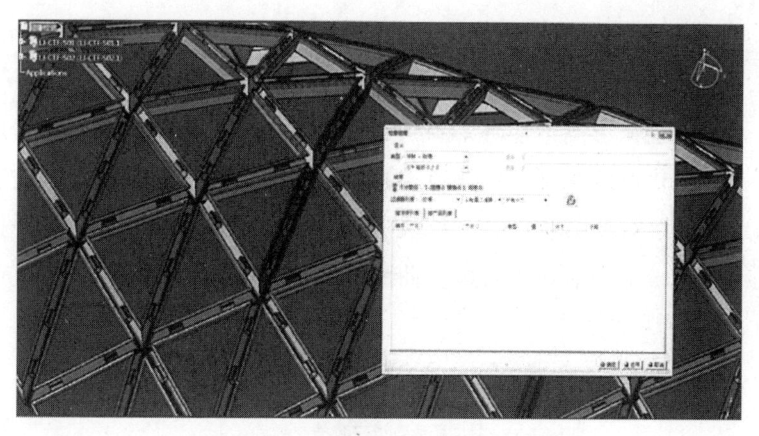

图 5.3-10　快速定位改动杆件示意图

5.4　曲面单元体幕墙弧形高适应环形轨道吊装关键技术

5.4.1　技术概述

曲面单元体幕墙弧形高适应环形轨道吊装技术是将超高层建筑曲面幕墙按照施工区段划分，在部分楼层沿结构曲线外轮廓布置环形单轨道，将单元板块垂直及水平运输至安装地点的吊装施工技术。适用于曲面等特殊造型的单元式幕墙板块吊装、大线条单元式幕墙的板块吊装、一般单元式幕墙的板块吊装等；其特点是环形单轨道工效较高，不用频繁挪动设备；采用此吊装方法安装大线条单元体板块时，可减少后期吊篮布置及工序穿插时的互相掣肘。曲面单元体幕墙吊装工程图如图 5.4-1 所示。

图 5.4-1　曲面单元体幕墙吊装工程图

5.4.2 工艺流程

曲面单元体幕墙弧形高适应环形轨道吊装施工流程：环形轨道安装楼层确定→轨道埋件安装→环形轨道拉弯加工→轨道支撑臂安装→轨道上斜拉钢丝绳安装→自走式电动葫芦安装→试运行及验收→单元板块吊装→外轨吊篮安装外侧构件→板块安装至下一层，轨道移除→上一道轨道安装。曲面单元体幕墙弧形高适应环形轨道吊装施工流程图如图 5.4-2 所示。

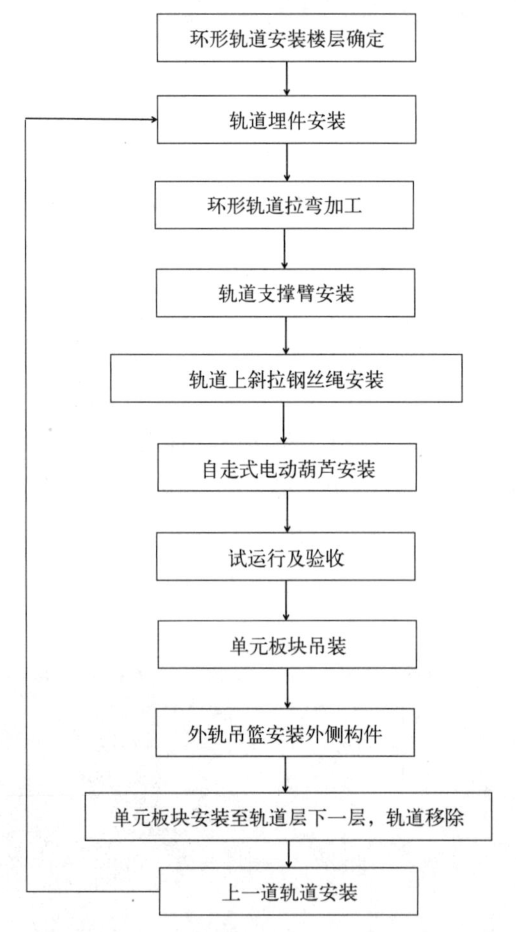

图 5.4–2　曲面单元体幕墙弧形高适应环形轨道吊装施工流程图

5.4.3 技术要点

1. 安装楼层确定

环形轨道的安装楼层位置受建筑立面造型、现场施工条件及楼层高度等因素影响，一般无特殊立面造型的建筑，高度方向上 50 ~ 60m 设置一道水平环形轨道，同时需考虑土建结构施工硬防护大棚的具体位置来定。曲面幕墙随高度变化，幕墙外轮廓可

能发生变化，此时环形轨道的安装楼层要根据逐层平面变化的情况而定，对于随高度增高建筑平面内倒的幕墙，如按普通设置，会导致高处水平环形轨道与楼板边缘距离适中，而低处环形轨道水平投影过于靠近结构边缘甚至与楼板边缘冲突，造成板块吊装困难。同理，对于外倾的曲面幕墙，则会造成低处起吊点距离楼板边缘过远，板块吊装时，人员需将身体较远地探出楼板外，增加安全隐患。

曲面单元体幕墙弧形高适应环形轨道的安装楼层及道数需结合现场实际情况布置，水平环形轨道的中心线与楼板边缘的距离不宜大于 2m。

2. 环形轨道的安装

环形轨道主要由垂直楼板边缘的支撑臂及平行楼板边缘的水平环形轨道组成，为保证单元板块可以转运至楼层的待安装位置，水平环形轨道应连续布置。但实际施工中会遇到剪力墙等构件，因此环形轨道的安装主要分为一般楼层安装和剪力墙区域安装；同时幕墙最高点高度高于结构板面或梁面时，屋面层的环形轨道均需加高设置。

（1）一般楼层安装

以工字钢轨道为例，先安装悬臂支撑工字钢，其尾端通过 U 形钢筋（加工螺纹）及方垫片、螺母抱箍楼板。在悬臂工字钢靠近结构外沿处，加设化学锚栓，防止工字钢前后移动。钢丝绳斜拉在上一层结构板侧幕墙埋件的转接件的圆孔中，转接件焊接于预埋板上，一般层环形轨道布置剖面图如图 5.4-3 所示。

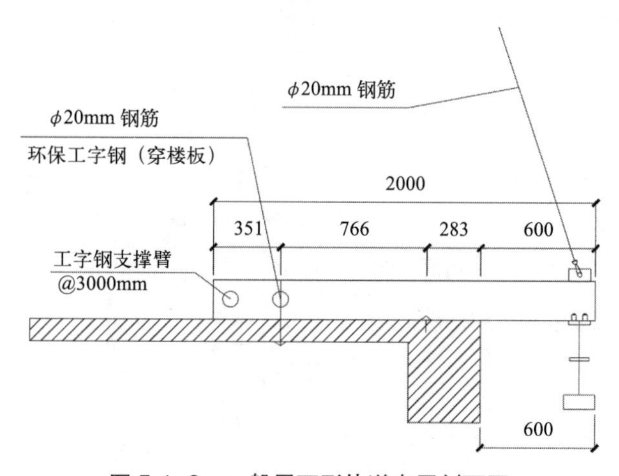

图 5.4-3　一般层环形轨道布置剖面图

每隔 3000mm（弧形转角部分中间加设斜拉钢丝绳）布置一条悬臂工字钢，待定位固定后将相邻悬臂工字钢使用横向轨道工字钢连接，形成水平轨道。轨道通过螺栓安装在悬臂工字钢下方，相邻两轨道工字钢留 10mm 缝隙，防止热胀冷缩；在转角部位，需将轨道工字钢拉弯，以便自走环链电动葫芦能顺利通过，待轨道工字钢安装调整完成后，将斜拉钢丝绳用紧线法兰拉紧。

轨道工字钢安装完成后，由预留口将自走环链电动葫芦装进轨道，提前需按轨道工字钢翼缘计算出电动小车轮间距；待电动小车安装后，在预留口焊接止动角钢，防止小车冲出轨道。根据吊装板块的重量选择合适的自走环链电动葫芦。使用完毕后，工字钢、钢丝绳、钢板、钢筋抱箍等材料拆除退场，将化学锚栓凸起螺杆切割至与地面平齐，对穿钢筋用砂浆封堵密实；

(2) 剪力墙部位环形轨道

剪力墙区域的环形轨道，采用墙侧锚固代替板面锚固的方式。首先通过化学锚栓将后置埋件与结构固定，悬臂工字钢与后置埋件焊接。悬臂工字钢悬挑端底面焊接节点板，每块节点板上开 4 个圆孔，悬挑端顶端焊接钢耳板，通过卸钩将钢耳板与钢丝绳连接。钢丝绳斜拉在高处剪力墙侧转接件上，转接件焊接于预埋板或后置埋板上，剪力墙位置环形轨道剖面图如图 5.4-4 所示。

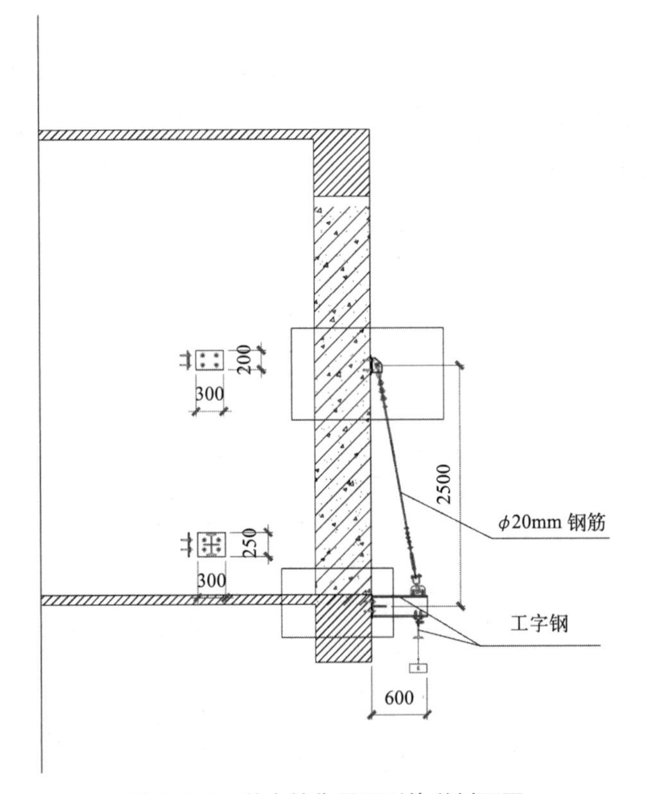

图 5.4-4　剪力墙位置环形轨道剖面图

环形轨道使用完毕后，先拆卸钢丝绳，因后置板与工字钢焊接为一体，故松开化学锚栓螺母整体拆除，上部钢丝绳拉结点宜整体拆除。

(3) 屋面层环形轨道

屋面层环形轨道在单元板块安装时，由于单元板块安装工艺的需求（先提升

再下落入槽），需要在环形轨道与板块吊点之间预留足够的安装操作空间，一般取 1000mm 高度空间。确定好安装高度后，首先安装支撑架体的后置埋件，依次安装支撑架体，架体一般采用工字钢焊接。相邻架体间焊接圆管加固，防止左右移动。架体水平工字钢悬挑端底面焊接节点板，环形轨道的水平轨道通过螺栓与架体水平工字钢连接。

支撑架体的形式根据屋面结构而改变，如屋面为大面积楼板，则采取前后双支腿的支撑架；如屋面为结构梁或较窄的条形楼板，则采取单腿支撑架，根据计算结果确定是否在支撑架体内侧增加斜下拉钢丝绳加固，屋面层环形轨道塔冠布置剖面图如图 5.4-5 所示。

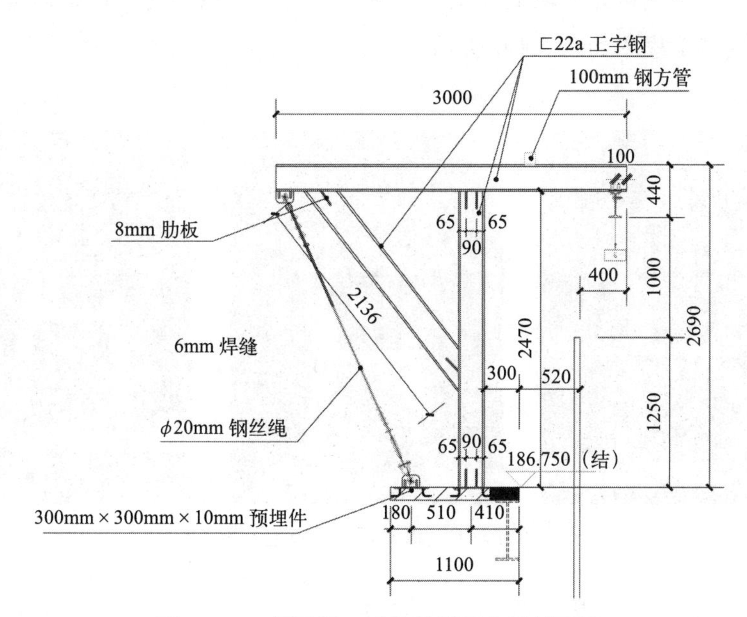

图 5.4-5 屋面层环形轨道塔冠布置剖面图

位于屋面塔冠的环形轨道支撑体系，施工过程中属建筑最高点，需增加避雷措施。做法参照幕墙均压环施工工艺，使用 ϕ12mm 的镀锌圆钢，焊接预埋件底部，并与屋面结构主体防雷体系连接及防雷引下线焊接，焊接要求符合规范要求。

3. 单元板块的安装

转接件安装定位复核后，单元板块即可准备进行吊装作业，吊装作业前需对环形轨道及吊装夹具等进行安全检查。

（1）使用环形轨道将单元板吊出单元板块存放层

环形轨道主要用来安装自走环链电动葫芦吊装板块，吊装时轨道上的轨吊机在指挥人员的指示下缓缓提升板块，同时存放层人员使用小车配合将板块向楼外移动。当板块接近垂直状态时板块存放层上一层人员应确保板块不与楼板发生碰撞，同时采取翻转等措施，使单元板块装饰面朝外。

（2）单元板块的下行过程

单元板块吊出楼层后，由板块吊装层上一层的指挥人员负责指挥，将单元板块徐徐下放，直到板块待安装的楼层位置停止。在下行过程应确保在所有经过层都有人员传接板块，防止板块在风力作用下与楼体发生碰撞。

（3）单元板块的插接就位

单元板块下行至单元体挂点与转接高度之间相距 200mm 时，命令板块停止下行，并进行单元板块的左右方向插接。左右方向插接完成后，在控制左右接缝尺寸的情况下板块继续下行，此时由板块上一层人员负责单元体挂件与转接件的对接，板块安装层人员负责上、下两单元板块的插接。安装到位后，拆除夹具，并令其返回板块存放层单元板块安装工程图如图 5.4-6 所示。

图 5.4-6　单元板块安装工程图

（4）单元板块防碰撞措施

曲面单元体吊装时，因板块呈倾斜造型，而吊装时采取垂直吊装方式，故单元板块从存放楼层进出及倾斜安装时需做好防碰撞措施及半成品保护，降低安全风险及减少成品刮伤。板块进出楼层位置时，安排专人对板块状况进行观察，并通过对讲机与垂直运输设备操作员进行联系，如有碰撞立即通知操作员停机，待消除隐患后，继续进行安装。

在可能发生碰撞的位置提前覆盖 10mm 厚柔性橡胶皮，隔绝板块表面及楼层结构面，杜绝碰撞时划伤板块材料表面，曲面单元体出楼层安装图如图 5.4-7 所示。

倾斜板块安装时，内倒部分玻璃板块安装较为简单，外倾部分较为复杂。板块垂直运输至待安装楼层后，调整板块上部位置，接近安装位置后，工人通过与板块有效连接的绳索将板块下部拉到安装位置。对于倾斜角度过大，人工无法拉动位置的板块，通过手动葫芦等设备拉回，安装过程中同板块进出楼层的防碰撞措施相同。

图 5.4-7　曲面单元体出楼层安装图

(5) 幕墙安装质量检查

幕墙安装完成后需对安装质量进行检查，按表 5.4-1 的规定检查幕墙的安装质量。

幕墙安装完成后质量检查表　　表 5.4-1

序号	项目		允许偏差（mm）	检查方法
1	竖缝及墙面垂直度	幕墙高度 H（m）		激光经纬仪或经纬仪
		$H > 90$	≤ 25	
2	幕墙平整度		≤ 2.5	2m 靠尺、钢板尺
3	竖缝直线度		≤ 2.5	2m 靠尺、钢板尺
4	横缝直线度		≤ 2.5	2m 靠尺、钢板尺
5	缝宽度（与设计值比）		±2	卡尺
6	耐候胶缝直线度	$L \leqslant 20$m	1	钢尺
		20m $< L \leqslant$ 60m	3	
		60m $< L \leqslant$ 100m	6	
		$L >$ 100m	10	
7	两相邻面板之间接缝高低差		≤ 1.0	深度尺
8	同层单元组件标高	宽度不大于 35m	≤ 3.0	激光经纬仪或经纬仪
		宽度大于 35m	≤ 5.0	
9	相邻两组件面板表面高低差		≤ 1.0	深度尺
10	两组件对插件接缝搭接长度（与设计值比）		±1.0	卡尺
11	两组件对插件距槽底距离（与设计值比）		±1.0	卡尺

第 6 章　典型工程案例

本章以中建七局近年来承建的成都壹捌捌大厦、广州金融城、西安荣民金融中心超高层建筑为案例，介绍了超高层建筑施工过程中采用的大体积混凝土、钢结构、伸臂桁架、塔式起重机、施工模架和玻璃幕墙等特色施工技术，并分析总结了技术应用效果以及工程实施过程中取得的相关科技成果。

6.1 成都壹捌捌大厦

6.1.1 工程概况

工程位于成都市人民南路与红照壁街交会处，该位置属于规划的RBD区域。该项目为人民艺术剧院、甲级写字楼、商业等多种业态组成的城市文化综合体，成都壹捌捌大厦如图6.1-1所示，由A座、B座两栋主楼及裙楼组成；其中裙楼地上8层，高度为36.00m，主要功能为剧院及商业；A座主楼地上42层，采用钢管混凝土框架—钢筋混凝土核心筒混合结构，主要功能为办公、酒店及商业；B座主楼地上45层，采用框架—剪力墙结构，主要功能为办公及商业。A座主楼大屋面标高180.45m，幕墙完成面188m；B座主楼大屋面标高176.95m，幕墙完成面188m；为B级超高层建筑。

图6.1-1 成都壹捌捌大厦

该项目基础为筏板基础，主要结构形式为钢筋混凝土框架剪力墙结构，底板混凝土强度等级 C40，抗渗等级 P12。主楼区域底板混凝土厚度达 2.7 ~ 4.8m，电梯井局部混凝土厚度达 10.12m，属大体积混凝土。底板混凝土方量约为 29000m^3，其中 A 座主楼为 15000m^3，B 座主楼为 9200m^3，裙楼为 5000m^3；混凝土强度等级 C40，抗渗等级 P12，内掺 YR-P 高性能混凝土膨胀剂，掺量为 6% ~ 8%；同时掺 YR-F 抗裂纤维，掺量 0.9kg/m^3，纤维抗拉强度大于 350MPa。

两幢 188m 超高层办公楼采用竖线条结合玻璃幕墙的现代风格造型，幕墙种类主要包括竖明横隐单元式玻璃幕墙、竖明横隐框架式玻璃幕墙、裙楼商业入口大跨度框架式幕墙系统、铝板幕墙、玻璃雨篷、铝板雨篷等，其中单元式幕墙主要集中在 A 座主楼及 B 座主楼，幕墙面积约 75000m^2。

6.1.2　施工关键技术应用

6.1.2.1　大体积混凝土无线测温及自动控制技术

1. 大体积混凝土特点

（1）本工程筏板基础混凝土厚度达 2.7 ~ 4.8m，电梯井局部混凝土厚达 10.12m；

（2）底板混凝土浇筑方量大，约 29000m^3。

2. 施工重难点

（1）难点：本工程底板深度较深，传统测温导线施工复杂，导线过长，测量温度误差较大，混凝土浇筑过程易损坏，测量复杂；

（2）对策：采用无线测温自动控制技术，测温简单易操作、连续测温、自动报警；减少试验误差，提高精度，减少施工期间混凝土浇筑过程中对测温导线的破坏。

3. 大体积测温施工部署

大体积测温施工的策划，分为三个阶段：

（1）第一阶段：施工准备

1）仪器：无线测温仪等仪器设备；

2）人员：专人负责测温检测工作。

（2）第二阶段：大体积测温点布置

温度监测点均匀布置在基础平面上，力求反映出基础筏板混凝土凝结时整体的温度变化状态。由于筏板混凝土较厚较大，温度监测点的布置在反映整体的同时也兼顾个别，并尽可能在容易出现裂缝的重点部位布置测点。设计共布设 86 个测温点，由于图纸上无法精确布置点位，实际布点位置以现场实际情况为准。

（3）第三阶段：大体积测温，数据收集整理

采用无线测温仪系统自动采集测温数据，传输至计算机，及时高效地反馈混凝土实际温度变化，通过设置监控频率，自动生成温度曲线。

4. 技术重点

（1）混凝土浇筑及固化过程中，监测内容应包括监测时间、混凝土水化热即时温度、里表温差、温降速率和大气温度。

（2）当混凝土浇筑完成后，表面温度与中心点温度温差（里表温差）达到 25℃或测温点降温速率达到 2.0℃ /d 时，以书面报告形式重点标注、提出警示。

根据现行国家标准《大体积混凝土施工标准》GB 50496 相关规定，温控指标如下：

1）混凝土浇筑体在入模温度基础上的温升值不宜大于 50℃；

2）混凝土浇筑体的里表温差（不含混凝土收缩的当量温度）不宜大于 25℃；

3）混凝土浇筑体的降温速率不宜大于 1.5 ~ 2℃ /d；

4）混凝土体表面与大气温差不宜大于 20℃。

（3）根据混凝土里表温差的变化，调整或采取有效的技术和养护措施来控制混凝土浇筑和养护过程中升温、降温时各类温差，并使其在规定值内，确保基础混凝土浇筑质量。

6.1.2.2 大体积混凝土超长溜槽浇筑技术

1. 大体积混凝土特点

（1）本工程筏板基础混凝土厚度达 2.7 ~ 4.8m，电梯井局部混凝土厚达 10.12m；

（2）底板混凝土浇筑方量大，约 29000m^3；

（3）场地狭窄，筏板混凝土浇筑困难；

（4）基坑深度大。

2. 施工重难点

（1）难点：混凝土一次浇筑量大，现场场地狭窄，施工组织难度大；

（2）对策：采用超长溜槽技术进行浇筑，对混凝土供应、机械、人员、施工区段划分、现场浇筑平面以及场内外交通进行合理组织。

3. 混凝土浇筑点布置

A 座主楼筏板混凝土浇筑平面布置：溜槽设置在 2 号大门靠近红照壁街即场地南侧，溜槽距离 1 号塔式起重机 10m 处设置。1 号、2 号、3 号车载泵设置在场地西侧，其中 1 号车载泵位于西北侧，2 号车载泵位于基坑西侧中部，3 号泵位于场地大门口位置。

1 号泵车主要停置在场地西北侧空地，根据测量预计可以同时停置 3 ~ 4 辆车。2 号泵车考虑到基坑安全，需放置在空地中部，距离基坑边 6m；2 号泵车附近不考虑停车，主要是考虑 1 号泵车处车辆的出入。3 号泵车处停置 3 ~ 5 辆车。车辆浇筑完成后从 1 号大门开出进入主路。

B 座主楼汽车泵考虑到基坑的安全性以及车辆通行，放置在西北角，其中 1 号车载泵放置在基坑的西北侧基坑中轴线附近，2 号车载泵放置在基坑西北侧转角部位。车辆在场地内靠近居民区空地放置 6 ~ 8 台车辆，其余车辆则停置在红照壁街人行辅道上。空地处车辆主要负责 1 号车载泵以及汽车泵供应，红照壁街停置车辆主要负责 2 号车载泵以及汽车泵供应。所有车辆从红照壁街 2 号大门一侧进入，出车从 1 号大门处开出进入市政主干道。

4. 混凝土浇筑方式及支撑架体设计

主溜槽采用 5mm 厚钢板定制，直径为 600mm、高度为 300mm 的半弧形；分支溜槽采用 5mm 钢板定制，直径为 400mm、高度为 200mm 的半弧形。

溜槽在 2 号大门口进行搭设，坡度为 1:3，搭设长度为 69m。在距离基坑边水平距离为 15m 处设置两道分支溜槽，在距离基坑边水平距离为 17m 位置处设置一道分支溜槽，在距离基坑边水平距离为 23.6m 位置处设置一道分支溜槽，作为实时溜槽。溜槽与溜槽之间采用双面满焊进行连接，与混凝土接触面的焊缝需打磨光滑，防止挂浆。

溜槽架体采用钢管架作为支撑架体。为确保溜槽顺利施工，在距离架体底部高度为 20m 处、10m 处分别设置操作平台，以便堵塞后进行疏通。其余采用泵车进行泵送，在泵管底部安置布料机进行布料。

B 座主楼筏板采用一台汽车泵和两台车载泵。汽车泵主要负责浇筑筒体集水井等筏板较厚的部分，车载泵主要负责浇筑筒体外围 4.0m 处筏板。在浇筑至 −28.30m 标高处时，汽车泵与车载泵进行辅助浇筑；当浇筑至 −29.30m 标高处时，预留 50cm 采用两台汽车泵由北向南进行分层推进浇筑。

为避免接槎冷缝出现，第一阶段浇筑深区面积不能全部推开，按照每层 900mm 进行分层浇筑，按照混凝土自流扩展面 5m 计算，宽度按照基坑 16m 进行计算；根据计算在浇筑 1500m^3 时及浇筑宽度 16m、高度 6m、长度 30m 时，开始第二阶段施工。深区采用一台汽车泵配合一台车载泵进行浇筑，另外一台车载泵浇筑北侧 1m 厚筏板。为控制推进长度，此处振捣不在端部进行引导，在自流的中部和出料口进行。

第一阶段结束后，由于深基坑最上层混凝土已经上升到标高 −2.7m 位置，因此第二阶段在推进时需扩大浇筑面积，深基坑两侧 2.7m 筏板开始齐头并进；此时深区按照 450mm 一层推进，浅区即 2.7m 处按照 450mm 一层推进，逐步推进到顶面开始逐步向南侧推进。在推进过程中严格控制最底部延伸长度，避免扩大浇筑面积。在浇筑过程中按照完成面的长度向前推进，逐步将深坑收完，进入筏板厚度为 3.4m 区域。

5. 支撑架体设计

A 座主楼泵管支撑架设计：1 号、2 号泵送管固定架体分别搭设在北侧支撑梁第三跨、第四跨空隙之间。架体搭设高度为 30.5m，架体长度为 7m，宽度为 8m；立杆纵横向间距为 1m，步距为 1.5m。架体四面满设剪刀撑，内部满设剪刀撑，管道接口处设置水平夹杆，架体受力构件为纵向立杆，位于筏板内的立杆底部焊接止水蒙板，在下端 1m 范围中间部位焊接止水翼环。

B 座主楼泵管架体设计：泵管架体主要设置在场地西北角的上部支撑体系内。架体由于地形的限制，两路泵管采用分片独立式承重，架体长宽为6m，上部采用钢管与支撑梁连接。中间设置四道连接与支撑梁吊筋进行锁定，其他搭设方式同A座主楼泵管支撑架设计。

脚手架搭设按照梁支撑架体进行计算，搭设高度为32m。模板按照5mm厚钢板面板进行计算，支撑架体按照ϕ48mm×3.0mm钢管进行计算。主龙骨采用ϕ48mm×3.0mm钢管进行验算，次龙骨按照U形5号槽钢进行验算。根据计算结果，溜槽下部支撑采用立杆，间距500mm，沿着溜槽长度方向立杆的步距为1.2m；溜槽底部立杆均匀布置6根，溜槽两侧立杆间距为1.0m。溜槽底部焊接采用5号槽钢制作成U形箍与溜槽底部及两侧进行焊接，间距为500mm。架体两步三跨与基坑水平支撑梁进行连接，连接采用双钢管双扣件与梁连接。所有支撑体系采用双扣件进行连接，防止支撑体系滑移。

6.1.2.3 单元式玻璃幕墙安装技术

1. 幕墙特点

该工程幕墙种类主要包括竖明横隐单元式玻璃幕墙、竖明横隐框架式玻璃幕墙、裙楼商业入口大跨度框架式幕墙系统、铝板幕墙、玻璃雨篷、铝板雨篷等，其中单元式幕墙主要集中在A座主楼及B座主楼，幕墙面积约75000m^2。

2. 施工重难点

两座主楼的结构形式不同，幕墙范围内包括剪力墙区域及屋顶架空塔冠区域两部分，因此幕墙施工过程中的重难点主要为：

（1）剪力墙区域单元板块的安装；

（2）屋顶架空层塔冠区域单元式单块的安装；

（3）大体量玻璃的自爆率控制。

重难点应对措施：

（1）采用双环形轨道吊装技术，解决板块吊装及人员操作平台的问题；

（2）合理设计架高支腿环形轨道，解决顶层单元板块的安装问题；

（3）严格控制玻璃材质的选择，优化安装措施，减少玻璃自爆的发生。

3. 剪力墙区域环形轨道吊装关键技术

（1）剪力墙区域吊装总体思路

B座主楼在平面图中有两处大面存在剪力墙，墙面上无出口，外侧幕墙为单元式幕墙；该处施工困难，无施工洞口进出，安装板块时工人无法通过室内到达作业区域。该区域施工采用双环形轨道吊装技术，内侧环形轨道用于板块转移吊装，外侧轨道为吊篮支撑用于吊篮施工安装，使用吊篮进行后置埋件的安装及防火隔断保温收口等工序。安装完成后，利用环形轨道将板块水平运输板块至待安装位置，安装人员通过外侧吊篮到达作业区域，并进行板块就位安装。

（2）双环形轨道的制作与安装

1）材料准备

22a 工字钢、ϕ20mm 钢丝绳、U 形 ϕ20mm 钢筋抱箍（1 个 / 每榀）、ϕ102mm × 5mm 圆管、10mm 钢板（4 片 / 榀）、2t 自走环链电动葫芦（带电动小车）、80mm × 80mm × 10mm 钢垫片、卸钩及紧线法兰各一个、M12 化学锚栓若干。

2）布置方案

根据总高度及现场进度计划要求，分别在 21 层及屋面层分别设置双环形轨道，屋面层剪力墙区域与其他区域设置相同，21 层由于剪力墙隔断内外联系，设置与其他层不同。

3）21 层剪力墙区域环形轨道安装

首先借助屋面层的临时吊篮，根据设计间距在剪力墙位置安装 300mm × 200mm × 10mm 后置埋板，后置埋板通过四枚 M12 化学锚栓与结构锚固，后置钢板的水平间距一般为 3m，悬臂支撑采用 22a 工字钢，与后置埋件焊接，焊接处采用翼板加强。悬臂支撑工字钢在悬挑端底面焊接 215mm × 215mm × 10mm 节点板，每块节点板上开 4 个 M22 的圆孔，待定位安装固定后将两条悬臂支撑工字钢间的横向轨道 22a 工字钢安装在悬挑工字钢下方，横向轨道与悬臂支撑工字钢采用高强度螺栓连接。相邻两轨道工字钢留 10mm 缝隙，防止热胀冷缩。在转角部位，需将 22a 轨道工字钢拉弯，以便自走环链电动葫芦能顺利通过，待轨道工字钢安装调整完成后，将斜拉钢丝绳用紧线法兰拉紧。

轨道 22a 工字钢安装完成后，由预留口将自走环链电动葫芦装进轨道；提前需按轨道工字钢翼缘计算出电动小车轮间距，待电动小车安装后，在预留口焊接止动角钢，防止小车冲出轨道。

使用单轨道吊装的单元板块最大质量为 550kg，故选择额定荷载为 2t 自走环链电动葫芦作为起吊设备，吊装单元板块。吊装区域最大板块重量为 820kg，钢索具为地面到 22 层，为 87m，按放大系数 20%，需要钢丝绳长度为 105m；动力荷载考虑为 1.3，即动荷载为 9 kN，板块吊装选择在无风或者微风的情况下进行，因此风荷载影响基本忽略不计，但为安全起见，预留足够的安全储备，计划采用 5t 自走环链电动葫芦。

使用完毕后，先拆卸钢丝绳，因后置板与工字钢焊接为一体，故松开化学锚栓螺母整体拆除，上部钢丝绳拉结点宜整体拆除。

（3）剪力墙区域幕墙单元安装

剪力墙区域板块安装时，当单元板块由地面垂直运输至安装所在楼层，或单元板块从楼层内转移出来后，板块的起吊点转移至环形轨道上的电动葫芦上，在电动葫芦移动下板块转移至剪力墙待安装区域。当单元板移动至单元体挂点与转接高度之间相距 200mm 时，使板块停止移动，并进行单元板块的左右方向插接。在左右方向插接完成后，在控制左右接缝尺寸的情况下使板块继续下行，完成单元体挂件与转接件的对接及两单元板块的插接。板块安装时，人员使用吊篮作为施工操作平台，进行板块安装的就位及微调，剪力墙板块安装工程图如图 6.1-2 所示。

图 6.1-2　剪力墙板块安装工程图

确认单元板块的挂点、左右插接、上下插接都已安装到位后，拆除夹具，并使其返回转换吊点位置，安装完成后的板块应进行质量检查。

4. 屋面塔冠区域环形轨道吊装技术

（1）屋面塔冠区域环形轨道安装

材料与剪力墙区域环形轨道所用材料相同，塔冠区域环形轨道支撑架采用工厂焊接成品。由于本工程塔冠层仅有结构梁，无楼板等结构，因此采用单支腿作为环形轨道的支撑形式。

首先安装 10mm 后置埋件，调高立杆、悬臂支撑、斜撑均采用 22a 工字钢。支架系统横向焊接 ϕ102mm × 5mm 圆管加固，防止其左右移动。后置埋件设四枚 M12 化学锚栓，防止其前后移动。工字钢悬挑端底面焊接 215mm × 215mm × 10mm 节点板，每块节点板上开 4 个 M22 的圆孔；悬挑端顶端焊接 12mm 钢耳板，相邻两支撑系统之间连接横向环形轨道；环形轨道采用 22a 工字钢，横向环形轨道与支撑系统之间均采用高强度螺栓连接。

动力荷载考虑为 1.3，板块吊装会选择在无风或者微风的情况下进行，因此风荷载影响基本忽略不计；但为安全起见，预留足够的安全储备，计划采用 3t 的电动葫芦。

使用完毕后，先拆除 ϕ102mm × 5mm 的圆管，再拆除立杆悬臂。如塔式起重机尚可使用，可利用塔式起重机将支架整榀拆卸；如塔式起重机已拆除，将在屋面解体至小块，通过电梯运输撤场。

（2）屋面塔冠区域单元板块的安装

屋面部分吊装单元板块的方式与剪力墙区域基本相同，不同在于屋面塔冠区域的

板块垂直运输可通过塔式起重机将板块转运至屋面位置，再借助塔式起重机与环形轨道上的电动葫芦配合安装单元板块。

5. 大体量玻璃的自爆率控制

钢化玻璃造成自爆的因素很多，自爆的发生具有随机性及突然性。成都壹捌捌大厦玻璃幕墙体量较大且幕墙最高点 188m，玻璃面板发生较大比例的自爆会造成极大的工程维保费用，同时高处玻璃碎片对地面上的人员及物体会造成较大的安全威胁及财产损失。因此，需对玻璃自爆率进行控制，减少自爆及次生伤害的发生。

通过对产生自爆的因素进行分析，主要通过对玻璃原片材质、生产加工及安装过程控制等几个方面对自爆率进行控制。

（1）玻璃原片材质的质量控制

玻璃自爆主要是由于其原片中含有硫化镍等杂质，该杂质会随环境温度的变化而产生体积变化，进而造成薄弱点崩裂。在玻璃的选择上，选择含杂质较少的低铁玻璃（超白玻璃）原片，从源头上减少自爆发生的概率。超白玻璃原材料中一般含有的硫化镍等杂质较少，在原料熔化过程中控制精细，使超白玻璃相较普通玻璃具有更加均一的成分，其内部杂质更少，从而大大降低了钢化后自爆的概率。

（2）玻璃加工生产的控制

玻璃在加工过程中，玻璃原片的刚度较低，较易产生划痕、裂纹及爆边等缺陷，其中部分缺陷尖端点易形成应力集中点，在后期使用过程中受温度及外力作用下自爆。该阶段的控制措施主要为改善加工条件，玻璃原片加工及运输中采用柔性接触，避免划伤。玻璃的边角采用倒角精磨处理，增大接触面积，减少尖锐点；在加强接触人员安全保障的同时，减少应力集中，同时对原片中的玻璃加工缺陷进行质量控制，玻璃原片加工如图 6.1-3 所示。

图 6.1-3　玻璃原片加工

（3）玻璃面板安装过程的控制

玻璃面板在安装过程中，由于安装精度及误差等原因，造成玻璃面板平面与基层面之间无法贴合，存在不平整或不共面的情况。为使面板安装完成后外观四个角部不翘角，工人会人为施加外力，产生冷弯效果；该操作均会对玻璃面产生不均匀受力，如果该受力集中在变形部位，在使用后叠加其他内外因作用，使用数年后易发生钢化玻璃自爆。因此，安装过程中应尽量较少玻璃不均匀受力工况，尽量保持面板处于自由受力状态，自由状态下幕墙完成面平整度如图 6.1-4 所示。

图 6.1-4　自由状态下幕墙完成面平整度

6.1.3　应用效果

大体积混凝土超长溜槽浇筑技术和无线测温及自动控制技术的应用，有效解决了该工程大体积混凝土浇筑和混凝土水化热监控等难题，在确保大体积混凝土浇筑质量的同时，缩短施工工期 5 天。单元式玻璃幕墙安装技术应用，有效解决了该工程单元玻璃幕墙的吊装问题，降低了玻璃自爆率，提升了施工效率。

该工程授权发明专利 3 项、实用新型专利 10 项，获省部级科技奖 2 项、省部级工法 6 项、QC 成果 6 项、发表论文 6 篇、获国际 BIM 奖 1 项、省部级 BIM 奖 5 项、省部级示范工程 2 项。

6.2　广州金融城

6.2.1　工程概况

广州金融城项目位于广州天河科韵路与黄埔大道交界东南侧，西侧为金融城的综

合交通枢纽、商业及其他配套设施，包括城际、地铁换乘枢纽及通道、公交车站、集散大厅、公共停车场、公共服务设施、商业等配套设施（在建中）；南侧为规划花城大道，东侧为规划春融路。

A 塔塔楼主体结构高度为 320m，层数为 69 层，总建筑面积约 14 万 m^2。外立面方案概念为“无限循环”，采用双层玻璃幕墙表皮，参数化立面设计，曲面收分，每层各异。同时，首层设置波浪雨篷，造型优美，主要功能为办公、金融、企业会所。

结构形式为钢管混凝土柱 + 钢梁框架 + 核心筒结构 + 伸臂桁架 + 腰桁架。塔楼上部用钢量约 1.05 万 t，钢筋桁架楼承板 6.4 万 m^2，高强度螺栓 15 万颗。塔楼外框均分 17 根直径 1500mm 钢管混凝土柱，到屋面层收缩至 1100mm；外框由地上 1 层至塔楼屋面 69 层，每层均分布钢梁。核心筒内外钢构件有焊接十字形、焊接 H 形、焊接 T 形、热轧 H 形等截面形式，组合楼板采用钢筋桁架式楼承板 + 混凝土。钢板最厚 90mm，主要用于伸臂桁架层构件，且所有伸臂桁架（以及与伸臂桁架相连的钢构件）的钢材型号均为 Q420GJC；该种钢材在国内民用建筑领域极少使用，一般用于国防设施。广州金融城钢结构概况如图 6.2-1 所示。

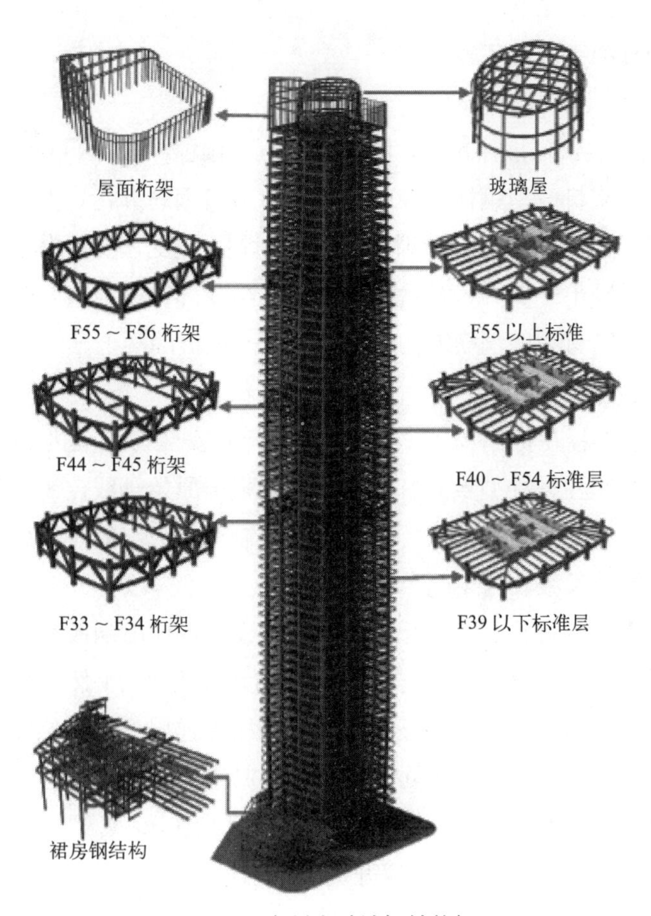

图 6.2-1　广州金融城钢结构概况

本工程钢柱从地上27层开始施工，拟定27～34层两层为一节钢柱，33～34层桁架层局部加强区域单层起重16.2t，受场地以及塔式起重机起重能力限制，所以拟定局部一层一节，从35～43层开始三层一节，44～45层桁架层加强区域单层起重为13.2t，桁架层其他区域两层一节；46～47层考虑柱径变化以及后续钢柱分段拟定两层一节，48～65层为三层一节，66～69层为两层一节。

钢板墙主要分布在37～39层、53～54层，钢板材质Q355B，主要板厚10mm、30mm。本工程钢板墙较少，且分布位置较为零散；钢板墙两侧需与型钢柱焊接，薄厚不一；局部薄板焊接在保证全熔透焊接的基础上，对变形控制要求较高。

本工程从31层柱开始增加钢骨柱，核心筒内钢骨柱布置较分散，以上各楼层不同位置均有分布；钢骨柱截面形式多样，且规格不同，给结构施工带来极大的难度。

塔楼33～34层、44～45层、55～56层设有桁架加强层，桁架层的层高为6m、5.1m。每个桁架层设置了4榀伸臂桁架、17榀腰桁架；桁架支撑构件主要为H型钢，H型钢的最大板厚达90mm，上、下弦和斜腹杆材质为Q420GJC。

6.2.2 施工关键技术应用

6.2.2.1 伸臂桁架层施工技术

1. 施工工艺

31层核心筒工字钢预埋件预埋，浇筑混凝土至预埋件底部50mm左右→浇筑C60高效无收缩高强灌浆料→型钢柱安装→核心筒剪力墙钢筋绑扎→支设模板→浇筑混凝土→32层顶部钢梁与核心筒方筒钢柱及工字钢焊接安装→核心筒剪力墙钢筋绑扎→支设模板→浇筑混凝土→33层型钢柱安装→33层顶部钢梁与核心筒方筒钢柱及工字钢焊接安装→核心筒剪力墙钢筋绑扎→支设模板→浇筑混凝土。

2. 钢结构安装方法

柱脚预埋：本工程在标高为132.4m结构下开始安装剪力墙内部方筒钢柱及型钢柱，核心筒内方筒钢柱一种型号共有四根。首先根据原始轴线控制点及标高控制点对现场进行轴线和标高控制点的加密，然后根据控制线测放出的轴线再测放出每一个方筒钢柱的中心十字交叉线和至少两个标高控制点。

预埋钢板和锚栓的埋设：根据所测放出的轴线，将预埋钢板和栓钉整体就位，找准水平钢板的纵横向中心线，使其与测量定位的基准线吻合；然后用水准仪测出水平钢板顶标高，标高利用垫铁进行调整。在水平钢板上弹出型钢的位置线，经校正后将水平钢板与竖向钢管焊接牢固。为防止在浇灌混凝土时埋件产生位移和变形，应把锚板与剪力墙钢筋进行电焊。

剪力墙暗柱内钢筋绑扎时，尽量避开锚板。水平方向的箍筋或水平筋应避开锚板，从锚板的上方或下方穿过。

3. 钢柱安装

避难层钢柱为钢管柱、方筒钢柱及 H 型钢柱，H 型钢柱共 2 根，方筒钢柱共 4 根，外围钢管混凝土柱 17 根。利用 ZSL750 动臂塔式起重机分层分段吊装。根据钢构件的重量及吊点情况，准备充足的不同长度、不同规格的钢丝绳以及卡环，准备好爬梯、缆风绳、工具包以及扳手等小型工具。钢柱吊点设置在钢柱顶部，直接利用临时连接板作为吊点；在钢管每段端部每个象限点各设置一块临时连接板，共 4 块。

钢柱的安装顺序：安装外围 17 根钢柱，施工方法同钢骨柱。核心筒根据钢柱分布情况，将钢柱安装分为 4 个角区，每个角区包括 1 根角柱和 2 根中柱。钢柱安装从一个角区推向另一个角区，每个角区安装时先角柱后中柱。为保证结构的整体稳定，当相邻两根钢柱吊装就位后，需要及时安装连接该两根柱子的斜撑或钢桁架，如无斜撑或钢桁架则采用临时连接梁。

6.2.2.2　钢结构施工关键技术

1. 预埋件安装

钢梁预埋件主要由锚筋和锚板通过塞焊而成，垂直安装于钢筋混凝土剪力墙或者混凝土柱上。预埋件安装过程与主体结构工程施工交叉作业多，安装总量大，预埋件安装流程见表 6.2-1。

预埋件安装流程　　　　表 6.2-1

序号	安装步骤	工程图
1	测量定位：将钢梁预埋件位置利用全站仪、钢尺等测量工具引测到土建钢筋上，并做好放线标记	
2	埋件就位：根据埋件的轴线和标高，在核心筒剪力墙模板安装之前，把预埋件先初步就位（点焊，保证埋件稳定）；预埋件安装时，如遇到竖向或水平方向钢筋阻挡，在土建钢筋绑扎时进行及时调整钢筋位置	

续表

序号	安装步骤	工程图
3	埋件定位及清理：核心筒埋件施工到位后清理预埋件锚板上的杂物，然后测量放线，精确调整预埋件的位置	
4	检查验收：埋件安装就位后，要进行复测，合格后报监理单位验收，验收合格后方能进行混凝土的浇筑施工	

2. 钢柱吊装

外框钢管柱采用 1 台 ZSL-850-50t 动臂塔式起重机和 1 台 ZSL750-50t 动臂塔式起重机作为主吊设备。本工程从 27 层柱开始吊装，27 ~ 32 层为两层一节，其余标准层为三层一节；桁架层除内外框伸臂桁架相连圆管柱为一层一节以外其余全部两层一节。钢结构吊装以 2 号动臂塔式起重机为主，1 号动臂塔式起重机辅助吊装盲区以及超重区域构件。钢柱安装原则上除局部超重构件外全部由 2 号动臂塔式起重机安装，从 1 号柱位开始同时顺、逆时针发散安装，钢柱吊装示意图如图 6.2-2 所示。

3. 钢梁吊装

本工程 27 ~ 69 层有 42 层钢梁，约 4200t；钢梁最长为 16.1m，最大重量为 4.4t，钢梁截面主要为 H 型钢梁，部分为箱形钢梁。根据现场 1、2 号塔式起重机的起重能力，塔式起重机末端分别为 7t、9t。所有钢梁均在塔式起重机起重能力范围内，故不需要分段分节制作，满足整根吊装工况要求。

4. 桁架加强层钢结构吊装

本工程有三个加强层，在 33 ~ 34 层、44 ~ 45 层和 55 ~ 56 层加强层设置了伸臂桁架、腰桁架。桁架由钢柱、上弦杆（H 型钢）、腹杆（H 型钢）、下弦杆（H 型钢）组成。33 ~ 34 层、44 ~ 45 层加强层核心筒设置两榀伸臂桁架，外框设置四榀伸臂桁

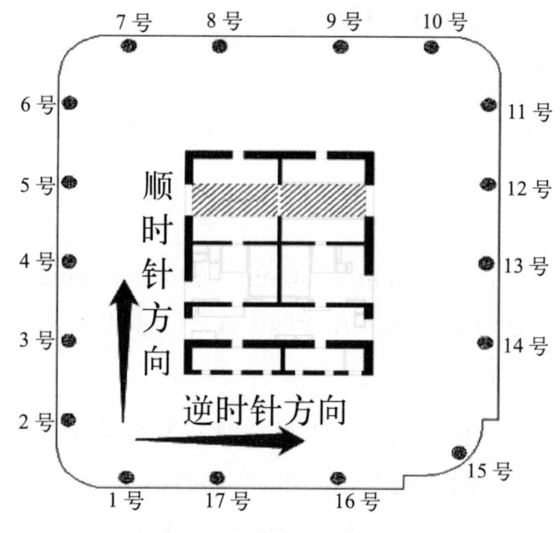

图 6.2-2 钢柱吊装示意图

架、十七榀腰桁架，55 ~ 56 层只设置腰桁架。

5. 现场焊接

（1）钢柱焊接

钢柱焊接特点：钢管柱截面为 ϕ1400mm × 35mm、ϕ1300mm × 25mm、ϕ1200mm × 25mm、ϕ1100mm × 25mm。标准层材质为 Q355B，加强层材质为 Q355GJB。箱形柱截面为 800mm × 800mm × 60mm × 60mm 和 800mm × 850mm × 60mm × 60mm，材质为 Q420GJC。

1）重难点分析

①钢管直径大、壁厚大、焊缝长，焊缝填充量大，且为单 V 剖口；焊接应力及焊接收缩变形控制难度大；

②为典型的单 V 剖口厚板焊接，碳当量高，淬硬倾向大，焊接性较差，焊接热影响区和焊缝根部容易产生冷裂纹；

③箱形 800mm × 800mm × 60mm × 60mm 柱子焊接时间达 36h，保证焊接环境不受天气影响而连续施焊。

2）解决措施

①根据工程实际情况，做现场焊接工艺评定试验；实施过程中，按照评定报告的工艺参数进行施焊；

②两位焊工同时对称不间断施焊，保证焊缝的一次合格率应为 100%；

③采用电加热技术进行焊前预热、焊接过程保证层间温度、焊后保温缓冷等措施，保证厚板焊缝质量；

④焊接作业需在合格的焊接环境下施工，尤其是现场安装焊接，均处在高空外露环境下，风力、雨水、温度、湿度等对焊接接头质量影响极大，应搭设防风防雨保温

棚，创造良好的施焊小环境，保证焊接质量。

（2）加强层桁架焊接

加强层桁架焊接特点：桁架的最大钢板厚度达到90mm，材质Q420GJC，施焊难度较大。

1）重难点分析

①桁架杆件截面较大（H700mm×700mm×60mm×90mm）、侧面刚度很大，一旦焊接成形，若出现尺寸超差，调校难度非常大；因此，需控制焊接工艺，使之产生的焊接变形值及不均匀收缩差值最小；

② 90mm超厚板焊接过程中易产生根部裂纹、表面裂纹、层状撕裂等问题，焊接效率低，焊接应力大，焊缝组织粗大，冲击韧性降低；

③桁架层分布在33～34层、44～45层、55～56层，结构标高为144.6m、192.3m、242.4m，高空焊接对天气（如风、雨）及施焊环境的要求更高，故焊接保障措施尤为重要。

2）解决措施

①现场进行焊接工艺评定，根据合格的焊接工艺评定参数实施焊接；

②焊接前采用电加热片加热，焊后采用保温棉保温。预热在距焊口两侧不小于90mm范围内进行；预热温度为100～150℃，预热温度宜在焊件反面测量，测温点应在离电弧经过前的焊接点各方向不小于75mm处；

③减少焊接热影响区高温停留时间，焊接采用多层多道错位焊接技术；

④采用焊接热输入密度集中、效率高、熔池保护及脱氢效果好、焊接热输入小的实心焊丝CO_2气体保护焊。选择有厚板焊接经验丰富的持证焊工，根据实际工况和焊工证所规定的项目进行针对性培训，并通过验证考试的焊工方能进行焊接操作；

⑤焊接时遵循同一根梁的两端不同时焊接，H型杆件焊接时先焊接下翼缘，再焊接上翼缘，最后焊接腹板；

⑥合理搭设防风防雨篷。

6.2.2.3 双核心筒结构避难层屈曲约束支撑安装技术

1. 技术特点

超高层建筑双核心筒结构避难层屈曲约束支撑安装技术是在超高层建筑双核心筒相连接的钢桁架与屈曲约束支撑构件分段就位安装焊接、支撑杆件制作及屈曲约束支撑构件出平面定位调节的施工方法。

适用于采用钢桁架屈曲约束支撑组合的框架—核心筒结构的钢桁架与屈曲约束支撑构件安装。其特点是操作简易，无需搭设专门操作架及专业设备，主要依靠塔式起重机（类似起重设备）、一套支撑杆件以及出平面定位调节工具。相较于其他施工方法，该方法具有无需设置特种起重设备、操作流程简单、安全性好等优点。

2. 工艺流程

双核心筒结构避难层屈曲约束支撑安装技术工艺流程为：屈曲约束支撑深化设计→支撑构件加工→钢桁架分段安装→钢桁架吊点设置→钢桁架安装临时措施设置→钢桁架施工→节点板校正→检查节点是否校正→屈曲约束支撑吊装准备→屈曲约束支撑吊点设置→屈曲约束支撑安装→屈曲约束支撑焊接→支撑连接部位防腐→支撑防火施工→支撑施工验收。

3. 技术要点

（1）屈曲约束支撑需专业厂家在原设计和钢结构深化设计的基础上进行深化设计，并应做相应形式的试验和构件出厂检验报告，技术性强；

（2）不同厂家、不同类型的屈曲约束支撑都有各自的专利权，并且不对外公开，不利于支持构件制作质量控制；

（3）屈曲约束支撑所用材料的检验试验和制作施工质量控制由专业厂家完成，对其质量自控管理体系要求高；

（4）屈曲约束支撑施工需编制专项施工方案，明确安装、紧固和焊接施工等技术要求，并应向安装人员作书面技术交底；

（5）屈曲约束支撑构件吨位大，运输、吊装就位难度大，施工安全风险高；

（6）屈曲约束支撑布置和连接形式多样，预埋件和节点板构造复杂，构件制作、安装精度要求高，施工质量控制难度大；

（7）屈曲约束支撑施工和验收的相关国家标准规范不完善，检查和验收要求不统一。

6.2.3　应用效果

伸臂桁架层施工技术的应用，较好地解决了腰桁架与伸臂桁架交会处外框钢管柱与核心筒内伸臂桁架箱形柱因牛腿数量多、构件结构复杂、多向焊缝、焊缝拘束度大等易出现层状撕裂的难题，提高了桁架层腰桁架及伸臂桁架安装精度，保证了桁架层劲性柱牛腿及伸臂桁架节点高空焊接质量，提高了施工效率。

钢结构施工关键技术的应用，解决了钢管直径大、壁厚大、焊缝长、焊缝填充量大且为单 V 剖口、焊接应力及焊接收缩变形控制难度大等难题，提高了钢结构吊装效率和安装质量。

双核心筒结构避难层屈曲约束支撑安装技术操作简易，无需搭设专门操作架及专业设备，主要依靠塔式起重机、一套支撑杆件以及出平面定位调节工具。相较于其他施工方法，该方法具有无需设置特种起重设备、操作流程简单、安全性好等优点，有效提高了施工效率，降低了施工成本。

该工程授权专利 5 项、发表论文 1 篇、获 QC 成果一等奖 1 项、二等奖 2 项、省部级工法 1 项。

6.3 西安荣民金融中心

6.3.1 工程概况

西安荣民金融中心项目总占地面积6928.6m^2，总建筑面积143354m^2，其中地上128135m^2，地下15218m^2。本工程定位为集高端办公、高端商业于一体的综合体，塔楼57层、地下3层，幕墙最高点269.9m。

荣民金融中心项目地上主体结构为现浇钢管混凝土框架—钢筋混凝土筒体混合结构体系，平面呈正方形。主体框架柱为钢管混凝土柱，其他墙、柱、梁、板均为现浇钢筋混凝土。建筑外围设十八根圆钢管混凝土柱，框架梁为工字钢梁，楼板厚度为110mm。标准层高4.2m，结构最高标高为268.5m，建筑最高标高为300m，荣民金融中心如图6.3-1所示。

图6.3-1 荣民金融中心

6.3.2 施工关键技术应用

6.3.2.1 超高层建筑外附着 + 内爬升塔式起重机配合施工技术

1. 塔式起重机选型与布置

根据西安荣民金融中心项目场地情况以及塔楼结构尺寸，选用2台M440F动臂塔式起重机，1号塔式起重机为外附着式塔式起重机，2号塔式起重机为核心筒内爬式塔式起重机，塔式起重机位置示意如图6.3-2所示。钢柱离塔式起重机半径最远

距离约为35m，塔式起重机起重量为14.8t；采用M440F动臂塔式起重机时，2倍率35m起吊重量15.2t，钢柱分段重量均在塔式起重机起重范围内，满足吊装要求。

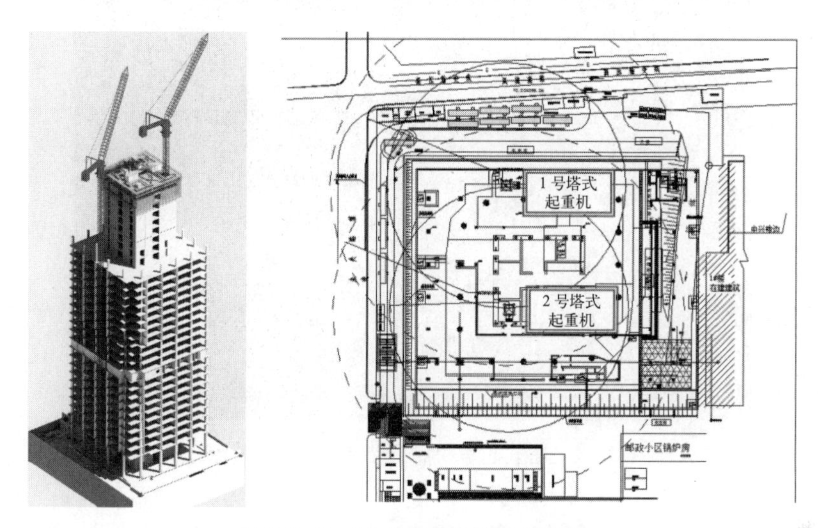

图6.3-2 塔式起重机位置示意图

2. 2号内爬式塔式起重机爬升程序

2号内爬式塔式起重机设置3道支撑钢梁，循环倒运爬升，每隔4或5层爬升一次。原计划爬升12次，通过优化减少1次爬升，共爬升11次。

(1) 松开塔式起重机附着框、标准节间的夹紧挡块，使塔身能相对附着框产生垂直方向的位移。挡块形式及调整方式如图6.3-3所示。

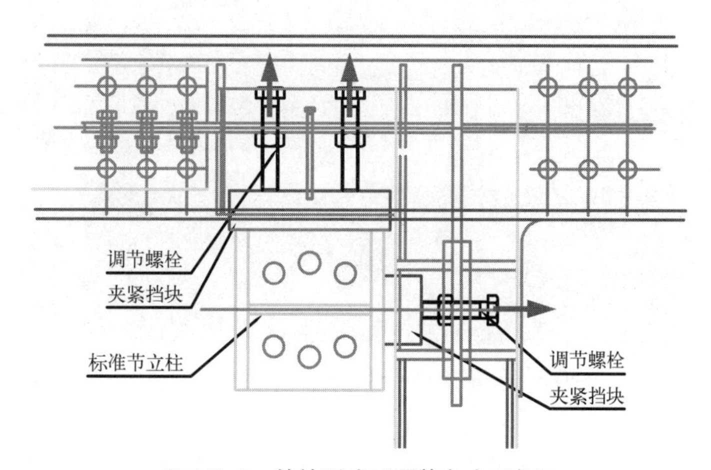

图6.3-3 挡块形式及调整方式示意图

(2) 连接液压装置，将千斤顶上端横梁同塔身连接，下端同基础预埋件（下面一道附着框）连接，塔式起重机爬升步骤1：液压装置连接如图6.3-4所示。

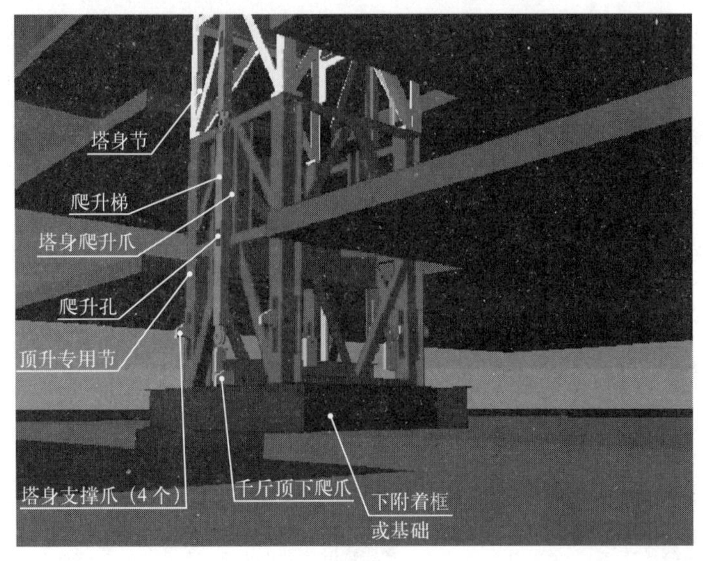

图 6.3-4　塔式起重机爬升步骤 1：液压装置连接

（3）启动液压机构，千斤顶开始顶升，使塔身向上爬升，塔式起重机爬升过程 2：千斤顶顶升如图 6.3-5 所示。

图 6.3-5　塔式起重机爬升过程 2：千斤顶顶升

（4）待塔身顶升专用节上的 2 个爬升爪伸出牢牢地撑在爬升梯的爬升孔内后，千斤顶开始回收，塔式起重机爬升过程 3：千斤顶回收如图 6.3-6 所示。

（5）当千斤顶下爬爪回收到爬升梯的爬升孔位置后，爬爪自动伸出撑在爬升梯上，至此完成爬升一个循环，塔式起重机爬升过程 4：爬爪自动伸出如图 6.3-7 所示。

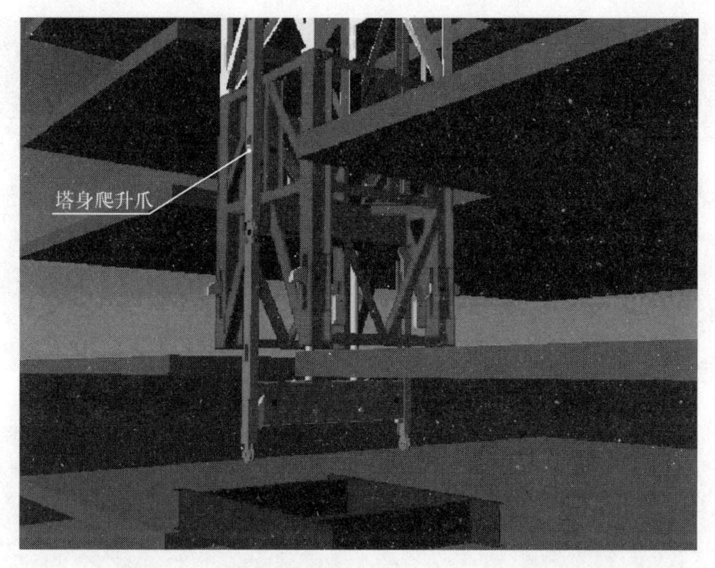

图 6.3-6　塔式起重机爬升过程 3：千斤顶回收

图 6.3-7　塔式起重机爬升过程 4：爬爪自动伸出

（6）再次启动千斤顶，使塔身相对于爬升梯向上爬升，直到塔身顶升专用节上的 2 个爬升爪再次伸出地撑在爬升梯的再上面一组爬升孔内后，千斤顶开始回收，如此循环。重复第五、六、七步骤直到爬升专用节上的 4 个支撑爪支撑在第二道附着框上为止，即完成塔式起重机本次爬升，塔式起重机爬升过程 5 ~ 10：塔式起重机爬升至第二道附着框参考图 6.3-8。

（7）调整塔式起重机垂直度，将整塔垂直度控制在 2‰以内。调节附着框四个角上的调节螺栓，使挡块夹紧标准节立柱，挡块调整（夹紧挡块）示意图如图 6.3-9 所示。

塔式起重机爬升过程 5

塔式起重机爬升过程 6

塔式起重机爬升过程 7

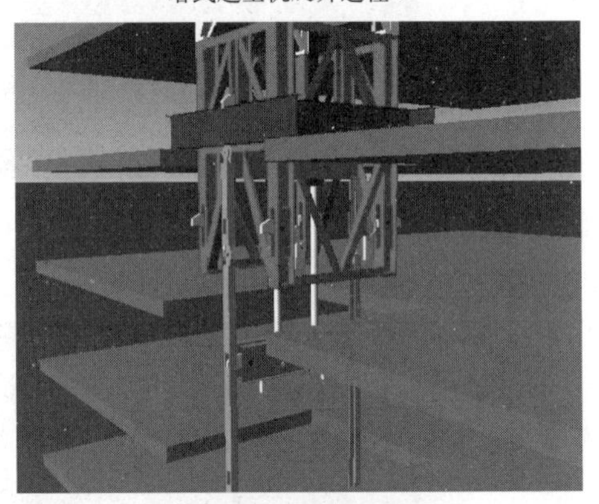

塔式起重机爬升过程 8

塔式起重机爬升过程 9

塔式起重机爬升过程 10

图 6.3-8　塔式起重机爬升至第二道附着框

(8) 塔式起重机附着爬升验收，合格后投入使用。

2 号内爬式塔式起重机通过支撑钢梁与核心筒连接，支撑钢梁单支座最大水平力 16.5t，对于主结构核心筒属于破坏力，需要对结构补强加固。创新采用 H 型钢传力梁代替混凝土结构梁的加固方案，减少结构拆改工作量，钢构件残值可以回收。同时，塔式起重机爬升区域垂直交叉作业设置定型化兜底钢平台，减少垂直交叉作业风险。

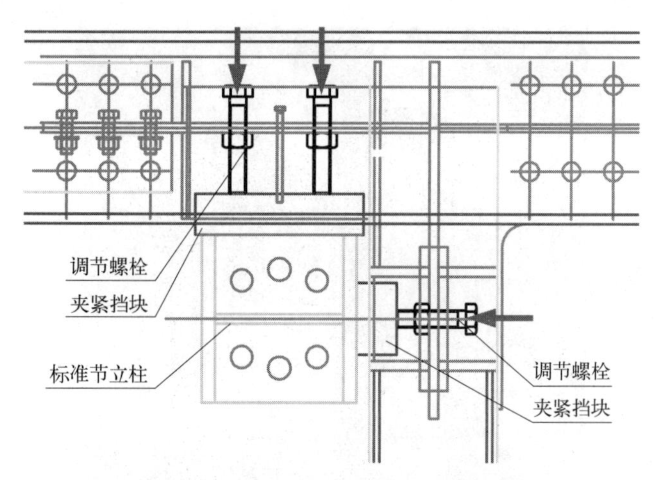

图 6.3-9　挡块调整（夹紧挡块）示意图

6.3.2.2　可调式滑动附墙及施工电梯穿过钢平台技术

塔楼施工至地上 5 层时，在核心筒安装 1 台 SCD200/200G 中速施工电梯；塔楼外框施工至 15 层，在外框北侧再安装 2 台 SCD200/200G 中速施工电梯。

筒内施工电梯需通往轻量化液压顶升模架平台顶部，因顶平台平面晃动最大可达 2cm，对传统固定式施工电梯具有一定影响。采用自行研发的一种可调式滑动附墙，顺利实现了电梯通至顶升平台顶部，同时可消除顶模顶升过程出现的平面位移对电梯的影响。顶模设计阶段提前考虑电梯水平推力荷载，在平台整体性验算阶段统筹进行考虑。电梯滑动附墙及构造示意如图 6.3-10 所示，轻量化液压顶升模架通顶施工电梯如图 6.3-11 所示。

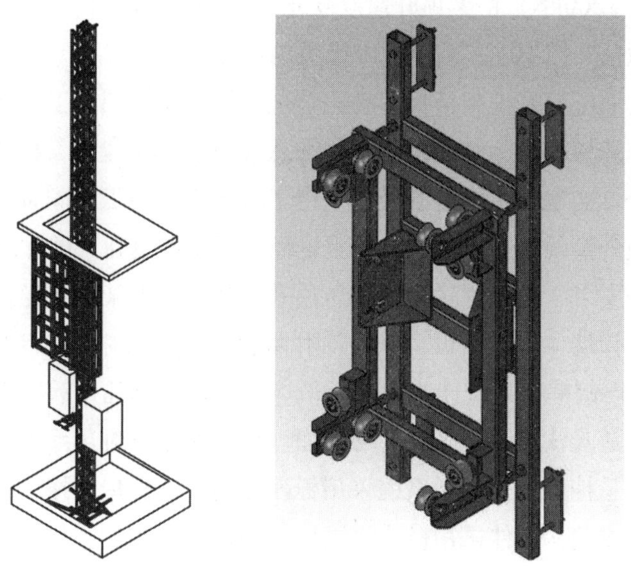

图 6.3-10　电梯滑动附墙及构造示意图

图 6.3-11　轻量化液压顶升模架通顶施工电梯

6.3.2.3　轻量化液压顶升模架施工关键技术

该工程采用新型轻量化液压顶升模架，基于轻量化设计理念，整套系统设计完成总重量约 400t，只相当于传统造楼机自重的五分之一，600t 的顶升力量和抵抗 12 级大风的能力完全可满足施工需要。主立柱液压系统额定工作压力 21MPa，单个主立柱的额定起重能力 1200kN，桁架顶升速度 0.3m/min，支撑腿自爬速度 1m/min。

轻量化液压顶升模架施工关键技术优势包括：

（1）轻量化液压顶升模架模拟移动式建筑车间，将全部施工工艺集中、逐层地在空中完成，采用机械操作、智能控制手段与悬挂模板、悬挂施工挂架、混凝土超高泵送技术等相配合，实现现浇钢筋混凝土空中工业化穿插施工。同时，创新的轻量化设计理念使液压顶升模架用钢量更少、自重更轻，操作更便利，更加绿色环保。

（2）采用少支点、长行程轻量化液压顶升模架，钢框架系统通过支撑与顶升系统支撑在同层核心筒墙体上，模板、挂架及附属设施悬挂或附着在钢框架系统顶部及四周；作业人员利用钢框架系统作为作业面吊焊钢构件、绑扎钢筋、支设模板、浇筑混凝土。模架整体随着核心筒施工高度的增加，利用支撑与顶升系统不断向上爬升。

（3）模板及悬挂架体与桁架系统采用标准化连接件机械连接，代替焊接，实现材料多次周转。各系统构配件采用模块化设计，70% 以上桁架、模板、挂架、立柱及液压顶升系统可周转使用。

（4）设置 Z 字形串筒，合理设置管道直径与弯管角度；直接在平台上部开洞后将串筒穿入平台洞口，串筒筒身位于剪力墙侧壁，筒身上半部分避开模板悬挂梁，不受顶平台预留洞口净宽影响。在拟浇筑混凝土的墙顶 1.5m 以下设置 Z 字形转向头，将混凝土引流至剪力墙内，不影响钢筋绑扎，每层钢筋占用时间由原来的 4d 减少到 1.5d。串筒与顶平台固定节点采用铰接，串筒左右摇摆时可增加混凝土浇筑覆盖范围，减少一半串筒数量，减少串筒费用投入的同时减少顶平台荷载。

6.3.3　应用效果

超高层建筑外附着 + 内爬升塔式起重机配合施工技术的应用，大大提高了核心筒与外框整体施工效率，避免了偶然情况下因外框结构施工进度迟缓或钢构件加工、运输延迟而导致的停工、缓建情况。

可调式滑动附墙及施工电梯穿过钢平台技术的应用，很好地解决了顶模架体因无法安装固定电梯支撑架而导致电梯无法运行至顶模顶部平台的痛点，大大提高了垂直运输和管理及施工人员通行的便利性、高效性，可在更多类似的特殊施工作业环境中推广。

轻量化液压顶升模架施工关键技术的应用，为企业在超高层建筑顶模技术实现了零的突破，已成为企业开启超高层建筑市场的又一神兵利器。技术研发和实施过程中，培养了一批掌握超高层建筑施工、顶模技术的科技创新人才。目前，已促成和推动了后续多个超高层建筑的承接、落地和顺利实施。

该工程授权发明专利 3 项、实用新型专利 9 项、发表论文 4 篇、获省部级科技奖 2 项、省部级工法 5 项、QC 成果 5 项，获“SMART BIM”智建 BIM 大赛（国际级）施工组一等奖、国家级 BIM 大赛 3 项、省级 BIM 大赛一等奖 1 项。